高职高专土建类"十三五"规划"互联网+"创新系列教材

高层建筑施工

GAOCENG JIANZHU SHIGONG

主 编 姬栋宇

副主编 李 聪 韦 静 陈梦琦

主 审 王运政

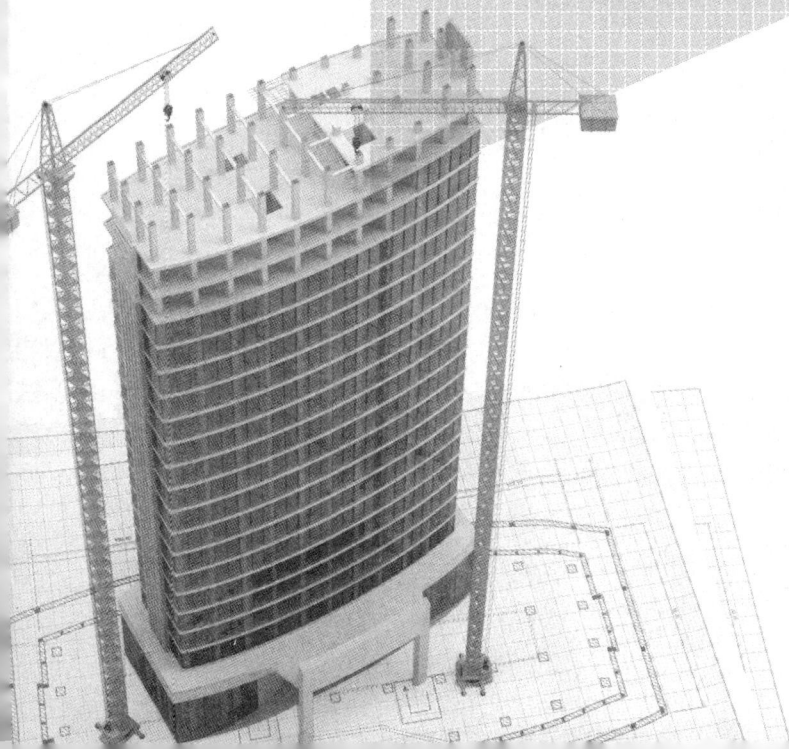

中南大学出版社
www.csupress.com.cn
·长沙·

内容简介

本教材系统地介绍了高层建筑发展的简况、各种高层建筑的结构体系、高层建筑基础工程、主体结构工程等施工、高层建筑运输机械等。通过本课程的学习，学生能根据高层建筑施工的特点，选用相应的施工机具，掌握深基坑支护、大体积混凝土施工等施工工艺和施工方法。本书适合作高等职业院校土建类专业教材，也可作为土建施工技术人员的参考书。

本教材配有多媒体教学电子课件。

高职高专土建类"十三五"规划"互联网＋"创新系列教材编审委员会

主 任
（按姓氏笔画为序）

| 王运政 | 玉小冰 | 刘 霁 | 刘孟良 | 宋国芳 | 陈安生 |
| 郑 伟 | 赵 慧 | 赵顺林 | 胡六星 | 彭 浪 | 颜 昕 |

副主任
（按姓氏笔画为序）

| 朱耀淮 | 向 曙 | 庄 运 | 刘文利 | 刘可定 | 刘庆潭 |
| 刘锡军 | 孙发礼 | 李 娟 | 胡云珍 | 徐运明 | 黄 涛 |

委 员
（按姓氏笔画为序）

万小华	王四清	卢 滔	叶 姝	吕东风	伍扬波
刘 靖	刘小聪	刘可定	刘汉章	刘旭灵	刘剑勇
许 博	阮晓玲	阳小群	孙湘晖	杨 平	李 龙
李 奇	李 侃	李 鲤	李亚贵	李延超	李进军
李丽君	李海霞	李清奇	李鸿雁	肖飞剑	肖恒升
何 珊	何立志	何奎元	宋士法	张小军	张丽姝
陈 晖	陈 翔	陈贤清	陈淳慧	陈婷梅	林孟洁
欧长贵	易红霞	罗少卿	周 伟	周 晖	周良德
项 林	赵亚敏	胡蓉蓉	徐龙辉	徐运明	徐猛勇
高建平	黄光明	黄郎宁	黄桂芳	曹世晖	常爱萍
彭 飞	彭子茂	彭仁娥	彭东黎	蒋 荣	蒋建清
喻艳梅	曾维湘	曾福林	熊宇璟	魏丽梅	魏秀瑛

出版说明 INSTRUCTIONS

遵照《国务院关于加快发展现代职业教育的决定》（国发〔2014〕19号）提出的"服务经济社会发展和人的全面发展，推动专业设置与产业需求对接，课程内容与职业标准对接，教学过程与生产过程对接，毕业证书与职业资格证书对接"的基本原则，为全面推进高等职业院校土建类专业教育教学改革，促进高端技术技能型人才的培养，依据国家高职高专教育土建类专业教学指导委员会高等职业教育土建类专业教学基本要求，通过充分的调研，在总结吸收国内优秀高职高专教材建设经验的基础上，我们组织编写和出版了这套高职高专土建类专业"十三五"规划教材。

高职高专教学改革不断深入，土建行业工程技术日新月异，相应国家标准、规范，行业、企业标准、规范不断更新，作为课程内容载体的教材也必然要顺应教学改革和新形势的变化，适应行业的发展变化。教材建设应该按照最新的职业教育教学改革理念构建教材体系，探索新的编写思路，编写出版一套全新的、高等职业院校普遍认同的、能引导土建专业教学改革的"十三五"规划系列教材。为此，我们成立了规划教材编审委员会。教材编审委员会由全国30多所高职院校的权威教授、专家、院长、教学负责人、专业带头人及企业专家组成。编审委员会通过推荐、遴选，聘请了一批学术水平高、教学经验丰富、工程实践能力强的骨干教师及企业专家组成编写队伍。

本套教材具有以下特色：

1. 教材依据国家高职高专教育土建类专业教学指导委员会《高职高专土建类专业教学基本要求》编写，体现科学性、创新性、应用性；体现土建类教材的综合性、实践性、区域性、时效性等特点。

2. 适应高职高专教学改革的要求，以职业能力为主线，采用行动导向、任务驱动、项目载体，教、学、做一体化模式编写，按实际岗位所需的知识能力来选取教材内容，实现教材与工程实际的零距离"无缝对接"。

3. 体现先进性特点。将土建学科的新成果、新技术、新工艺、新材料、新知识纳入教材，结合最新国家标准、行业标准、规范编写。

1

4. 教材内容与工程实际紧密联系。教材案例选择符合或接近真实工程实际，有利于培养学生的工程实践能力。

5. 以社会需求为基本依据，以就业为导向，融入建筑企业岗位(八大员)职业资格考试、国家职业技能鉴定标准的相关内容，实现学历教育与职业资格认证相衔接。

6. 教材体系立体化。为了方便老师教学和学生学习，本套教材建立了多媒体教学电子课件、电子图集、教学指导、教学大纲、案例素材等教学资源支持服务平台；部分教材采用了"互联网＋"的形式出版，读者扫描书中"二维码"，即可阅读丰富的工程图片、演示动画、操作视频、工程案例、拓展知识。

高职高专土建类专业规划教材

编 审 委 员 会

前 言 PREFACE

"高层建筑施工"是高等职业技术教育建筑工程技术专业的一门专业课程，主要研究高层建筑施工关键工序的施工方案，主要工种的施工工艺、技术和方法，是一门实践性很强的课程。本教材介绍了高层建筑发展的简况、各种高层建筑施工的结构体系，结合国内高层建筑施工实践经验，系统地介绍了高层建筑基础工程、主体结构工程的施工方案。通过本课程的学习，应使学生能根据高层建筑施工的特点，选用相应的施工机具和设备，掌握深基坑支护、大体积混凝土施工等施工工艺和施工方法。

本课程在培养高端技术技能型人才的工作中占据重要地位。按照"对接产业（行业）、工学结合、提升质量，促进职业教育链深度融入产业链，有效服务经济社会发展"的职业教育发展思路，为全面推进高等职业院校教育教学改革，促进人才培养质量的不断提升，我们在总结已有的优秀高职教材的基础上，根据最新颁布的国家、行业规范及标准，编写了《高层建筑施工》教材。本教材的突出特点如下：

1. 以"互联网＋"形式增加了拓展阅读。读者可通过手机的"扫一扫"功能，扫描书中的二维码，阅读丰富、直观的拓展知识内容，使学习变成一种乐趣。书中有针对性地配有工程实践图片、演示动画、操作视频，理论联系实际，不仅可以拓宽学生的知识面，而且便于学生掌握和理解专业知识和技能要点。

2. 突出技能培养，融入技能抽查标准。教材把提高学生能力放在突出的位置，注重创新能力和综合素质培养。尽量做到理论与实践的零距离，教材的编写注重技能性、实用性，加强实训环节，力争将高职院校"技能抽查标准"的相关内容有机地融入到教材中来，便于师生掌握专业技能抽查的要点。

3. 体现"双证融通"，融入行业、企业相关技术标准。以社会需求为基本依据，以就业为导向，对接行业、企业相关技术标准，融入职业资格认证的相关内容，重点培养学生的技术运用能力和岗位工作能力，实现学历教育与职业资格认证相衔接，有效实现了"双证融通"。

参加本书编写的人员有：湖南城建职业技术学院姬栋宇、韦静、陈梦琦；中国建筑第七工程局有限公司李聪。

教材编写具体分工如下：本书由姬栋宇主编并负责统稿，李聪、韦静、陈梦琦任副主编，王运政任主审。本书共分5个模块，其中模块一由陈梦琦编写，李聪修改；模块二由陈梦琦编写，姬栋宇修改；模块三由韦静编写，姬栋宇修改；模块四由姬栋宇编写，李聪修改；模块五由陈梦琦、姬栋宇编写，李聪修改；姬栋宇、郑伟、韦静、李聪、陈梦琦、邓夏清、刘春燕、李帅、颜昕等参与了教材资源库的建设和修改工作，姬栋宇进行了审核。

本书在编写过程中得到了湖南建工集团、湘潭市创新建设项目管理有限责任公司的大力支持和关心，在此表示感谢。本书在编写过程中参阅了大量文献资料，选用了优酷网、土豆网、一起学土木（www.17xtm.com）、我乐（56.com）、建筑内业网（www.05967829888.com）、厦门市建设与管理局、厦门市建筑行业协会、塔吊人才网（www.tadiao168.com）、酷6.com视频网、文化共享工程、惠佳影视等的部分视频及图片资料，吸收了许多同行专家的最新研究成果，谨向这些文献的原作者深表谢意。

高层建筑施工理论和实践发展很快，作者希望在该教材中能反映高层施工的先进技术和经验，虽然在本书的编写过程中作者进行了反复的斟酌与校对，但由于水平有限，加上时间紧迫，书中难免有错误和不足之处，恳请读者批评指正，以便再版时修订完善。

编　者

目 录 CONTENTS

模块一 概 述

【知识目标】

1.掌握高层建筑的定义。

2.理解高层建筑的基础与结构体系。

3.了解高层建筑的发展。

【能力目标】

能够解释高层建筑的定义。

1.1 高层建筑的定义与意义

1.1.1 高层建筑的定义

高层建筑,通俗来说就是指的高度比较高、层数比较多的建筑,也是一种由高度和层数影响其规划、设计、建造和使用的建筑。可以说,"高度"和"层数"是判断一幢建筑是否为高层建筑的两个主要评判指标。但是,多少层或者多么高的建筑可以被称为高层建筑? 不同的国家和不同的地区亦会有不同的理解。到目前为止,世界各国对高层建筑的划分界限并不统一。同时,随着高层建筑的发展,划分标准也在相应调整。

在美国,高度 24.6 m 或 7 层以上的建筑被视为高层建筑;在日本,高度 31 m 或 8 层及以上的建筑被视为高层建筑;在英国,把高度等于或大于 24.3 m 的建筑视为高层建筑。

1972 年 8 月,在美国宾夕法尼亚州伯利恒市,由联合国教科文组织所属的世界高层建筑委员会召开的国际高层建筑会议上,建议按高层建筑的层数和高度对高层建筑进行分类:

第一类高层建筑 9~16 层(最高 50 m)

第二类高层建筑 17~25 层(最高到 75 m)

第三类高层建筑 26~40 层(最高到 100 m)

超高层建筑 40 层以上(高度 100 m 以上)

我国的《高层建筑混凝土结构技术规程》(以下简称《高规》)(JGJ 3—2010)条文 2.1.1 规定:高层建筑是指 10 层及 10 层以上或房屋高度大于 28 m 的住宅建筑和房屋高度大于 24 m 的其他高层民用建筑。

另外,由《民用建筑设计通则》(GB 50352—2005)条文 3.1.2 可知,其将 10 层及 10 层以上的住宅建筑和除住宅建筑之外的民用建筑高度大于 24 m 者称为高层建筑(不包括建筑高度大于 24 m 的单层公共建筑)。

"高层建筑"大多根据不同的需要和目的进行定义,我国不同标准中有着不同的定义。但从实际应用方面看,上述两个关于"高层建筑"的定义,基本协调。作为设计规程,《高规》的定义主要从结构设计的角度进行考虑。而《民用建筑设计通则》的定义则是从防火方面的要求进行考虑。

1.1.2 高层建筑的意义

自古以来，人类都有着向更高的地方发展的想法，随着社会文明的进步，这些想法逐渐在土木工程的建筑中成为现实。

高层建筑存在和发展的意义在于以下几个方面：

1. 高层建筑是社会需求的体现

我们生活的地球，71%的面积是被水所覆盖，陆地面积仅为29%。而在这些陆地中，绝大部分为高山、丘陵、森林和沙漠，可用于居住和耕种的土地只占地球表面面积的6.3%。但是，地球上的人口却在不断增加，人们只能利用有限的土地解决人口需求问题。高层建筑对解决土地资源紧张的问题有着显著的功效。所以高层建筑会在今后的社会生活中越来越普遍。

可以从城市的容量去看建筑的高度。在目前实践研究中，可以通过建高层建筑来提高城市容量，也就是说，当城市对容量的需求达到一定程度的时候，而土地资源被限制，那么容量就必须通过建筑的高度去实现。因为高层建筑能使一定范围内的土地得到最大限度的使用，节约出空地给城市绿化和环境改善。在当今的社会情形下，发展高层建筑是一个趋势。

所以，人类为了自身更好的生存与发展，高层建筑的发展势在必行。

2. 高层建筑是时代发展的必然

在现代社会中，随着城市工业和商业的发展，城市人口在迅速增加，建设用地渐渐紧张，促使建筑物向高空发展。在实际应用过程中人们发现，高层建筑不但能够节省土地，而且能够减少政府对公共设施的开发周期和投资。

而且，高层建筑还有加快城市建设的优点。随着时代的进步，高层建筑在大城市的发展建设中越来越受青睐。

高层建筑是一个国家和地区经济繁荣与科技进步的象征。同时，地标性的超高层建筑也能够极大地展现一个城市的综合实力。

因此，高层建筑已经成为城市建筑活动的主要内容。

不仅如此，在全球经济高速发展的背景下，高层建筑已经引起了各国的关注。现在高层建筑已经成为国内外建筑领域研究的重要内容。

3. 高层建筑是先进技术的综合

高科技技术的发展与应用为高层建筑的发展提供了科学基础。同时，高强轻质材料的出现以及机械化、电气化在建筑中的实现等，为超高层建筑的发展提供了应用条件和物质基础。

与此同时，建筑设计领域中的智能化方式也为高层建筑的发展提供了新的平台。建筑施工领域中新工艺、新技术、新材料、新产品的出现和运用，极大地推动了近现代高层建筑飞速发展。

1.1.3 高层建筑的不足

目前，在社会需求、经济发展和技术进步的共同作用下，高层建筑已经成为城市发展建设中不可或缺的建筑形式。高层建筑对提升城市形象、提高土地利用率、促进科技进步带来了积极发展作用。高层建筑虽然体现了人们工作和生活的繁荣、活力与发展，但是，高层建筑带来的一些弊病也不容忽视。

（1）成本偏高。高层建筑与一般多层建筑相比施工难度大，设备投资高，建设成本高。而且由于楼层高，高层建筑的整体运营使用成本也比较高，因而造价必然大大高于多层建筑。因此，需要各专业设计人员密切合作使平面布局合理，提高使用系数，力求做到构造简洁，功能齐全，自重轻便，从而整体性地降低综合造价。

（2）防火不易。高层建筑最突出的问题是防火安全设计，高层建筑由于高度高，火灾救援不方便，其防火安全的设计相对困难。一旦发生火灾，逃生不易，损失重大。所以，设计时应严格遵守高层建筑设计防火规范的规定。而且，必须采取合理的防火措施。

（3）光污染严重。高层建筑中常用的玻璃幕墙光污染严重。在建筑物的装饰中，常用的玻璃幕墙、釉面瓷砖、磨光大理石以及装饰中的各种彩色光源，都有可能成为光污染源。医学研究发现，长期处在超标或不协调的光辐射照射下，会出现头晕、目眩、失眠、心悸等精神衰弱症状。

1.2　高层建筑的发展

高层建筑究竟是从何时何地开始出现的目前尚无定论，但是，高层建筑自古就有。高层建筑不仅是经济实力和技术实力的表现，而且是精神追求和创造愿望的体现。

1.2.1　古代

古代的高层建筑是为了防御、宗教或者航海的需要而建造。

公元前 280 年，埃及亚历山大港口的灯塔，高 120 m，加上塔基，整个高度约 135 m。灯塔全部用石砌筑，曾耸立在港口 1500 多年，一直在暗夜中为水手们指引进港的路线。另外，在欧洲，古罗马帝国的一些城市就曾采用砖石作为承重结构，建造了 10 层左右的建筑。

我国古代建造的不少高塔就属于高层建筑。例如，公元 523 年，北魏建于河南登封县的嵩岳寺塔，为青砖、黄泥砌筑的 15 层密檐式砖塔，平面呈正十二边形。公元 1055 年建于河北定县的开元寺塔，整个结构 11 层，高达 84 m，砖砌双层筒体结构，平面为正八角形。可登塔瞭望，监视敌情，所以俗称"瞭敌塔"。开元寺塔为我国现存最早最高的砖塔，也是世界上现存最高的砖木结构古塔之一。还有建于 1056 年的山西应县木塔，又被称为"释迦塔"，整体层数为 9 层，高度达 67 m，整体结构采用双层环形空间木构架，平面为正八角形，是保存至今的最古老、最高的木结构建筑。

山西应县木塔介绍

另外，位于西藏拉萨的布达拉宫，外观 13 层，内部 9 层，高度为 115.7 m。始建于公元 7 世纪，后陆续重建扩建。整体采用花岗岩砌筑。布达拉宫是世界上海拔最高，集宫殿、城堡和寺院于一体的宏伟建筑，也是西藏最庞大、最完整的古代宫堡建筑群。

这些古代高层建筑在经历了上百年甚至是上千年的各种自然因素考验，至今基本完好，这一点充分体现了我国古代劳动人民的智慧和才能，也表明了我国古代具有较高的设计能力和施工技术。

总结起来，古代高层建筑的建造是以砖、石、木材为主要的建筑材料，受当时的技术能

力限制，不仅缺乏垂直运输设施，也缺少防火、防雷等一些基本设施。古代高层建筑为近代和现代高层建筑的发展奠定了坚实的基础。

1.2.2　近代与现代

近代高层建筑主要是为满足商业要求和居住需求而建造的。发达的经济环境为高层建筑的发展提供了经济基础，同时，电力、升降机、钢铁、水泥的出现为高层建筑的发展提供了物质基础。

近代高层建筑是从 19 世纪后逐渐发展起来的。19 世纪末至 20 世纪初是近代高层建筑发展的初始阶段，这个时期的高层建筑结构虽然有了很大进步，但因受到建筑材料和设计理论等限制，结构自重较大，结构型式单一。

在近代高层建筑的历史上，美国的芝加哥被誉为"高层建筑的故乡"。美国不仅是近代高层建筑的发源地，也是高层建筑的发展中心。作为近代高层建筑起点的标志是 1886 年在芝加哥建成的家庭保险公司大楼，该建筑高度 55 m，有 11 层，采用铸铁作框架，部分钢梁和砖石作承重外墙。1903 年在辛辛那提建造的英格尔大楼，高 16 层，是世界上第一栋钢筋混凝土框架结构的高层建筑。1931 年，在纽约建成帝国大厦，102 层，高 381 m，在此之后的 40 年中一直是世界上最高的建筑物。后来，直到 1973 年，在纽约建成了世界贸易中心北楼、南楼，两楼均为 110 层，北楼（北塔）高度为 417 m，南楼（南塔）高度为 415 m。可惜，2001 年 9 月 11 日，两架遭到恐怖分子劫持的飞机分别撞向世界贸易中心南楼和北楼，两座大楼在两个小时内相继坍塌。2006 年 4 月 27 日，世界贸易中心 1 号大楼（又被称为"自由塔"）开始兴建，该楼高 541 m，有 104 层。该大楼坐落于"911 事件"中倒塌的原世界贸易中心双子塔楼的旧址。该大楼在 2013 年竣工，号称是纽约最环保的建筑之一。

近现代高层建筑的迅速发展是从 20 世纪 50 年代开始的。由于轻质高强材料的发展，新的设计理论和电子计算机的应用，以及新的施工机械和施工技术的涌现，都为规模化和经济化地修建高层建筑提供了可能。由此，高层建筑的发展进入新阶段。

1974 年，西尔斯大厦（现在改名为"威利斯大楼"）在芝加哥落建，高度为 443 m，共地上 110 层，地下 3 层。西尔斯大厦超越当时的世界贸易中心，成为当时世界上最高的大楼。此后西尔斯大厦雄踞世界最高建筑宝座 21 年。

然而，世界最高的高度在不断地被刷新。1996 年，马来西亚吉隆坡的石油大厦双塔建成，88 层，高 450 m，成为当时世界最高建筑物。2003 年在台北建成 101 大厦，101 层，高 508 m，取代石油双塔成为当时世界最高建筑物。2010 年在阿联酋迪拜又建成了哈利法塔（曾用名"迪拜塔"），高达 828 m，成为现在的世界第一高楼。

哈利法塔介绍

我国的高层建筑起源于上海。20 世纪初，我国首先在上海地区出现高层建筑。上海也是世界上发展高层建筑较早的地区之一。

1903 年建造的英国上海总会（即现在的外滩东风饭店）是第一座钢筋混凝土建筑，1906 年建造的汇中饭店（即现在的和平饭店南楼）是上海第一次使用电梯的建筑，1916 年建造的天祥洋行大楼（现在的大北大楼）是上海第一座钢结构建筑。1921 年出现了 10 层的字林西报大楼（现在的桂林大楼），1927 年建成的沙逊大厦（现在的和平饭店），属于钢结构。1929 年建成 13 层华懋饭店（现在的锦江饭店）。上海国际饭店建成于 1934 年，地下 2 层，地上 22

层，高 82.5 m，钢结构，是当时远东地区最高的建筑。1937 年抗日战争爆发前，在上海已建成 10 层以上商务办公楼、公寓和饭店约 35 栋。

除上海外，天津于 1936 年建成渤海大楼，7 层，局部 11 层；1938 年建成利华大楼（即海河饭店），高 10 层，钢筋混凝土框架结构，均由天津永和营造工程公司承包。

广州于 1934 年兴建 15 层爱群大厦，1937 年开业，为中国南部之冠，长达 30 年。

1949 年，中华人民共和国成立以后，百废待兴。在 20 世纪 50 年代，北京建成一批小高层的饭店、国家机关办公楼和大型公共建筑。20 世纪 50 年代，在广州、沈阳、兰州、太原等地建成一些高层的旅馆、办公楼。

20 世纪 60 年代，广州开始兴建旅游建筑，1968 年建成的广州宾馆，27 层，高 87.6 m，首次在层数和高度上超过了 1934 年建成的上海国际饭店。60 年代，香港经济迅速发展，人口高度集中，大量高层建筑开始兴建。

20 世纪 80 年代，全国各大城市和一批中等城市普遍兴建了高层建筑。如深圳于 1985 年建成的国际贸易中心，50 层，高 160 m；北京于 1989 年建成的国贸大厦，39 层，高 155 m；香港于 1989 年建成的中银大厦，70 层，高 369 m。

20 世纪 90 年代以后是高层建筑发展最快时期，我国先后建成了深圳地王大厦（81 层，高 325 m）、广州中天广场（80 层，高 322 m）、上海金茂大厦（88 层，高 420 m）等世界著名的超高层建筑，另外高层建筑在中小城市也有很大的发展。

2000 年以后高层建筑如雨后春笋般地冒了出来，遍布全国的各个城市。高层住宅已经成为城市居民主要居住场所。尤其是超高层建筑更是得到了迅猛的发展，在国内正在兴建和已经建成的超过 400 m 的建筑就有二十几座。

2008 年竣工的上海环球金融中心，楼高 492 m，地上 101 层，地下 3 层。上海中心大厦，121 层，高 632 m，2014 年竣工。天津中国 117 大厦，117 层，高 597 m，主体结构已经于 2015 年 12 月封顶。

目前，上海中心大厦是"中国第一高"。上海中心大厦位于上海市浦东新区陆家嘴金融贸易区。该处地块东邻上海环球金融中心，北面为金茂大厦。上海中心大厦建筑总高度 632 m。这一建筑高度，使上海中心大厦与周边 420 m 的金茂大厦和 492 m 的上海环球金融中心在顶部呈现弧线上升。

另外在深圳、广州、北京、沈阳、南京等城市都在兴建城市的代表作。例如，已建成的深圳平安国际金融中心，最终高度将为 600 m 左右，为华南第一高楼。

截至 2016 年 1 月，全球已建成并投入使用的超高层建筑排行榜见表 1 - 1。

表 1 - 1 全球已建成并投入使用的超高层建筑排行

排名	名称	高度	层数	所在地	建成时间	用途
1	哈利法塔	828.00 m	163 层	迪拜（阿联酋）	2010 年	写字楼、酒店、住宅
2	上海中心大厦	632.00 m	125 层	上海（中国）	2014 年	写字楼、酒店、商业
3	皇家钟塔酒店	601.00 m	95 层	麦加（沙特阿拉伯）	2011 年	酒店
4	世界贸易中心 1 号楼	541.33 m	105 层	纽约（美国）	2013 年	写字楼

排名	名称	高度	层数	所在地	建成时间	用途
5	台北 101 大厦	509.00 m	101 层	台北（中国）	2004 年	写字楼、酒店、商业
6	上海环球金融中心	492.00 m	101 层	上海（中国）	2008 年	写字楼、酒店、商业
7	环球贸易广场	484.00 m	108 层	香港（中国）	2010 年	写字楼、酒店
8	双子塔 1 座	451.90 m	88 层	吉隆坡（马来西亚）	1998 年	写字楼
9	双子塔 2 座	451.90 m	88 层	吉隆坡（马来西亚）	1998 年	写字楼
10	绿地广场紫峰大厦	450.00 m	88 层	南京（中国）	2009 年	写字楼、酒店、商业
11	西尔斯（威利斯）大楼	442.14 m	108 层	芝加哥（美国）	1974 年	写字楼
12	京基金融中心	441.80 m	100 层	深圳（中国）	2011 年	写字楼、酒店、商业
13	国际金融中心	440.75 m	103 层	广州（中国）	2010 年	写字楼、酒店
14	特朗普国际酒店大厦	423.22 m	98 层	芝加哥（美国）	2009 年	酒店、住宅
15	金茂大厦	420.53 m	88 层	上海（中国）	1999 年	写字楼、酒店、商业
16	国际金融中心二期	412.00 m	88 层	香港（中国）	2003 年	写字楼
17	中信广场	391.10 m	80 层	广州（中国）	1997 年	写字楼
18	地王大厦	383.95 m	69 层	深圳（中国）	1996 年	写字楼
19	帝国大厦	381.00 m	102 层	纽约（美国）	1931 年	写字楼
20	高雄 85 大楼	378.00 m	85 层	高雄（中国）	1997 年	写字楼、酒店、商业

1.3　高层建筑的结构体系

1.3.1　主要结构体系及其特点

从受力方面来说，高层建筑结构可以简化成为支承在地基上的竖向悬臂构件。

相对于多层建筑以承受竖向荷载为主的受力特点，在高层建筑中，抵抗水平力成为设计的主要矛盾。由力学知识可以知道，多层到高层，是一个水平荷载起作用由小到大的量变过程。同时，量变的积累给高层建筑的受力带来质的变化。随高度的增加，内力和变形呈非线性增长。所以，从结构的观点看，凡是水平荷载起主要作用的建筑就可认为进入了高层建筑结构的范畴。

高层建筑所采用的结构材料、结构类型和施工方法与多层建筑有很多共同之处，但因为高层建筑不仅要承受较大的垂直荷载，还要承受较大的水平荷载，而且随着高度增加，受到的荷载相应增大，因此高层建筑所采用的结构材料、结构类型和施工方法又有一些特别之处。对于高层建筑而言，需要根据众多因素选择适宜的结构体系。

下面一一说明高层建筑常见的几种结构体系（图 1-1）。

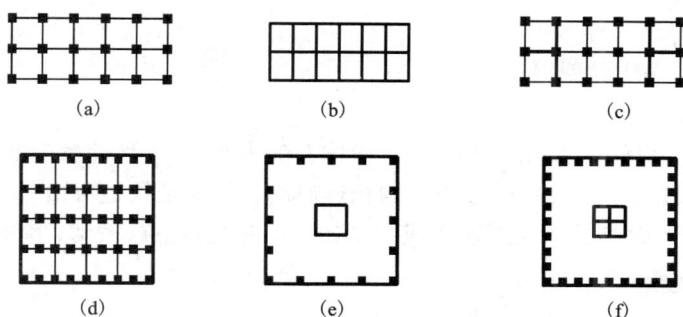

图 1-1　常见的几种结构体系

(a)框架；(b)框架 - 剪力墙；(c)剪力墙；
(d)框架 - 筒体；(e)组合筒；(f)筒中筒

1.框架结构

框架结构是由梁、柱通过节点连接构成，即梁和柱作为主要构件组成的承受竖向和水平作用的结构。

框架结构的优点是建筑平面布置灵活，可形成较大的空间，同时施工简便，自重轻，经济性较好。框架结构对于布置餐厅、会议厅、休息厅等十分有利，因此在公共建筑中的应用较多。但是，框架结构的缺点在于抗侧刚度小，结构侧移大，框架节点应力集中显著，在强烈地震作用下，易造成严重的非结构性破坏。所以框架结构的建筑高度一般不宜超过 60 m。

2.剪力墙结构

剪力墙结构是由剪力墙组成的承受竖向和水平作用的结构。也可以说，这种结构是利用建筑物的内外墙作为承重骨架的结构体系。剪力墙，又被称为抗震墙或者结构墙，是一种能较好地抵抗水平荷载的墙体，通常为钢筋混凝土墙。

剪力墙结构的优点是侧向刚度大，在水平荷载作用下侧移小，同时该结构承载力高，整体性好。缺点是剪力墙的间距有一定限制，建筑平面布置不灵活。所以剪力墙结构适宜于布置房间规整的建筑。剪力墙结构的高度一般不超过 150 m。

3.框架 - 剪力墙结构

框架 - 剪力墙结构是由框架和剪力墙共同组成的结构体系，即在框架结构平面中的适当部位设置钢筋混凝土剪力墙，也可以利用楼梯间、电梯间墙体作为剪力墙，使其形成框架 - 剪力墙结构。该结构中框架与剪力墙共同承受竖向和水平作用。框架 - 剪力墙既有框架结构平面布置灵活的优点，又能较好地承受水平荷载，而且具有剪力墙结构抗震性能良好的优点，是目前实际高层建筑中广泛采用的一种结构体系。框架 - 剪力墙结构的高度一般不超过 120 m。

4.筒体结构

筒体结构是指由竖向筒体为主组成的承受竖向和水平作用的建筑结构。一般可以采用一个或几个筒体作为承重结构。筒体结构是由框架 - 剪力墙结构与全剪力墙结构综合演变和发展而来。

筒体结构具有良好的刚度和防震能力，筒体结构建筑平面布置灵活，分割空间自由，能满足建筑上对较大开间和空间的要求。根据筒体布置、组成、数量的不同，又可分为框架 - 筒体、筒中筒、组合筒三种体系。

5.其他结构

1)悬挂结构

悬挂结构[图 1 - 2(a)]是由一个或几个筒体，在其顶部(或顶部及中部)设置桁架，并从桁架上引出若干吊杆与下面各层的楼面结构相连而成。悬挂结构也可由一个巨大的刚架或拱的顶部悬挂吊杆与下面各层楼面相连而成。例如，香港汇丰银行大楼、南非约翰内斯堡标准银行采用的就是悬挂结构。

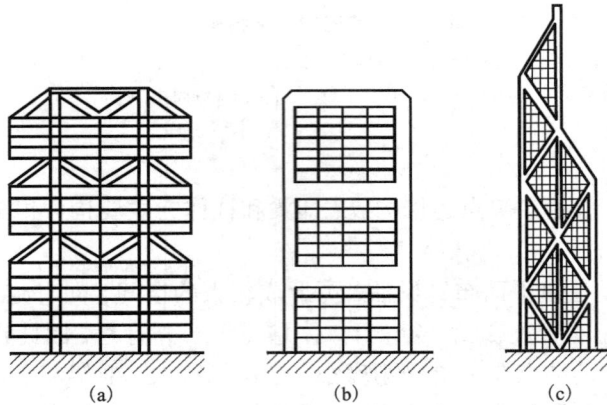

图 1 - 2　新的竖向承重结构体系

(a)悬挂结构；(b)巨型框架结构；(c)巨型桁架结构

2)巨型结构

巨型结构是由大型构件(巨型梁、巨型柱和巨型支撑)组成的主结构与常规结构构件组成的次结构共同工作的一种结构体系。巨型结构按主要受力体系形式可分为巨型桁架结构、巨型框架结构、巨型悬挂结构和巨型分离式结构；按材料可分为巨型钢筋混凝土结构、巨型钢骨混凝土结构、巨型钢—钢筋混凝土混合结构及巨型钢结构。

巨型框架结构[图 1 - 2(b)]是由若干个筒体或巨柱、巨梁组成巨型框架，承受建筑物的垂直荷载和水平荷载。在每道巨梁之间再设置多个楼层，每道巨梁一般占一个楼层并支承巨梁间的各楼层荷载。巨型桁架结构[图 1 - 2(c)]是用巨柱、巨梁和巨型支撑等巨型杆件组成空间桁架，相邻立面的支撑交会在角柱，形成巨型空间桁架结构。

例如，深圳香格里拉大酒店、新加坡华侨银行采用的是巨型框架结构；香港中国银行采用的是巨型桁架结构。

3)蒙皮结构

蒙皮效应的结构概念来自于航空和造船工业。蒙皮结构是指在整体外部框架的纵、横肋上蒙上一层金属板，形成共同受力体系。蒙皮可承受面内拉、压和剪应力，它相当于连续分布的支撑，达到空间受力的效果。例如，美国费城的梅隆银行大厦。

1.3.2　高层建筑结构材料

高层建筑的发展也推动了结构材料的发展。

按照使用材料划分，高层建筑结构主要有钢筋混凝土结构、钢结构、钢—钢筋混凝土组合结构。

钢筋混凝土结构材料造价较低，支模可浇筑成各种形状，且防火性能较好，结构刚度大，但是整体自重大且构件断面大。目前在小高层住宅中应用较广泛。

钢结构材料自重轻，强度高，抗震性能好，施工方便，但是材料造价高且耐火性能差。在高层建筑的起步阶段，钢结构应用较多。

钢－混凝土的组合结构集合了两种材料的优点，克服了各自的不足。主要包括钢管混凝土结构、型钢混凝土结构等。钢－混凝土的组合结构是当前超高层建筑的发展趋势。

在长期的工程实践中总结出了许多经验，并形成了较系统的施工工艺。

1.4　高层建筑施工的特点与发展

1.4.1　高层建筑施工的特点

随着建筑物高度的增加，施工难度加大，高层建筑在施工技术上有其显著的特点，主要表现在"高"、"深"、"长"、"杂"四个方面。

"高"是指建筑物的层数多且高度高。由于建筑物层数多、高度高，所以其工程量大、技术复杂、高空作业多，因此垂直运输、高空安全防护、防火、通信联络、用水及建筑垃圾的处理等问题就成为主要难点之一。

"深"是指建筑物的基础埋置深度深。为了确保建筑物的稳定性，高层建筑有地下埋深嵌固要求。建筑高度越高，基础埋置越深。为了保证高层建筑整体的稳定性，一般应有一层至数层地下室，作为设备层及车库、人防、辅助用房等。

"长"是指高层建筑的施工周期长。高层建筑的施工工期较长，施工期内跨越冬、雨期，因此，必须充分利用时间，合理布置和安排，编制周密细致的施工组织设计。

"杂"是指高层建筑的施工条件复杂。高层建筑施工时，周边环境复杂，为了保证工程的正常进行，需要合理安排现场临时设施，尽可能减少材料的现场制作及材料、设备的储存量，充分利用商品砼和预制构配件等半成品材料。

1.4.2　高层建筑施工技术的发展

自20世纪80年代以后，通过大量的工程实践，我国的高层建筑施工技术得到了很大发展。施工技术的发展会促进高层建筑的发展，与此同时，高层建筑的发展也会带动施工技术的发展。

1. 基础工程施工技术

从20世纪90年代以来，高层建筑高度越来越高，相应的基础也就越做越深，这样就促进了基础施工技术的发展。

在基础工程方面主要包括降低地下水、基础结构、深基坑支护、大体积混凝土浇筑等施工内容。

在深基坑施工降低地下水方面，轻型井点、喷射井点、电渗井点、管径井点、深井井点等被广泛结合采用。

高层建筑中，多数情况下选择采用桩基础、筏形基础、箱形基础、桩基与箱形基础或桩基与筏板基础的复合基础这几种结构形式的基础结构。

在桩基础运用方面，混凝土方桩、预应力混凝土管桩、钢管桩等预制桩，以及钻孔灌注桩、沉管灌注桩等灌注桩皆有较多应用。而且，采用桩端压力灌浆、钻孔扩底等方法对提高桩端承载力效果显著。例如，中国第一高楼上海中心大厦采用桩端压力灌浆法保证桩基承载力。即在混凝土基桩半干后，通过注浆管进行高压注浆。此举大大地提高了桩基的承载力，保证了结构的整体安全。

在筏形基础、箱形基础、桩基与箱形基础或桩基与筏板基础的复合基础的应用方面，因其能形成的较大地下空间能够被很好地利用，且建筑结构整体刚度好，这几种形式现在被广泛地应用。

随着高层建筑的发展，深基坑逐渐增多，深基坑支护技术发展很快。在实际工程应用中，多采用钢板桩、钢筋混凝土排桩墙、地下连续墙、水泥搅拌桩、土钉支护、土层锚杆等支护形式。支撑方式中不仅有传统的钢支撑和钢筋混凝土支撑，亦有在坑外用土锚拉固。在地下连续墙应用时，大力推广了"两墙合一"和逆作法技术。

为减少或避免产生温度裂缝，大体积混凝土裂缝控制的措施在不断推陈出新。由于商品混凝土的推广和泵送技术的运用，大大提高了大体积混凝土的浇筑速度，万余立方米以上的大体积混凝土浇筑亦无困难。

2. 结构工程施工技术

目前，就主要材料而言，高层建筑主要采用钢筋混凝土和钢材。

在模板方面，从以前的木模板、钢模板发展到塑料模板、胶合板、竹胶板模板等新型模板，并形成大模板、爬升模板和滑升模板的成套工艺。大模板工艺在剪力墙结构和筒体结构中已广泛应用，已形成"全现浇"、"内浇外挂"、"内浇外砌"成套工艺。爬升模板不但用于浇筑外墙，亦可内、外墙皆用。爬升模板浇筑，在提升设备方面已有手动、液压和电动提升设备，有带爬架的，亦有无爬架的，尤其与升降脚手结合应用，优点更为显著。滑模工艺亦有很大提高，可施工高耸结构、剪力墙或筒体结构的高层建筑，亦可施工框架结构和一些特种结构。

在钢筋连接技术方面除了采用传统的绑扎、手工焊接外，对于一些大直径钢筋的连接采用了电渣压力焊、气压焊、冷挤压、锥螺纹、直螺纹连接技术。尤其是机械连接的方式，施工简便，接头质量易于控制，有很好的发展前景。

在混凝土方面，高强、轻质、高性能混凝土是当前混凝土的发展方向。目前我国 C50 和 C60 混凝土在超高层建筑工程中应用较多。商品混凝土在大中城市有了很大的发展，同时泵送技术也显示其运送混凝土所特有的优越性，泵送高度可达到几百米。

钢结构高层建筑由于重量轻、抗震性能好、施工速度快等优点，在我国得到一定的发展、高层钢结构制造、安装、防火等技术近年来都有很大的提高，钢—钢筋混凝土结构也会在今后有更多的应用。

1.4.3　高层建筑的施工管理

对于高层建筑来说，设计是前提，材料是基础，施工管理是关键。科学的施工管理不但能够保证工程的质量，而且可以降低材料的消耗，在节约成本的同时提高工效。高层建筑施工中由于工程量大，技术复杂，工期长，涉及广泛，所以必须在施工全过程实行科学的组织管理。

1）施工现场管理

施工现场必须设置权威的管理机构，统一部署，组织任务，排除障碍。统一的组织的管理，是工程能够顺利完成的先决条件。

2）施工与设计结合

虽然施工与设计是两个不同的阶段，但是，施工与设计是两个紧密结合的内容。施工离不开设计，设计指导施工，施工也会影响设计。特别是一些大型复杂的高层建筑，设计方案和施工方案的选定，需要经过多方面的调查研究论证，尤其需要集中设计部门和施工部门的集体智慧。设计和施工的结合应贯穿建设的全过程。

3）合理安排与组织

高层建筑由于层数多、工程量大、提供作业面大，应充分利用空间和时间，合理安排平行流水立体交叉作业。

高层建筑的层数虽多，但多数层为标准层，平面、立面、工程量和设计、施工做法相同，为采用工业化方法组织施工创造了条件。施工组织设计应首先解决好施工部署和施工方案，在此基础上安排好进度计划、现场施工平面等各方面的问题。高层建筑一般在市区施工，用地紧张，应在制订施工方案时，采用各种节地和减少暂设工程的措施。同时，充分利用商品混凝土，由各生产基地及有关单位提供各种半成品及构配件等。

4）施工准备工作

高层建筑在正式开工前，在编制施工组织设计的同时，除应按照常规做好现场三通一平，编制施工预算，进行必要的暂设工程，以及加工订货和材料、机具、劳动力的准备外，还应针对高层建筑深基础施工特点，做好挖土前的挡土支护及降排水设施，并针对高空作业的特点，做好垂直运输及安全、消防等准备工作。

5）施工技术管理

对采用新技术、新工艺、新结构、新设备的项目应认真把好技术关。

高层建筑设计涉及各专业。接到图纸后，应认真组织施工有关人员，熟悉并审查图纸，各专业图纸交底无误后，再逐级进行技术交底。

高层建筑所采用的材料、制品，特别是新材料、新产品，应有质量检验合格证明，并在现场严格检查验收；必要时，应再抽样检验。

6）加强安全和质量管理

安全管理除做好常规工作外，特别要在深基础施工和高空作业两个方面采取措施。

同时，还应加强消防防火安全管理。要完善消防设施，在现场配置消火栓和高压水泵，保证高层消防用水所必需的水压和用水量，交通道路应保持畅通。对易燃易爆物品严格管理。

现场防火安全管理

质量管理工作应根据高层建筑特点从加强质量保证体系和强化质量监督检查验收工作两方面进行。要有明确的质量目标和质量计划，对关键部位和重要环节特别要把好质量关，且要运用全面质量管理的工作方法不断总结提高。

本模块小·结

高层建筑的发展是人类生存的需求，是社会进步的标志，也是一个国家施工水平的体现。

高层建筑体系从材料使用上分，主要有混凝土结构和钢结构；从结构类型上分，主要有框架、剪力墙、框架－剪力墙、筒体等几种结构类型。高层建筑不是多层建筑的简单叠加，其独有的施工特点对施工技术和施工管理都提出了更高的要求。

课后习题

一、单项选择题

1. 根据 1972 年召开的国际高层建筑会议建议，高层建筑按层数和高度分为四类，第一类高层建筑为(　　　)。

A.7～10 层　　　　　　B.7～12 层　　　　　　C.8～10 层　　　　　　D.9～16 层

2. 根据 1972 年召开的国际高层建筑会议建议，高层建筑按层数和高度分为四类，超高层建筑为(　　　)。

A.50 层以上(高度 100 m 以上)　　　　　　B.40 层以上(高度 120 m 以上)

C.40 层以上(高度 100 m 以上)　　　　　　D.50 层以上(高度 120 m 以上)

3. 在框架结构平面中的适当部位设置钢筋混凝土墙体，使其形成(　　　)。

A. 框架结构　　　　　　　　　　　　B. 剪力墙结构

C. 框架－剪力墙结构　　　　　　　　D. 筒体结构

4. 筒体结构是指一个或几个筒体作为承重结构的高层建筑结构体系，下列不属于筒体结构体系的是(　　　)。

A. 筒中筒　　　　　　B. 组合筒　　　　　　C. 剪力墙—筒体　　　　D. 框架－筒体

5. 下列不属于钢结构高层建筑的优点的是(　　　)。

A. 重量轻　　　　　　B. 防火性能好　　　　　C. 抗震性能好　　　　　D. 施工速度快

6. 我国《高层建筑混凝土结构技术规程》JGJ 3—2010 定义(　　　)或房屋高度大于 28 m 的住宅建筑和高度大于 24 m 的其他高层民用建筑为高层建筑。

A.8 层及 8 层以上　　　　　　　　　　B.12 层及 12 层以上

C.7 层及 7 层以上　　　　　　　　　　D.10 层及 10 层以上

7. 以下属于高强度混凝土的是(　　　)。

A. C40　　　　　　B. C40 及其以上　　　　C. C45　　　　　　D. C60 及其以上

8. 以下基础类型中，不适合用于高层建筑基础的是(　　　)。

A. 桩筏复合基础　　　B. 筏形基础　　　　　C. 独立柱基础　　　　D. 箱形基础

二、多项选择题

1. 下列属于钢结构高层建筑的优点的是(　　　)。

A. 重量轻　　　　　　　B. 防火性能好　　　　C. 抗震性能好　　　　　D. 施工速度快

2. 根据 1972 年召开的国际高层建筑会议建议, 高层建筑按层数和高度分为四类, 下列分类准确的是(　　　)。

A. 第一类高层建筑 9~16 层　　　　　　　B. 第二类高层建筑 17~25 层

C. 第三类高层建筑 26~50 层　　　　　　　D. 第四类高层建筑 50 层以上

3. 某市的标志性建筑物为某国际金融中心, 高度为 382 m, 不适合该建筑物的结构体系为(　　　)。

A. 框架结构　　　　　　　　　　　　B. 剪力墙结构

C. 框架 – 剪力墙结构　　　　　　　　D. 筒体结构

4. 高强度混凝土在高层建筑中应用广泛, 以下不属于高强度混凝土的是(　　　)。

A. C40　　　　　　　B. C40 及其以上　　　C. C60　　　　　　　D. C50 及其以上

5. 以下属于高层建筑施工管理的特点的是(　　　)。

A. 工程量大　　　　　　　　　　　　B. 技术复杂

C. 工期长　　　　　　　　　　　　　D. 涉及的单位和专业少

6. 框架 – 剪力墙结构的优点有(　　　)。

A. 平面布置灵活　　　　　　　　　　B. 抗震性能良好

C. 适用于 300 m 以上的超高层建筑　　　D. 能较好地承受水平荷载

7. 框架结构的优点有(　　　)。

A. 平面布置灵活　　　　　　　　　　B. 抗震性能好

C. 可形成较大的空间　　　　　　　　D. 能较好地承受水平荷载

8. 以下建筑物中不适合用剪力墙结构的有(　　　)。

A. 图书馆　　　　　　B. 学校食堂　　　　　C. 宾馆　　　　　　D. 体育馆

三、复习思考题

1. 试阐述框架结构和框架 – 剪力墙结构各自的优点?

2. 试阐述按照国际高层建筑会议建议的按高层建筑的层数和高度的分类标准?

3. 高层建筑的结构体系包括哪些?

4. 高层建筑施工管理主要包括哪些内容?

模块二　高层建筑垂直运输机械

【知识目标】

1. 熟悉高层建筑施工常用的垂直运输机械。

2. 掌握塔式起重机的选用原则。

3. 了解施工电梯的使用要点。

4. 掌握泵送混凝土机械的工作要点。

5. 熟悉高层建筑施工中常用的各种脚手架。

6. 掌握各种脚手架的安装搭设方法。

【能力目标】

1. 能够合理选择垂直运输机械。

2. 能够合理选用脚手架。

在高层建筑施工中，每天都有大量的建筑材料和施工人员进行垂直运输。高层建筑施工的垂直运输作业具有以下几个特点：

1）运输量大且运距高

在现浇钢筋混凝土结构的施工过程中，需要运送大量混凝土、钢筋、模板、砌体和装修材料等。在钢结构的施工过程中，需要运送大量的钢柱、钢梁和钢板等。施工中，不仅有物料需要运送，还有大量施工人员需要上下。同时，对于高层建筑而言，运输的垂直距离高度普遍都较高。

2）机械费用比例大

高层建筑施工中，机械设备的费用占土建总造价的 5%~10%。所以，根据工程特点合理选用并有效使用垂直运输机械，对降低高层建筑的造价能起到一定的效果。

3）工期直接影响大

材料和人员运输的效率会直接影响施工速度，而施工速度会直接影响工期。故高层建筑施工的工期在很大程度上受到垂直运输的影响。

由此可见，高层建筑施工的关键就是合理地选择恰当并能满足需求的垂直运输机械。

工程实践表明，在高层建筑施工中使用性能良好的、满足施工需要的垂直运输机械，并对垂直运输机械进行合理的布置和管理，则一定能在保证质量的前提下，节约劳动力，减轻劳动强度，缩短工期，提高经济效益。因此，在高层建筑的施工过程中，垂直运输机械的选择非常重要。

在高层建筑施工中常用的垂直运输机械有：塔式起重机、施工外用电梯、混凝土泵等。

2.1　塔式起重机

塔式起重机简称塔吊,其结构外形特点是拥有一个直立的塔身,起重臂安装在垂直塔身的上部。塔式起重机的工作特点是吊臂长,工作幅度大,吊钩高度高,起重能力强,效率高。塔式起重机是高层、超高层建筑施工的主要施工机械。塔式起重机已经成为高层建筑吊装施工和垂直运输的主导机械设备。

2.1.1　分类

塔式起重机分类的方式有多种,下面介绍三种分类方式:

1. 按塔式起重机使用架设的要求划分

塔式起重机按其使用架设的要求可分为固定式[图2-1(a)]、轨道式[图2-1(b)]、附着式[图2-2(a)]和内爬式[图2-2(b)]四种。

固定式塔式起重机是将塔身基础固定在地基基础或者结构物上,塔身固定位置,不能行走。

轨道式塔式起重机又称轨道行走式塔式起重机,简称为轨行式塔式起重机。这种形式的塔式起重机在固定的轨道上可以负荷行驶。轨行式的塔式起重机可沿轨道两侧全幅作业范围内进行吊装,机动性强、稳定性好、装拆方便;但是,这种形式的塔式起重机在使用时需要铺设轨道,且对路基压力大,并占用了较大的施工场地,同时使用高度受到一定限制,故只能用于较低的高层建筑。

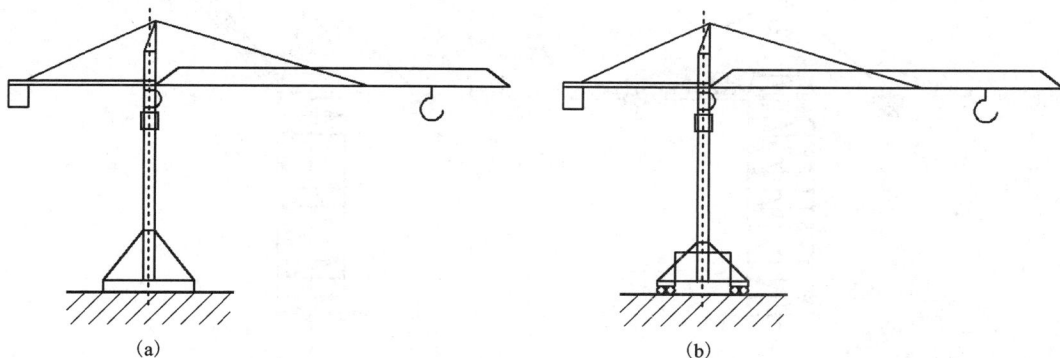

图2-1　固定式和轨行式塔式起重机

(a)固定式;(b)轨行式

附着式塔式起重机需要每隔一定间距通过支撑(附着装置)将塔身锚固在构筑物上。附着式塔式起重机不仅占地面积小,起重高度高,而且可自升高、安装方便;但是,在使用过程中需要增设附着支撑,对建筑物作用有附加力。

内爬式塔式起重机安装在建筑物内部(如电梯井、楼梯间等),通过支撑在结构物上的爬升装置,使整机随着建筑物的升高而升高。这种形式对施工场地小的情况最适宜,作用的有效范围大,能充分发挥起重能力。

在本节内容中会特别讲解附着式塔式起重机和内爬式塔式起重机。

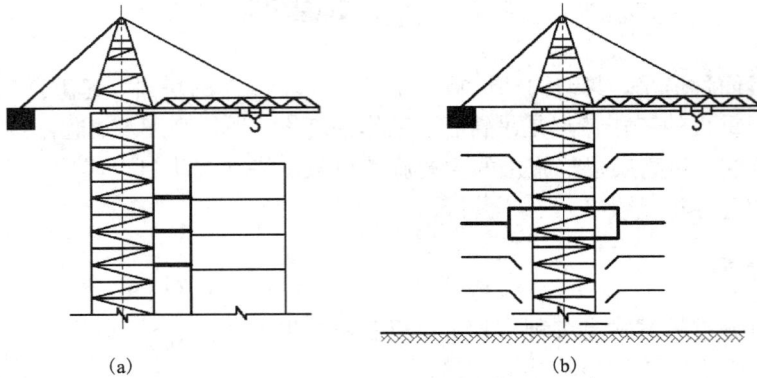

图 2 - 2　附着式和内爬式塔式起重机
(a)附着式；(b)内爬式

2. 按起重臂变幅方法划分

这种分类方法下，可分为起重小车变幅式塔式起重机［图 2 - 3(a)］和起重臂变幅式塔式起重机［图 2 - 3(b)］。前者起重臂下弦装有起重小车，起重小车移动变幅。这种形式变幅简单、操作方便，并能负载变幅，但是起重高度利用范围小。后者起重臂与塔身铰接，通过调整起重臂的仰角进行变幅。这种形式起重高度有利，但是因起重臂仰角限制，近塔身处工作半径受限。

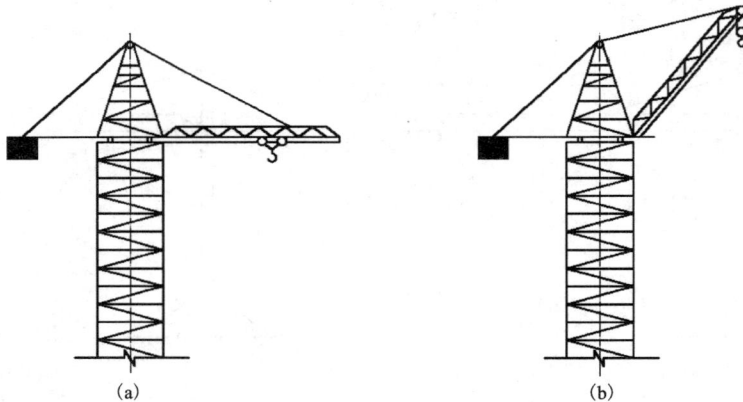

图 2 - 3　变幅式塔式起重机
(a)小车变幅式；(b)起重臂变幅式

3. 按回转方式划分

可分为上旋回转式和下旋回转式。

下旋回转式塔式起重机的回转机构在塔身下部，旋转时塔身与起重臂一起旋转。这种旋转形式使起重机重心落低，稳定性好，且维修保养方便。但其回转机构较复杂，制造精度要求高，而且起重机的旋转使塔身无法设置附着装置，也无法内爬，因而不适用于高层建筑施工用的自升塔式起重机。

上旋回转式塔式起重机的回转机构在塔身上部，起重机旋转时塔身不旋转，回转机构要求低，制造简单，且变幅与起重机的绳轮系统不与转台联系，所以适用于自升塔式起重机。缺点是起重机重心较高，稳定性差，旋转改变方向时塔身弦杆交变受力；塔身的联接螺栓需施加一定的预紧力。在目前的实际应用中，塔式起重机多采用上旋式。

2.1.2　塔式起重机的选择

由于工作速度快、施工效率高等优点，塔式起重机在高层建筑施工中应用特别广泛。如何合理选择塔式起重机是高层建筑施工组织中一项重要的内容。

一般说来，影响塔式起重机选择的因素有：建筑物的体型和平面布置；建筑层数、层高和建筑总高度；建筑工程实物量、建筑构件、制品、材料设备搬运量；建筑工期、施工节奏、施工流水段的划分以及施工进度的安排；建筑基地及周围施工环境条件；本单位资源条件；当时当地塔式起重机供应条件以及对经济效益的要求。

所以，选择塔式起重机时应遵循以下几个原则。

1. 参数合理

塔式起重机的主要性能参数包括幅度、起重量、起重力矩、起升高度等。

选用塔式起重机进行高层建筑施工时，首先应根据施工对象确定所要求的参数。

幅度，又被称为回转半径或工作半径，即塔吊回转中心线至吊钩中心线的水平距离。幅度参数又可分为最大幅度（R_{max}），最大起重量时的幅度（R_0）和最小幅度（R_{min}）。在选定塔式起重机时，首先要通过建筑外形尺寸，作图确定幅度参数；再考虑塔式起重机起重臂长度、工程对象计划工期、施工速度以及塔式起重机配置台数等因素，确定所用塔式起重机。高层建筑施工选择塔式起重机时，首先应考察该塔吊的最大幅度是否能满足施工需要。一般说来，体型简单的高层建筑仅需配用一台自升塔式起重机，而体型庞大复杂、工期紧迫的则需配置两台或更多台自升塔式起重机。

起重量是指塔式起重机在各种工况下安全作业所容许的起吊重物的最大重量。起重量是包括所起吊的重物重量、铁扁担、吊索和容器重量的总和。起重量是随着工作半径的加大而减少的。起重量参数又分为最大幅度时的额定起重量（Q_0）和最大起重量（Q_{max}），前者是指吊钩滑轮位于臂头时的起重量，而后者是吊钩滑轮以多倍率（3绳、4绳、6绳或8绳）工作时的最大额定起重量。对于钢筋混凝土高层及超高层建筑来说，最大幅度时的额定起重量极为关键。若是全装配式大板建筑，最大幅度起重量应以最大外墙板重量为依据。若是现浇钢筋混凝土建筑，则应按最大混凝土料斗容量确定所要求的最大幅度起重量。对于钢结构高层及超高层建筑，塔式起重机的最大起重量是关键参数，应以最重构件的重量为准。

起重力矩是指塔式起重机的幅度与相应于此幅度下的起重量的乘积。在初步确定起重量和幅度参数后，还必须根据塔吊技术说明书中给出的资料，核查是否超过额定起重力矩。起重力矩能比较全面和确切地反映塔式起重机的工作能力。对于钢筋混凝土高层和超高层建筑，重要的是最大幅度时的起重力矩必须满足施工需要。对于钢结构高层及超高层建筑，重要的是最大起重量时的起重力矩必须符合需要。

起升高度是指自钢轨顶面或基础顶面至吊钩中心的垂直距离。塔式起重机的起升高度不仅取决于塔身结构的强度和刚度，而且取决于起升机构卷筒钢丝绳容量和吊钩滑轮组的倍率。起升高度是一项关键主参数，不论塔式起重机其他参数如何理想，技术性能如何优越，如果起升高度不满足需要，仍然无法完成施工任务。塔式起重机进行吊装施工所需要的起升高度可通过作图和计算加以确定。

在选择塔式起重机时，除了上述四个主要参数外，还要考虑工作速度参数。速度参数不仅是直接关系到塔吊的台班生产率，而且对安全生产极为重要。

2. 台班生产率满足需要

塔式起重机台班生产率必须充分满足需要。必须根据实际的施工进度要求，对塔式起重机台班作业生产率进行校核，务必保证施工进度计划不会因塔式起重机的生产效率而受到影响。

3. 形式合适

总结近年来国内钢筋混凝土高层建筑施工经验，在选用塔式起重机上可作如下安排：对于一般9～13层高层建筑，宜选用轨道式上回转塔式起重机（如TQ60/80）和轨道式下回转快速安装塔式起重机（如QTG60），以后者效益较好。对于13～15层的高层建筑，可选用轨道式上回转塔式起重机（如TQ60/80）或QT80、QT80A等800 kN·m级上回转自升塔式起重机，以前者费用较省。对于15～18层，可优先选用TQ90、TQ60/80ZG或QTZ200、QTZ120等塔式起重机，以前两种塔吊较为便宜。对于18～25层，应根据建筑构造设计特点和使用条件，选择QTZ200、QTZ120、ZT120、QT80、QT80A或Z80等型号附着式自升塔式起重机或内爬塔式起重机。对于25～30层可选用参数合适的附着式自升塔式起重机或内爬式塔式起重机。30层以上高层建筑，可考虑优先选用内爬式塔式起重机。

4. 综合经济效益好

要综合考虑一次性投资和使用消耗，得出合理结论，选择整体综合经济效益好的方案。首先，通过参数的对比分析、台班生产率的计算和选型研究，可知选择某种塔吊是比较恰当的。然后，还需要考虑到企业自身所具备的条件，是租赁、购买还是现有，要根据不同的情况进行对比分析。最后，整体综合分析，得出最佳方案。

2.1.3 附着式塔式起重机

通常情况下，附着式塔式起重机是固定在建筑物近旁钢筋混凝土基础上。附着式塔式起重机也是一种自升式的塔式起重机。施工中，随着建筑物高度的增加，这种塔式起重机可以利用液压自升系统逐步将塔顶顶升，而后塔身接高。而且，为了保证塔身的稳定，每隔一定距离将塔身与建筑物用附着装置联系起来。附着式塔式起重机能较好地适应建筑体型和层高变化的需要，同时不影响建筑物内部施工安排，且安装拆卸比较方便，便于司机操作。附着式塔式起重机是高层建筑施工中常用的塔式起重机。

1. 基础设置

附着式塔式起重机的固定式钢筋混凝土基础，要求混凝土强度等级不低于C35，基础表面平整度允许偏差为1/1000，埋设件的位置、标高和垂直度以及施工工艺符合相关要求。附着式塔式起重机混凝土基础的构筑应符合使用说明书或有关技术文件的规定。在设置时，可分为整体式和分离式两种。

采用整体式基础时，塔式起重机通过专用塔身基础节通过预埋地脚螺栓固定在混凝土基础上，混凝土用量大，对预埋件位置、标高要求高。这种方式不仅能起压载作用，而且能提高塔身整体抗倾覆的稳定性。该基础必须根据建筑物所在地的地质条件进行设计。

采用分离式基础时，起重机的塔身结构固定在底架上，而底架的四个支座则通过垫板支承在四块分开的混凝土基础上。与整体式基础相比较，分离式混凝土基础更节省混凝土用量，且无须预埋件。同时压载物安置在底架上，可重复使用。

2. 附着装置

附着式塔式起重机在塔身高度超过限定自由高度（一般为 30～40 m）时，即应加设附着装置与建筑结构拉结。装设第一道附着装置后，每增高塔身 14～20 m 应再加设一道，最上一道附着装置以上的塔身自由高度不应超过规定限值。

建筑结构的拉结支座，可套装在柱子上或埋在现浇混凝土墙板里面，锚固点应紧靠楼板，距离不宜大于 200 mm。锚固支座如设在墙板上，应利用临时支撑与相邻墙板相联，以增强墙板刚度。对于附着支撑拉住塔体结构的形式有两种，即整个塔身抱箍式和节点（塔身）抱柱式。前者能充分利用塔身的空间，整体性能好；后者结构较简单，安装方便。

附着装置由锚固环箍和附着杆组成。锚固环箍由两块钢板或型钢组焊的 U 形梁拼接而成；附着杆可由型钢、无缝钢管组成，也可用型钢组焊成桁架式结构。在附着杆上应设置调节螺母、螺杆副，调节距离约 ±200 mm，以便灵活调节塔身附着距离和塔身立于地面的垂直度。

附着式塔式起重机的自由高度超过一定限度时，就需与建筑结构拉结附着。自由高度的限值与塔式起重机的额定起重能力和塔身结构强度有关，一般中型自升塔吊的起始附着高度为 25～30 m，而重型的自升塔式起重机的起始附着高度一般为 40～50 m。第一道附着与第二道附着之间的距离，轻、中型附着式自升塔式起重机为 16～20 m，而重型附着式自升塔式起重机则为 20～35 m。施工时，可根据高层建筑结构特点、塔式起重机安装基础高程以及塔身结构特点进行适当调整。一般情况下，附着式塔式起重机装设 2～3 道附着已可满足需要。

附着式塔式起重机的附着装置由锚固环、附着杆以及柱箍、固定耳板（墙箍）、紧固件、连接销轴和连固螺栓等部件组成。锚固环套装在塔身标准节的水平腹杆处或塔身标准节对接处，是由钢板或型钢组焊成的箱形断面空腹结构。锚固环通过卡板、楔紧件、连接螺栓和顶丝等部件同塔身结构主弦杆联固。柱箍一般都固定于柱的根部，固定耳板则通过预埋件和连接螺栓装设在混凝土板墙的下部。附着杆可用无缝钢管制成，也可采用槽钢拼焊而成，或用型钢焊接成空间桁架结构。附着杆的一端与套装在塔身结构的锚固环相连接，另一端通过销轴固定在柱箍上，或与固定耳板联固，如图 2－2 所示。附着杆有多种布置方式，可根据工程对象结构特点和塔式起重机的具体安装位置，选用一种比较合适的布置方式。

塔身中心到建筑物外墙皮的水平距离称为附着距离。一般塔吊的附着距离多规定为 4～6.5 m，有时大至 10～15 m，两锚固点的水平距离为 5～8 m。附着杆在建筑结构上的锚固点应尽可能设在柱的根部或混凝土墙板的下部，以距离混凝土楼板 300 mm 左右为宜。附着杆锚固点区段（上、下各 1 m 左右）应加设配筋并将混凝土强度等级提高一级。

3. 顶升过程

①准备顶升［如图 2－4（a）所示］。将标准节吊到摆渡小车上，并将过渡节与塔身标准节相连的螺栓松开。

②顶升塔顶［如图 2－4（b）所示］。开动液压千斤顶，将塔吊上部结构包括顶升套架向上顶升到超过一个标准节的高度，然后用定位销将套架固定，于是塔吊上部结构的重量就通过定位销传递到塔身。

③推入塔身标准节［如图 2－4（c）所示］。液压千斤顶回缩，形成引进空间，此时将装有

标准节的摆渡小车开到引进空间内。

④安装塔身标准节[如图 2-4(d)所示]。利用液压千斤顶稍微提起标准节，退出摆渡小车，然后将标准节平稳地落在下面的塔身上，并用螺栓加以连接。

⑤塔顶与塔身连成整体[如图 2-4(e)所示]。拔出定位销，下降过渡节，使之与接高的塔身连成整体。如一次要接高若干节塔身标准节，则可重复以上工序。

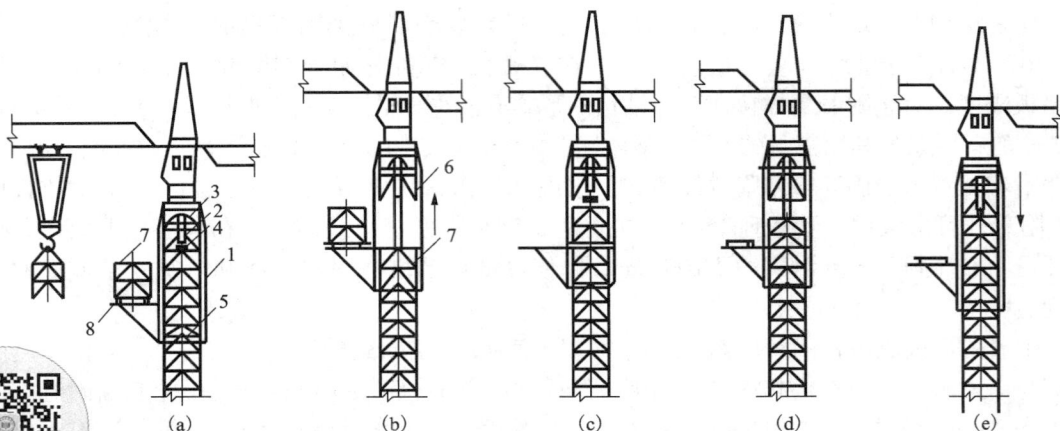

图 2-4 附着式塔式起重机顶升过程

(a)准备顶升；(b)顶升塔顶；(c)推入塔身标准节；(d)安装塔身标准节；(e)塔顶与塔身连成整体
1—顶升套架；2—液压千斤顶；3—承座；4—顶升横梁；5—定位销；6—过渡节；7—标准节；8—摆渡小车

4. 特点

附着式塔式起重机的特点如下：

  (1)建筑物需承受附着荷载；
  (2)附着及顶升过程不会影响施工进度；
  (3)重物布置方便，可以施工提高效率；
  (4)司机视野好，对操作有利；
  (5)安装与拆卸十分方便；
  (6)造价较高。

2.1.4 内爬式塔式起重机

内爬式塔式起重机是一种将塔身安装在建筑物内部(电梯井、预留爬升通道等预留孔洞内)，再依靠自身装备的液压爬升机构随建筑物高度升高而向上爬升的起重机。

内爬式塔式起重机在使用时无须铺设轨道，无须专门设置基础，无须设置附着装置。内爬式塔式起重机设置在建筑物中，能够有效避开周围障碍物。内爬式塔式起重机的起重性能得到充分发挥，只需少量的标准节即可满足施工要求。建筑物高度越高，经济效益越显著。对于高度在 100 m 以上的超高层建筑，可优先考虑用内爬式塔式起重机。

1. 爬升过程

不同型号的内爬式塔式起重机的爬升方式略有差别，但是爬升方式原理大同小异。

内爬式塔式起重机的爬升过程如图 2-5 所示。

①准备状态[如图 2-5(a)所示]。将起重机小车收回到最小幅度处，下降吊钩，吊住套架并松开固定套架的地脚螺栓，收回活动支腿，做好爬升准备。

②提升套架[如图 2-5(b)所示]。首先，开动起升机构将套架提升至两层楼高度时停止；然后，摇出套架四角活动支腿并用地脚螺栓固定；最后，松开吊钩升高至适当高度并开动起重小车到最大幅度处。

③提升起重机[如图 2-5(c)所示]。首先，松开底座地脚螺栓，收回底座活动支脚；然后，开动爬升机构将起重机提升至二层楼高度停止；最后，摇出底座四角的活动支腿，并用预埋在建筑结构上的地脚螺栓固定。至此，爬升过程即告结束。

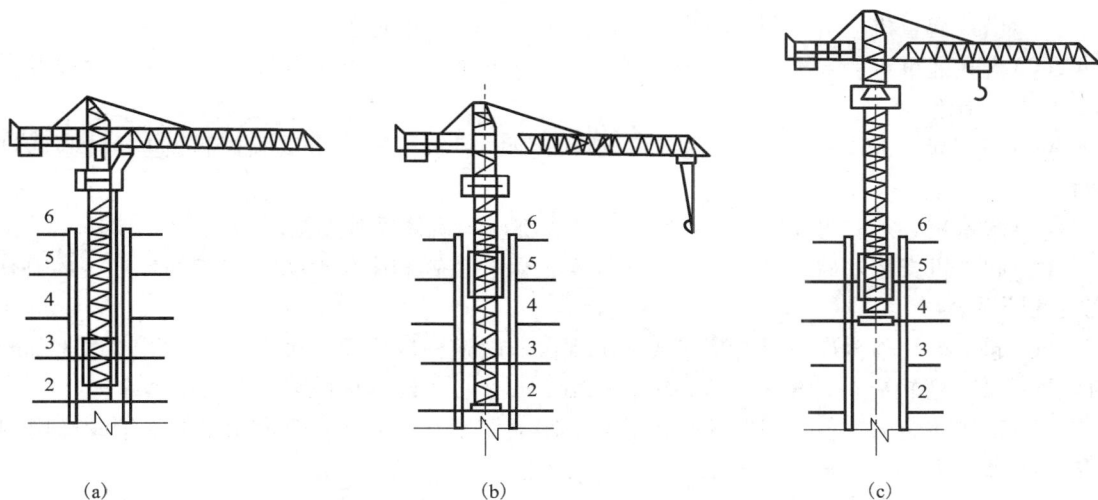

图 2-5 内爬式塔式起重机的爬升过程
(a)准备状态；(b)提升套架；(c)提升起重机

2.拆除事项

内爬式塔式起重机的拆除工作内容复杂且是高空作业，困难较多，必须周密布置和细致安排。拆除时，可以采用的设备主要有附着式重型塔式起重机、屋面起重机等设备，具体可以视情况进行选用。

拆除时，要采取可靠的防护措施，以免发生意外；同时要尽可能做到随拆随运，以节省二次搬运费用；而且要有统一指挥和统一检查，以利于拆卸作业的安全顺利进行。

内爬式塔式起重机的拆除顺序是：开动液压顶升机组，降落塔吊，使起重臂落至屋顶层；拆卸平衡重并逐块下放到地面运走；拆卸起重臂，将臂架解体并分节下放到地面运走；拆卸平衡臂，解体并分节下放到地面运走；拆卸塔帽并下放到地面运走；拆卸转台、司机室并下放到地面；拆卸支承回转装置及承座并下放到地面运走；逐节顶升塔身标准节，拆卸、下放到地面并运走，直至完成全部拆卸作业。

3.特点

内爬式塔式起重机的特点如下：

（1）布置在建筑物内部，不占用外围空间；

（2）利用建筑物向上爬升，爬升高度不受限制；

（3）塔吊荷载全部施加在建筑物上，建筑物结构构造设计的造价增加；

（4）爬升过程必须与施工协调；

（5）司机操作视野受限；

（6）拆除麻烦。

2.1.5　塔式起重机操作要点

塔式起重机在安装和使用的过程中，应遵守国家主管部门颁发的规程和条例，同时还要遵守使用说明书中的有关规定。

（1）塔式起重机应有专职司机操作，司机必须受过专业训练。

（2）塔式起重机一般准许工作的气温为 −20～40℃，风速小于六级。风速大于六级及雷雨天，禁止操作。

（3）塔式起重机在作业现场安装后，必须遵照《建筑机械技术试验规程》进行试验和试运转。

（4）起重机必须有可靠接地，所有设备外壳都应与机体妥善连接。

（5）起重机安装好后，应重新调节各种安全保护装置和限位开关。如夜间作业，必须有充足的照明。

（6）起重机行驶轨道不得有障碍或下沉现象。轨道面应水平，轨距公差不得超过 3 mm。直轨要平直，弯轨应符合弯道要求，轨道末端 1 m 处必须设有止挡装置和限位器撞杆。

（7）工作前应检查各控制器的转动装置、制动器闸瓦、传动部分润滑油量、钢丝绳磨损情况及电源电压等，如不符合要求，应及时修整。

（8）起重机工作时必须严格按照额定起重量起吊，不得超载，也不准吊拉人员、斜拉重物或拔除地下埋物。

（9）司机必须得到指挥信号后，方可进行操作。操作前司机必须按电铃、发信号。

（10）吊物上升时，吊钩距起重臂端不得小于 1 m。

（11）工作休息或下班时，不得将重物悬挂在空中。

（12）起重机的变幅指示器、力矩限制器以及各种行程限位开关等安全装置，均必须齐全完整、灵敏可靠。

（13）作业后，尚须做到下列几点：

①起重臂杆转到顺风方向，并放松回转制动器，小车及平衡重应移到非工作状态位置，吊钩提升到离臂杆顶端 2～3 m 处；

②将每个控制开关拨至零位，依次断开各路开关，切断电源总开关，打开高空指示灯；

③锁紧夹轨器，如有八级以上大风警报，应另拉缆风绳与地面或建筑物固定。

2.2　施工电梯

施工电梯又被称为施工外用电梯，是一种很重要的高层建筑施工用垂直运输机械设备，它多数是人货两用，少数仅供货用或人用。人货两用电梯是高层建筑施工设备中唯一可运送人员上下的垂直运输设备。施工电梯是高层建筑施工中提高生产率的关键设备之一。

2.2.1　分类

按施工电梯的驱动形式可分为齿轮齿条驱动式和绳轮驱动式两种。

齿轮齿条驱动施工电梯是利用安装在吊厢框架上的齿轮与安装在塔架立杆上的齿条相啮合，当电动机经过变速机构带动齿轮转动时吊厢即沿塔架升降。

齿轮齿条驱动施工电梯的主要特点是：采用方形断面钢管焊接格桁结构塔架，刚度好；电机、减速机、驱动齿轮、控制柜等均装设在吊厢内，检查维修保养方便；采用高效能的锥鼓式限速装置，可保证不致发生坠落事故；能自升接高，安装转移迅速；可与建筑物拉结，随建筑物向上施工而逐节接高。适于建造25层特别是30层以上的高层建筑。

绳轮驱动施工电梯是利用卷扬机、滑轮组，通过钢丝绳悬吊控制吊厢升降。绳轮驱动施工电梯常称为施工升降机。可人货两用，亦可只运货。

绳轮驱动施工电梯主要特点是：采用三角断面钢管焊接格桁结构立柱，单吊厢，无平衡重，设有限速和机电联锁安全装置，附着装置比较简单；其结构比较轻巧，能自升接高，构造较简单，用钢量少，造价较低，附着装置费用也比较省，适于建造20层以下的高层建筑使用。

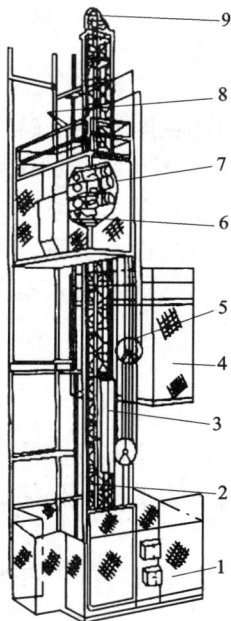

图 2-6　齿轮齿条驱动施工电梯

1—外笼；2—导轨架；3—对重；4—吊
笼；5—电缆导向装置；6—锥鼓限速器；
7—传动系统；8—吊杆；9—天轮

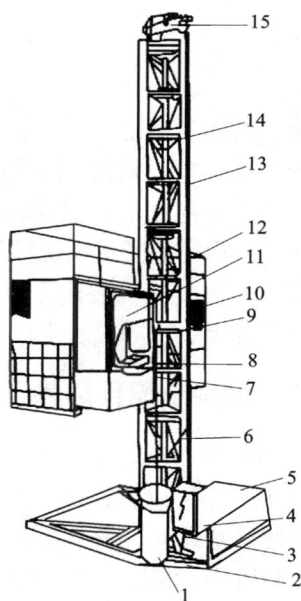

图 2-7　绳轮驱动施工电梯

1—盛线筒；2—底架；3—减震器；4—电气箱；
5—卷扬机；6—引线器；7—电缆；8—安全机
构；9—限速机构；10—工作笼；11—驾驶室；
12—围栏；13—立柱；14—连接螺栓；15—柱顶

2.2.2　使用

高层建筑施工中，在选择施工电梯时，应根据建筑体型、建筑面积、运输量、工期、造价以及供货条件等确定。同时，不仅要求施工电梯的载重量、提升高度、提升速度满足需求，而且必须保证安全可靠、经济效益好。现场施工经验表明，为减少施工成本，20层以下的高层建筑，采用绳轮驱动施工电梯，25～30层以上的高层建筑选用齿轮齿条驱动施工电梯。

在安设施工电梯时，施工电梯安装的位置应接近电源，有良好的夜间照明，便于观察操作；而且要有利于人员和物料的集散，并尽可能保证各种运输距离最短。安装位置处要方便附墙装置设置。

施工电梯全部运转时间中，输送物料的时间只占运送时间的30%～40%，输送人员的时间占外用施工电梯总运送时间的60%～70%。在高峰期，特别在上下班时刻，人流集中，施工电梯运量达到高峰。如何解决好施工电梯中人员输送与货物运输的矛盾，是一个关键问题。例如，施工电梯在运量达到高峰时，可以采取低层不停，高层间隔停的方法。此外，在配置施工电梯时可参考一台施工电梯服务楼层面积数据，进行合理配置，并尽可能选用双吊厢式施工电梯。施工电梯使用时要注意夜间照明及与结构的连接。在结构、装修施工进行平行交叉作业时，人货运输最为繁忙，亦要设法疏导人货流量，解决高峰时的运输矛盾。

2.3　泵送混凝土施工机械

在混凝土结构的高层建筑中，混凝土的运输量非常大，因此在施工中正确地选择混凝土运输机械就尤为重要。目前，混凝土施工机械成为建筑业施工中不可缺少的设备。现在，高层建筑施工中普遍应用的有混凝土搅拌运输车、混凝土泵和混凝土泵车。采用混凝土泵浇注商品混凝土，是钢筋混凝土现浇结构高层建筑施工中最为常见的混凝土浇注方式。商品混凝土集中搅拌站利用混凝土搅拌运输车将商品混凝土装运到施工现场，并卸入预先准备好的料斗里，再由混凝土泵或塔式起重机输送到浇筑部位。

2.3.1　混凝土搅拌运输车

混凝土搅拌运输车简称搅拌车，是一种长距离运送混凝土的专用车辆。在汽车底盘上安置一个可以自行转动的搅拌筒，搅拌车在行驶的过程中混凝土仍能进行搅拌，因此它是具有运输与搅拌双重功能的专用车辆。

混凝土搅拌运输车

在运输过程中，混凝土搅拌运输车对混凝土进行不停的搅动，使混凝土免于在运输途中产生离析和初凝，并进一步改善混凝土拌合物的和易性和均匀性，从而提高混凝土的浇筑质量。

混凝土搅拌运输车公称容量在2.5 m^3 以下者为轻型；4～6 m^3 属于中型；8 m^3 以上者为大型。实践表明，使用容量6 m^3 的搅拌运输车经济效益最好。

混凝土搅拌运输车主要由底架、搅拌筒、发动机、静液驱动系统、加水系统、装料及进料系统、卸料溜槽、卸料振动器、操作平台、操纵系统及防护设备组成。

随着混凝土搅拌运输车生产的规格化，目前市场上的搅拌车底盘基本上为专用汽车底盘，搅拌筒的驱动力为汽车发动机引出动力，传动形式采用液压进行动力传递。采用液压传动的优点是工作平稳，可实现无级变速，并容易实现正转进料搅拌、反转出料的要求。

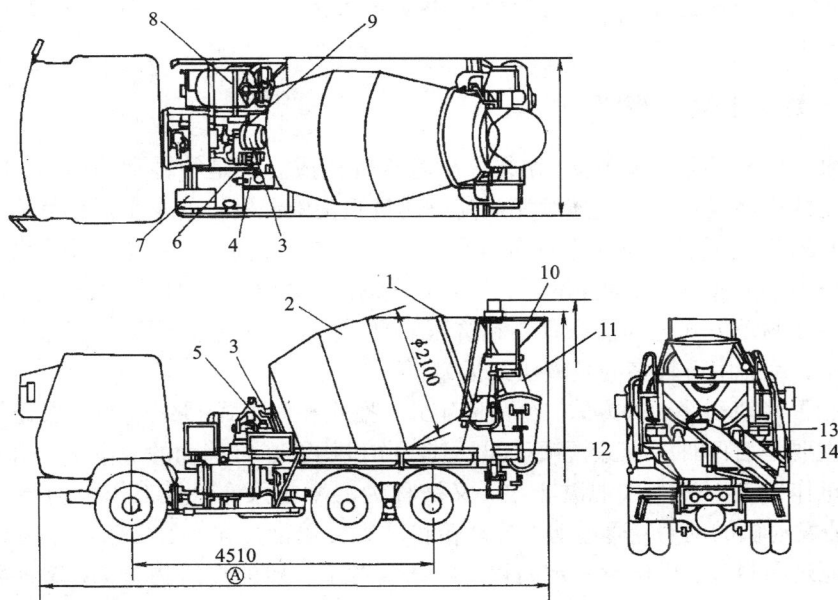

图 2 - 8　日本极东 MR 系列搅拌输送车结构图

1—滚道；2—搅拌筒；3—轴承座；4—油箱；5—减速器；6—液压马达；7—散热器；
8—水箱；9—油泵；10—漏斗；11—卸料槽；12—支架；13—拖滚；14—滑槽

在特殊情况下，搅拌车也可作为混凝土搅拌机用。这类搅拌车称为干式搅拌车。此时配好的生料从料斗灌入，搅拌筒正转。安装在搅拌车上的供水装置根据要求定量供水。这样一边运输，一边对干料进行加水搅拌，既代替了一台搅拌机，又可以进行输送。但是，由于干料是松散的，因此进行干料搅拌时搅拌筒的工作容积应进行折减，一般为正常拌合料的三分之二。另一方面，进行干料混合搅拌对搅拌筒的磨损较为严重，会较大幅度地折减使用寿命，所以除极特殊情况外一般不采用干料搅拌。

搅拌运输车使用时应注意下列事项：

（1）混凝土搅拌运输车在装料前，应先排净筒内的积水及杂物。在运输行驶的过程中，搅拌筒的转速不要超过 3 r/min。在灌注前的强迫搅拌过程中，转速一般可在 7 ~ 8 r/min 进行强迫搅拌。待搅拌筒完全停稳不转后，再进行反转出料。

（2）一般情况下，混凝土搅拌运输车运送混凝土的时间不超过 40 min。同时，一般要求商品混凝土的输送距离不要超过 20 km。因为过长的运输时间会引起坍落度较大的损失。具体可以随天气变化采取不同的措施进行处理，例如添加缓凝剂等。

（3）若在灌注之前发现坍落度损失过大，在没有值班工程师批准之前，严禁擅自加水进行搅拌。若需加水搅拌，至少应强迫搅拌 30 r。

（4）干拌混凝土时，搅拌速度可控制在 6 ~ 8 r/min，但最大不得超过 10 r/min，从加水时间计起，总的搅拌转数可控制在 100 r 内。

（5）应经常注意检查分动箱输出轴、万向节搅拌筒支承、滚轮，注意加油保养。

（6）工作结束后，应按要求及时清洗，用高压水冲洗搅拌筒内外及车身表面，然后排放干净搅拌筒里的水分。

(7)在超长距离输送时，为保持坍落度不受较大损失而采取方法时，应严格按照工艺实施。

2.3.2 混凝土泵

混凝土泵，又名混凝土输送泵，由泵体和输送管组成。它是一种利用压力，将混凝土沿管道连续输送的机械设备。它能连续完成高层建筑施工中混凝土的水平运输和垂直运输，配以布料杆或布料机还可以有效地进行布料和浇筑。目前，在高层建筑施工中，由于泵送商品混凝土的效率高、质量好、劳动强度低，所以泵送商品混凝土应用日益广泛。

混凝土泵按驱动方式分为活塞式泵和挤压式泵，我国主要是采用活塞式混凝土泵。活塞式混凝土泵中，目前用得较多的是液压式活塞泵。

根据其能否移动和移动的方式，分为固定式、拖式和汽车式(泵车)。高层建筑施工所用的混凝土泵主要是后两种。拖式混凝土泵，其工作机构装在可移动的底盘上，由其他运输工具拖动转移工作地点。汽车式混凝土泵，又被称为混凝土泵车，其工作机构装在汽车底盘上，利用柴油发动机的动力，通过动力分动箱将动力传给液压泵，然后带动混凝土泵进行工作。混凝土通过布料杆，可送到一定高程与距离。对于一般的建筑物施工，这种泵车有独特的优越性。它移动方便，有布料杆，机动灵活，输送幅度与高度适中，同时移至新的工作地点不需进行很多的准备工作即可进行混凝土浇筑工作。

卧式双缸混凝土泵，两个混凝土缸并列布置，由两个油缸驱动，通过阀的转换，交替吸入或输出混凝土，使混凝土平稳而连续地输送出去。

在混凝土泵的料斗内，一般都装有带叶片的、由电动机驱动的搅拌器，以便对进入料斗的混凝土进行二次搅拌以增加其和易性。

液压缸的活塞向前推进，将混凝土通过中心管向外排出，同时混凝土缸中的活塞向回收缩，将料斗中的混凝土吸入。当液压缸(或混凝土缸)的活塞到达行程终点时，摆动缸动作，将摆动阀切换，使左混凝土缸吸入，右混凝土缸排出。

在混凝土泵中，分配阀是核心机构，也是最容易损坏的部分。泵的工作好坏与分配阀的质量与形式有着密切的关系。泵阀大致可分为闸板阀、S形阀、C形阀三大类。如图2-9所示。

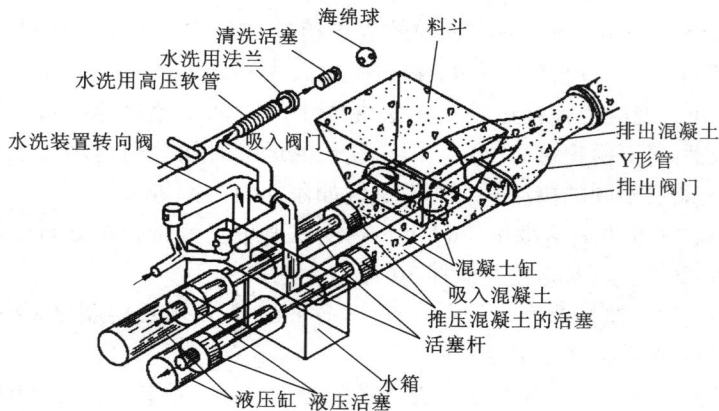

图2-9 液压活塞式混凝土泵的工作原理图

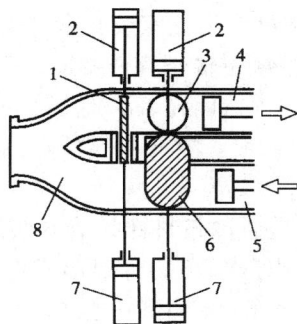

(a)平置闸板阀

1—排出闸板；2—左液压缸；3—料斗出料口；
4—左混凝土缸；5—右混凝土缸；6—吸入闸板；
7—右液压缸；8—Y 形输送管

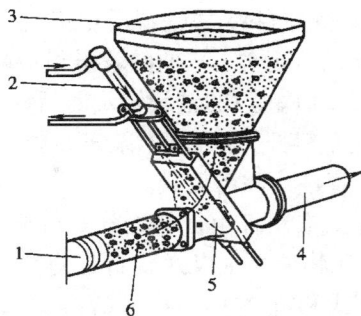

(b)斜置式闸板分配阀

1—工作活塞；2—液压缸；3—集料斗；
4—输入管；5—闸板；6—混凝土工作缸

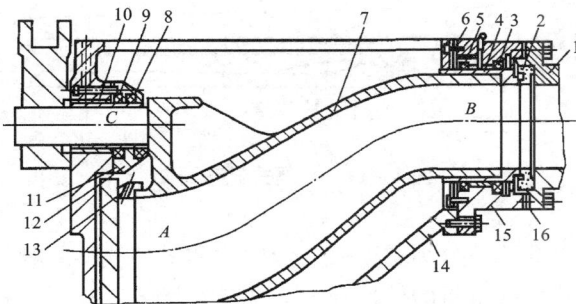

(c)S 形阀的基本结构

1—连接法兰；2—减磨压环；3、9—蕾形密封圈；4—护帽；5、8—Y 形密
封圈；6—密封环；7—阀体；10—轴套；11—O 形圈；12—密封圈座；
13—切割环；14—装料斗；15—支承座；16—调整垫片

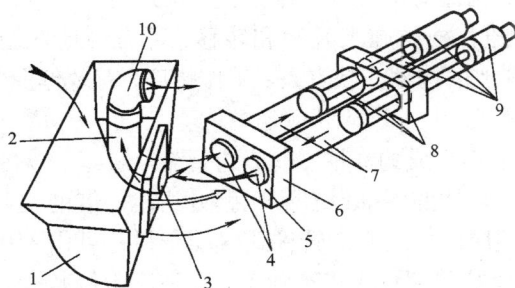

(d)C 形管分配阀

1—集料斗；2—管形阀；3—摆动管口；4—工作缸口；5—可更换的摩擦板面；
6—缸头；7—工作缸；8—清水箱；9—液压缸；10—输送管口

图 2－10　混凝土的分配阀

布料杆又称为混凝土布料杆(臂),是混凝土泵常用的重要附属设备。简单来说,布料杆是完成输送、布料、摊铺混凝土浇筑入模的一种设备。布料杆是由支座或底座与固定在支架或底座上的可折叠、弯曲的管道组成的。管道的固定端与混凝土输送管道相连,管道的活动段可绕支架(底座)的轴旋转及前后移动,从而可在一定范围内摊铺浇筑混凝土。布料杆可分为汽车式布料杆(即混凝土泵车布料杆)和独立式布料杆两大类。独立布料杆常见的形式有移置式、管柱式和塔架式。

汽车式布料杆由折叠式臂架与泵送管道组成。施工时是通过布料杆各节臂架的俯、仰、屈、伸,能将混凝土泵送到臂架有效幅度范围内的任意一点。泵车的臂架形式可分为连接式、伸缩式和折叠式。连接式臂架由2~3节组合而安置在汽车上,当到达施工现场时再进行组装。伸缩式臂架不需要另行安装,可由液压力一节节顶出,特别适合在狭窄施工场地上施工,但只能作回转和上下调幅运动。折臂式最大特点是运动幅度和作业范围大,使用方便,故用得最广泛,但成本较高。

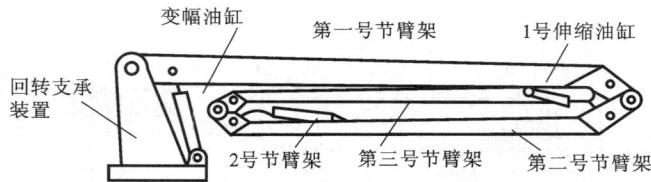

图 2-11　折臂式泵车臂架

独立式布料杆的种类很多,分为移置式、管柱式和塔架式,一般是安装在底座、管柱或格构式塔架上,甚至安装在起重机的外伸臂上,以扩大其布料范围,来适应各种建筑物和构筑物的混凝土浇筑工作。在高层建筑施工中独立式布料杆应用较多。高层建筑高度大,用混凝土泵进行楼盖结构等浇筑时宜用独立式布料杆进行布料,以加速混凝土的浇筑工作。

移置式布料杆由底架支腿、转台、平衡臂、平衡重、臂架、水平管、弯管等组成。泵送混凝土主要是通过两根水平管送到浇注地点,整个布料杆可用人力推动围绕回转中心转动。这种移置式布料杆的优点是:构造简单、加工容易、安装方便、操作灵活、造价低、维修简便;转移迅速,甚至可用塔吊随着楼层施工升运和转移,可自由地在施工楼面上流水作业段转移;独立性强,无须依赖其他的构件。缺点是:工作幅度、有效作业面积较小;上楼要借助于塔式起重机,给施工带来不便。

管柱式布料杆由多节钢管组成的立柱、三节式臂架、泵管、转台、回转机构、操作平台、爬梯、底座等构成。在钢管立柱的下部设有液压爬升机构,借助爬升套架梁,可在楼层电梯井、楼梯间或预留孔筒中逐层向上爬升。管柱式机动布料杆可作360°回转。一般情况下,这种布料杆适合于塔形高层建筑和筒仓式建筑施工,受高度限制较少,但由于立管固定依附在构筑物上,水平距离受到一定的限制。

塔架式布料杆是装设在塔式起重机上的,其最大特点是借助于塔式起重机。按照塔式起重机的形式不同可分为装在行走式塔式起重机上的布料杆和装在爬升式塔式起重机上的布料杆。前者机动性好,布料作业范围较大,但输送高度受限制;后者可随塔式起重机的自升而不断升高,因而输送高度较大,但由于塔身是固定的,故使用的幅度受到限制。

在泵送混凝土施工过程中，混凝土泵或泵车的停放位置不仅影响输送管道的配置，也影响到泵送工作能否顺利进行。布置时应考虑下列因素：

（1）力求距离浇筑地点近，使所浇筑的基础结构在布料杆的工作范围内，尽量少移动泵车即能完成浇筑任务。

（2）多台混凝土泵或泵车同时浇筑时，选定的位置要使其各自承担的浇筑量接近，最好能同时浇筑完毕。

（3）混凝土泵或泵车的停放地点要有足够的场地，以保证运输商品混凝土的搅拌运输供料方便，最好能有供3台搅拌运输车同时停放和卸料的场地条件。

（4）停放位置最好接近供水和排水设施，以便于清洗混凝土泵或泵车。

泵送混凝土时，应确定混凝土泵的合理的位置。尽可能使管道总的线路最短，尽可能减少迁移次数，便于用清水冲洗泵机。混凝土泵机的基础应坚实可靠，无坍塌，不得有不均匀沉降。泵机就位后应固定牢靠。发现有骨料卡住料斗中的搅拌器或有堵塞现象时（泵机停止工作，液压系统压力达到安全极限），应立即进行短时间的反泵。若反泵不能消除堵塞时，应立即停泵，查找堵塞部位并加以排除。在泵送作业期间，应不时用软管喷水冲刷泵机表面，以防溅落在泵机表面上的混凝土结硬面不易铲除。泵送作业行将结束时，应提前一段时间停止向混凝土泵料斗内喂料，以便使管道中的混凝土能完全得到利用。泵送作业完毕后，缸筒、水箱、料斗、搅拌器、闸板阀外壳、格管阀摆动机构等均应用清水冲洗干净。

混凝土泵最容易引起施工停顿，造成事故的问题大致有下面几类：①堵管；②液压系统故障；③摆阀故障；④活塞头磨损。

下面分别就这四类问题作简单说明。

1）堵管

三种分配阀中，最容易发生堵管的是S形阀。堵管问题都是逐渐形成的。如果前一次使用后，未能对工作缸及阀门进行彻底清洗，第二次工作时，如果泵道作业不十分连续，中间停顿时间过长，或天气较热，混凝土质量不好，则在阀门有残留混凝土处混凝土可能逐渐干结、加厚以至最终造成堵管。

解决问题的较为可靠办法是在判断正确的基础上，先将料斗内的混凝土从底阀下排出，同时解开向外输送的管卡，用手锤在阀门下方与两侧用力敲击，再用铁钎通捣。在多数情况下，后来凝结的混凝土会被敲击破碎或被捣碎。尤其对于单泵单独工作的施工点，应及时排除故障。如果用上述方法不能将堵管打通，唯一的途径就是拆开阀门管道，破碎堵管混凝土。

2）液压系统故障

混凝土泵在正常工作时，液压泵始终在高压大流量状态下工作。在这种状态下，除去液压件本身的损坏可能引起故障外，油温过高是造成液压系统无法正常工作的一个主要因素。造成油温过高的原因是多方面的，可能是：①液压箱油量不足；②冷却器风扇停转；③冷却器散热片积尘过多，散热性能不好；④冷却器内部回路阻塞；⑤液压回路中某些辅助系统的中低压溢流阀设定压力过高或损坏；⑥液压系统内泄漏过大。

解决的具体办法可用外循环水降低油温。这种降低油温的办法是非常有效的，只是施工现场要具备水源充足、排水方便的条件。此外液压油要保持一定的清洁度。液压油对整个机器的正常运转是极其重要的。如果不重视这个问题，油污染会大大缩短机器的寿命。

3）摆阀故障

通常摆阀的故障有两类。一种情况是摆阀不到位，无法建立泵送压力。另一种情况是直接咬死，根本无法转动。

一旦出现这类故障，处理是相当困难的。这就要求施工人员在工作前认真检查，在工作中勤加润滑脂，始终保持轴颈转动副腔内充满润滑脂，同时需防止水泥砂浆渗入料斗。

若是因为切割环与眼睛板磨损导致的摆阀故障。如果磨损过大，则密封性能大大下降，泵送压力降低。因此使用一段时间后应及时更换切割环与眼睛板。

4）混凝土缸与活塞头磨损

一般混凝土缸的材料是相当硬且耐磨的，活塞头的橡胶唇边要比缸径大 3～4 mm，安装时，先将唇边内压通过缸端部的斜口滑入缸内。这种尺寸的配合可以保证活塞头与缸的密封性。随着工作时间加长，活塞头的唇边逐渐磨损。当唇边磨损到一定程度后，活塞向前推进时，部分混凝土砂浆液就会留在混凝土缸中，造成混凝土缸与活塞头磨损。

通常采用的方法是由液压缸与混凝土缸之间的封水腔中的水冲，洗去混凝土砂浆液，以防止这种含有很细固体微粒的浆液渗漏到液压缸的油液中。因此，使用者应经常注意封水的混浊程度。若发现封水在短时间内迅速变浑，这表明活塞已磨到极限，应在下次使用前将活塞更换。根据使用工况的不同，混凝土缸的磨损达到极限时，应更换混凝土缸。

2.4 高层建筑施工脚手架工程

2.4.1 脚手架概述

建筑脚手架不仅是建筑施工中的重要施工工具，而且是建筑施工中重要的且不可缺少的临时设施。它是为解决在建筑物高部位施工而专门搭设的支架，为工人操作和施工作业提供了条件，亦可用作运输通道，并能临时堆放施工材料和施工机具。

高层建筑施工用脚手架可以保证安全、迅速地实施高空施工，进而提高施工效率，并加快施工进度。通过规范化使用、合理化计算，使这种临时性结构实现既经济又安全，是一项艰巨的任务。

1. 发展概况

脚手架的发展进步同建筑技术的发展进步密切相关。长期以来，我国的建筑物都不高，各地都有不同的自然条件和施工习惯，南方多采用竹脚手架，其重量轻，材料韧性大，可适用各种形状的需要；北方部分地区采用木脚手架，其架体的稳定性较高。后来房屋越盖越高大，过去的习惯做法已经很不适应：竹子材质变化大不易掌握，容易失火；木材架子笨重，搭设不高。经过研究探索，出现了双排落地式钢管扣件式脚手架，通过多年时间技术发展比较成熟且较适合我国目前的国情，已成为全国应用最广泛的一种脚手架。改革开放后，我国又引进和开发了碗扣式钢管脚手架、门式组合钢管脚手架，并出现了落地式、悬挑式、悬挂式、升降式等多种形式的脚手架，目前是多种形式并存，以适应不同地区习惯、不同建筑类型施工的需要。但我国脚手架总体水平还不高，安全事故还时有发生；与国外先进水平相比还有不少差距。

扣件式钢管脚手架具有搭设简便、搬运方便、通用性强等优点，已成为我国使用量最多且应用最普遍的一种脚手架。鉴于我国国情，在今后较长时间内，这种脚手架仍将占据主导地位。但是，这种脚手架的安全保证性较差，施工工效低，不能满足高层建筑施工的发展需要。多年来，我国研究开发的门式脚手架和碗扣式脚手架等新型脚手架，在一些地区已大量推广应用，取得较好的效果。现在为了满足高层建筑施工的需要，整体爬架和悬挑式脚手架等新型脚手架得到了发展，同时取得了很好的经济效益。

脚手架与一般结构相比，其工作时所受荷载变异性较大且安全储备较小。在过去的很长时期，由于经济和科学技术发展水平限制，脚手架基本依经验搭设，而不经过设计和计算。导致脚手架工程的随意性大，无法保证安全可靠。自1987年起，原国家建设部施工安全主管部门开始组织制定我国建筑施工安全技术规程系列，其中计划制订的脚手架及其相关设施的安全技术规范占了相当大的比重。这对于加强建筑脚手架使用安全管理具有重大作用。同时也为建立系统的脚手架的设计计算方法奠定了初步的基础。目前，脚手架的安全管理和设计计算规范包括《建筑施工门式钢管脚手架安全技术规范》（JGJ 128—2010）、《建筑施工扣件式钢管脚手架安全技术规范》（JGJ 130—2011）、《建筑施工工具式脚手架安全技术规范》（JGJ 202—2010）、《液压升降整体脚手架安全技术规程》（JGJ 183—2009）等。

2. 使用要求

脚手架在使用过程中，有五个基本要求：安全、适用、简便、灵活、经济。

"安全"要求脚手架具有足够的坚固性和稳定性，并能保证在搭设过程、拆除过程和使用过程中的安全性。

"适用"要求脚手架的使用功能方面应满足施工的需要，比如施工操作、材料堆放、通行运输等。

"简便"要求脚手架的搭设工艺和拆除工艺上操作简单方便，便于搭设、拆除和搬运。

"灵活"要求脚手架能够适应不同施工过程的要求，可以只搭设一部分或者只拆除一部分。

"经济"要求脚手架的材料和配件损耗少，且能多次重复使用。

3. 脚手架分类

脚手架的分类方法有多种。按其搭设的位置可分为外脚手架和里脚手架两大类；按其所用材料可分为木脚手架、竹脚手架、钢管脚手架；按用途可分为操作脚手架、防护脚手架、承重和支撑脚手架等；按其构造形式可分为多立柱式、门式、挂式、爬升式等类型的脚手架；按其支承方式分为：落地式、悬挑、悬吊（挂）式、升降式等。

脚手架的分类

目前，工地上广泛使用的外脚手架主要有多立杆扣件式钢管脚手架和门式组框脚手架。在大、中型厂房及高层建筑装修施工中，多用悬挂式或悬挑式脚手架。

2.4.2 落地式钢管脚手架

常见的落地式钢管脚手架有三种：门式脚手架、扣件式脚手架、碗扣式脚手架。

1. 门式脚手架

门式脚手架是以门架、交叉支撑、连接棒、挂扣式脚手板或水平架、锁臂等组成基本结构，再设置水平加固杆、剪刀撑、扫地杆、封口杆、托座与底座，并采用连墙件与建筑物主体结构相连的一种定型标准化钢管脚手架。

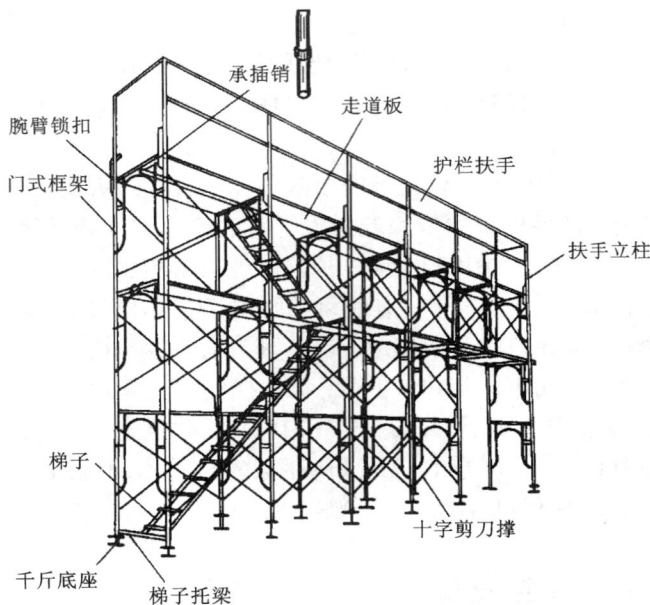

图 2-12　门式脚手架搭设方式

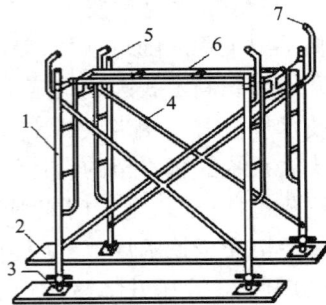

图中标注：承插销、走道板、腕臂锁扣、门式框架、护栏扶手、扶手立柱、梯子、十字剪刀撑、千斤底座、梯子托梁

图 2-13　门式钢管脚手架基本组合单元
1—门架；2—垫木；3—可调底座；4—连接棒；
5—交叉支撑；6—锁臂；7—水平架

门式脚手架具有几何尺寸标准化、结构形式合理化、整体受力均衡化等特点，同时，门式脚手架在施工中装拆容易、架设高效、省工省时、安全可靠、经济适用。门式脚手架是一种具有良好发展前景的新型多功能组合脚手架。

门式脚手架的应用范围十分广泛，既可以作为高层建筑、高耸构筑物施工用的结构和装修脚手架，又可以用于结构、设备安装等满堂脚手架，还广泛用于建筑、桥梁、隧道、地铁等工程施工的模板支撑架；若门架下部安放轮子，还可以作为机电安装、油漆粉刷、设备维修、广告制作的活动平台。

门式脚手架的搭设和适用应符合现行行业标准《建筑施工门式钢管脚手架安全技术规范》（JGJ 128—2010）的规定。在安装和使用过程中，有一些注意事项：

门架应能配套使用，在不同组合情况下，均应保证连接方便、可靠，且应具有良好的互换性。不同型号的门架与配件严禁混合使用。上下榀门架立杆应在同一轴线位置上，门架立杆轴线的对接偏差不应大于 2 mm。门式脚手架的内侧立杆离墙面净距不宜大于 150 mm；当大于 150 mm 时，应采取内设挑架板或其他隔离防护的安全措施。门式脚手架顶端栏杆宜高出女儿墙上端或檐口上端 1.5 m。

组装门架之前，场地必须整平，在下层立框的底部要安装底座，基础有高差时，应使用可调底座。门架部件运到现场，应逐个检查，如有质量不符要求，应及时修整或调换。组装前还必须做好施工设计，并讲清操作要求。

立框组装要保持垂直，相邻立框间要保持平行，立框两侧要设置交叉斜撑。要求使用时，斜撑不会松动。在最上层立框和每隔三层以内立框必须设置横框或钢脚手板，横框或钢脚手板的锁紧器应与立框的横杆锁固住。立框之间的高度连接，用连接管进行连接，要求立框连接能保持垂直度。

32

拆除门式脚手架时，应用滑轮或绳索吊下，严禁从高处向下摔。拆除的部件应及时清理，如因碰撞等造成变形、开裂等情况，应及时校正、修补或加固，使各部件保持完好。拆除的门架部件应按规格分类堆放，不可任意交叉堆放。门架尽可能放在场棚内。如露天堆放时，应选地势平坦干燥之处，地下用砖垫平，同时盖上雨布，以防生锈。

门式脚手架作为专用施工工具，应切实加强管理责任制，尽可能建立专职机构，进行专职管理和维修，积极推行租赁制，制订使用管理奖惩办法，以利于提高周转使用次数和减少损耗。

2. 扣件式钢管脚手架

扣件式钢管脚手架是指为建筑施工而搭设的由扣件和钢管承受荷载的脚手架与支撑架。参见图 2－14。

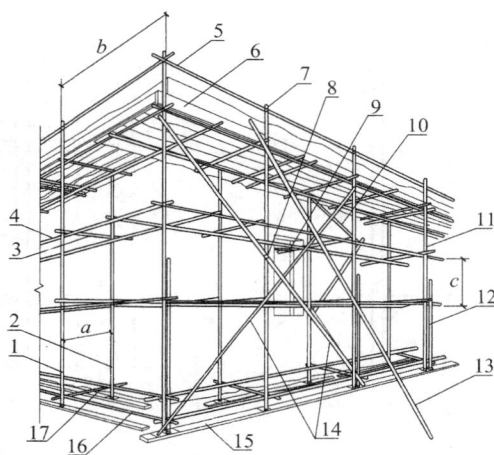

扣件式钢管脚手架的搭设

图 2－14 双排扣件式钢管脚手架各杆件位置

1—外立杆；2—内立杆；3—横向水平杆；4—纵向水平杆；5—栏杆；6—挡脚板；7—直角扣件；8—旋转扣件；9—连墙杆；10—横向斜撑；11—主立杆；12—副立杆；13—抛撑；14—剪刀撑；15—垫板；16—纵向扫地杆；17—横向扫地杆

在实际施工应用中，扣件式钢管脚手架显示出众多优越性能。扣件式钢管脚手架适用于各种外形的建筑物，并且节省木材。同时，组成脚手架的钢管和扣件可以组成多种结构搭设形式，一材多用，周转次数多。但是，扣件式钢管脚手架在搭设和拆除时，存在耗用工时较多、劳动强度较大、材料占用流动资金多等不足。

按照扣件式钢管脚手架的设置形式，可以分为单排脚手架和多排脚手架。参见图 2－15。

单排脚手架：只有一排立杆，横向水平杆的一端搁置在墙体上的脚手架，简称单排架。

双排脚手架：由内外两排立杆和水平杆等构成的脚手架，简称双排架。

目前在高层建筑施工的应用中，基本都是采用双排脚手架。单排脚手架在多层砌体结构中应用较多。

根据纵向水平杆(大横杆)与横向水平杆(小横杆)的位置不同，又有两种交接方法。具体可以见图 2－16。

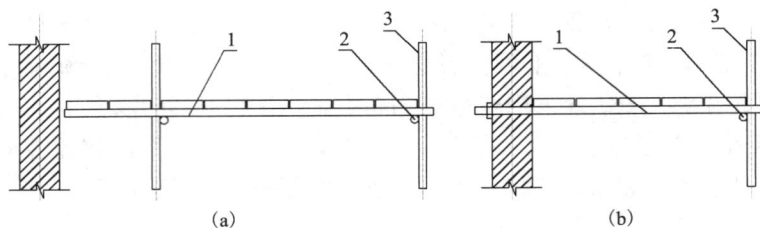

图 2 – 15　横向水平杆的构造

（a）双排脚手架；（b）单排脚手架

1—横向水平杆；2—纵向水平杆；3—立杆

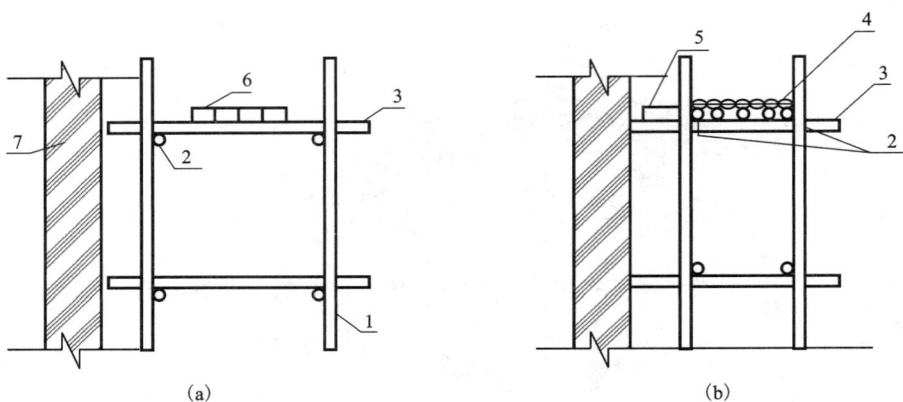

图 2 – 16　纵向水平杆与横向水平杆的两种交接法

（a）小横杆在上；（b）大横杆在上

1—外立杆；2—纵向水平杆（大横杆）；3—横向水平杆（小横杆）；

4—竹笆脚手板；5—其他脚手板；6—木脚手板；7—结构

扣件用于钢管之间的连接，其基本形式有三种：①直角扣件，用于两根钢管呈垂直交叉连接；②旋转扣件，用于两根钢管呈任意角度交叉连接；③对接扣件，用于两根钢管的对接连接。具体可以见图 2 – 17。

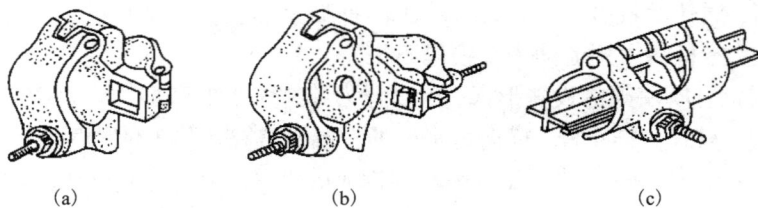

图 2 – 17　扣件

（a）直角扣件；（b）旋转扣件；（c）对接扣件

每根立杆底部宜设置底座或垫板。立杆底端立于底座上，或垫板以传递荷载到地面上。某种底座如图2-18所示。

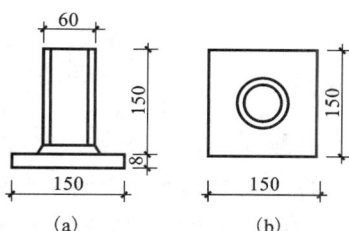

图2-18　脚手架底座
(a)剖面图；(b)俯视图

依据《建筑施工扣件式钢管脚手架安全技术规范》(JGJ 130—2011)规范要求：

单排脚手架搭设高度不应超过24 m；双排脚手架搭设高度不宜超过50 m，高度超过50 m的双排脚手架，应采用分段搭设等措施。

纵向水平杆的构造应符合下列规定：

(1)纵向水平杆应设置在立杆内侧，单根杆长度不应小于3跨；

(2)纵向水平杆接长应采用对接扣件连接或搭接，并应符合下列规定：

①两根相邻纵向水平杆的接头不应设置在同步或同跨内；不同步或不同跨两个相邻接头在水平方向错开的距离不应小于500 mm；各接头中心至最近主节点的距离不应大于纵距的1/3。

②搭接长度不应小于1 m，应等间距设置3个旋转扣件固定；端部扣件盖板边缘至搭接纵向水平杆杆端的距离不应小于100 mm。

③当使用冲压钢脚手板、木脚手板、竹串片脚手板时，纵向水平杆应作为横向水平杆的支座，用直角扣件固定在立杆上；当使用竹笆脚手板时，纵向水平杆应采用直角扣件固定在横向水平杆上，并应等间距设置，间距不应大于400 mm。

横向水平杆的构造应符合下列规定：

(1)作业层上非主节点处的横向水平杆，宜根据支承脚手板的需要等间距设置，最大间距不应大于纵距的1/2。

(2)当使用冲压钢脚手板、木脚手板、竹串片脚手板时，双排脚手架的横向水平杆两端均应采用直角扣件固定在纵向水平杆上；单排脚手架的横向水平杆的一端应用直角扣件固定在纵向水平杆上，另一端应插入墙内，插入长度不应小于180 mm。

(3)当使用竹笆脚手板时，双排脚手架的横向水平杆的两端，应用直角扣件固定在立杆上；单排脚手架的横向水平杆的一端，应用直角扣件固定在立杆上，另一端插入墙内，插入长度不应小于180 mm。

脚手板的设置应符合下列规定：

①作业层脚手板应铺满、铺稳、铺实。

②冲压钢脚手板、木脚手板、竹串片脚手板等，应设置在三根横向水平杆上。当脚手板长度小于2 m时，可采用两根横向水平杆支承，但应将脚手板两端与横向水平杆可靠固定，

严防倾翻。脚手板的铺设应采用对接平铺或搭接铺设。脚手板对接平铺时，接头处应设两根横向水平杆，脚手板外伸长度应取 130～150 mm，两块脚手板外伸长度的和不应大于 300 mm；脚手板搭接铺设时，接头应支在横向水平杆上，搭接长度不应小于 200 mm，其伸出横向水平杆的长度不应小于 100 mm。

③竹笆脚手板应按其主竹筋垂直于纵向水平杆方向铺设，且应对接平铺，四个角应用直径不小于 1.2 mm 的镀锌钢丝固定在纵向水平杆上。

④作业层端部脚手板探头长度应取 150 mm，其板的两端均应固定于支承杆件上。

脚手架必须设置纵、横向扫地杆。纵向扫地杆应采用直角扣件固定在距钢管底端不大于 200 mm 处的立杆上。横向扫地杆应采用直角扣件固定在紧靠纵向扫地杆下方的立杆上。

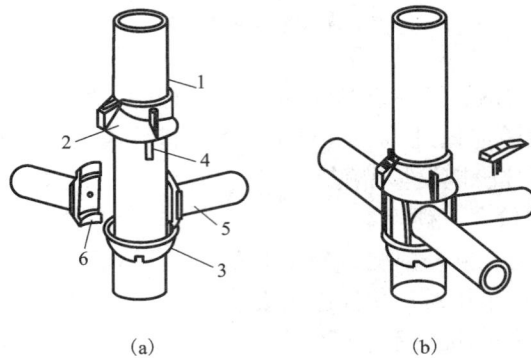

图 2-19　碗扣式钢管脚手架的基本构造
(a)连接前；(b)连接后
1—立杆；2—上碗口；3—下碗口；4—限位销；5—横杆；6—横杆接头

3. 碗扣式钢管脚手架

碗扣式钢管脚手架采用目前用量最多的扣件式钢管脚手架的焊接钢管作主构件，钢管上每隔一定距离安装一套碗扣接头制成。碗扣分上碗扣和下碗扣，下碗扣焊在钢管上，上碗扣对应地套在钢管上，其销槽对准焊在钢管上的限位销即能上、下滑动。横杆是在钢管两端焊接横杆接头制成。连接时，只需将横杆接头插入下碗扣内，将上碗扣沿限位销扣下，并顺时针旋转，靠上碗扣螺旋面使之与限位销顶紧，从而将横杆和立杆牢固地连在一起，形成框架结构。每个下碗扣内可同时装 4 个横杆接头，位置任意。另外，该脚手架还配套设计了多种功用的辅助构件，如可调底座、可调托撑、脚手板、架梯、挑梁、悬挑架、提升滑轮、安全网支架等。

碗扣式钢管脚手架的主要功能特点：

(1)多功能。能组成不同组架尺寸、形状和承载能力的单、双排脚手架、支撑架、物料提升架、爬升脚手架、悬挑架等，也可用于搭设施工棚、料棚、灯塔等构筑物。

(2)高功效。横杆与立杆的拼拆快速省力，工人用一把铁锤即可完成全部作业。

(3)承载力大。立杆连接是同轴心承插；横杆同立杆靠碗扣接头连接，各杆件轴心线交于一点，节点在框架平面内，接头具有可靠的抗弯、抗剪、抗扭力学性能。因此，结构稳固可靠，承载力大。

（4）安全可靠。接头设计时，考虑到上碗扣螺旋摩擦力和自重力作用，使接头具有可靠的自锁能力。作用于横杆上的荷载通过下碗扣传递给立杆，下碗扣具有很强的抗剪能力。上碗扣即使没被压紧，横杆接头也不致脱出而造成事故。同时配备有安全网支架、脚手板、挡脚板、架梯、挑梁、连墙撑杆等配件，使用安全可靠。

（5）加工容易。主构件制造工艺简单，成本适中，可直接对现有扣件式脚手架进行加工改造，不需要复杂的加工设备。

（6）不丢失。该脚手架无零散易丢失扣件，把构件丢失减少到最小程度。

（7）维修少。该脚手架没有螺栓连接，耐碰磕，一般锈蚀不影响拼拆作业，不需特殊养护、维修。

2.4.3　悬挑式脚手架

悬挑式脚手架是从建筑物外缘悬挑出承力构件，并在其上搭设脚手架，是高层建筑常采用的一种脚手架。这种脚手架可减轻钢管扣件脚手架底部荷载，较好地适应钢管脚手架稳定性和强度要求，并可节约钢管材料的用量。

适应于高层或超高层的建筑施工中的主体或装修工程的作业及其安全防护需要。

悬挑式脚手架主要由支承架、钢底梁、脚手架支座、脚手架等几部分组成。

支承架大致有四种不同的做法：①以重型工字钢或槽钢作为挑梁；②以轻型型钢为托梁和以钢丝绳为吊杆组成的上挂式支承架；③以型钢为托梁和以钢管或角钢为斜撑组成的下撑式支承架；④三角形桁架结构支承架。

此外，随着高层建筑施工技术的发展，悬挑式脚手架还有移置式和插装式，在工程中均有应用。移置式脚手架是将脚手架部分预先在地面上搭设好，脚手架在带短钢管立柱插座的型钢纵梁上牢靠地固定之后，用塔式起重机将其安装在从楼层结构上挑出的支承架上。待脚手架就位妥当之后，每隔4～6 m另用钢管和钢丝绳顶拉杆件与建筑物拉结稳固。随着施工作业面向上转移，移置式脚手架可借助塔式起重机一组组地逐段逐层向上转移。

插装式脚手架也称插口架，适用于外墙为预制墙板或无外墙板的框架结构高层建筑，能充分满足安全防护和施工人员交通的需要。

悬挑架的设计、制作等必须遵守国家的有关规范标准。悬挑式脚手架搭设前的准备工作应注意以下几个方面。

悬挑架施工前应编制专项施工方案，必须有施工图和设计计算书，且符合安全技术条件，审批手续齐全，并在专职安全管理人员监督下实施。悬挑式脚手架专项施工方案的设计计算内容包括：①材料的抗弯强度；②抗剪强度；③整体稳定；④挠度。

悬挑架的支承与建筑结构的固定方式经设计计算确定，必须得到工程设计单位认可，主要考虑是否可能破坏建筑结构。

悬挑架选择和制作应注意的几个问题：

按照规范要求，型钢悬挑脚手架的一次悬挑脚手架高度不宜超过20 m。

悬挑架的支承结构应为型钢制作的悬挑梁或悬桁架等，不得采用钢管。

悬挑钢梁悬挑长度一般情况下不超过2 m能满足施工需要，但在工程结构局部有可能满足不了使用要求，局部悬挑长度不宜超过3 m。大悬挑另行专门设计及论证。

悬挑架应水平设置在梁上，锚固位置必须设置主梁或主梁以内的楼板上，不得设置在外

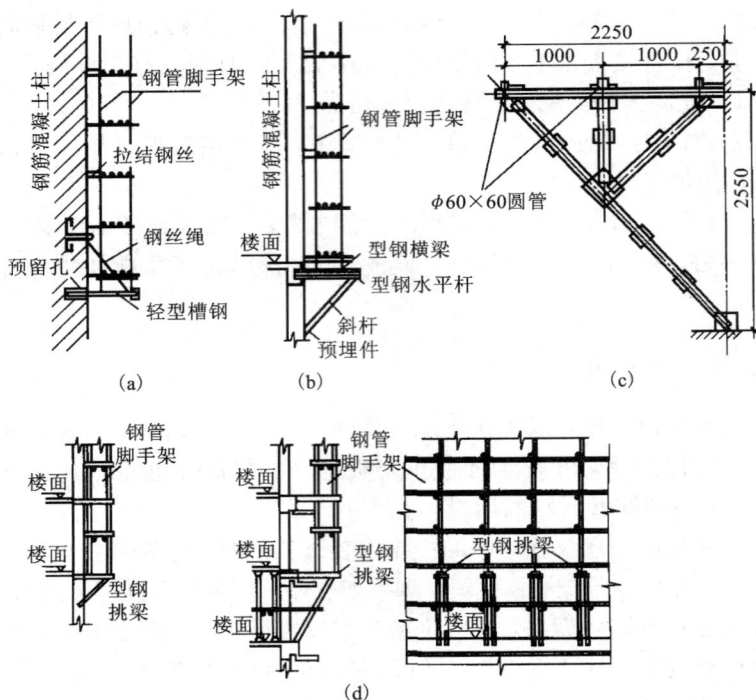

图 2 – 20　悬挑式钢管扣件脚手架示意图

(a)上挂式外挑脚手架；(b)下撑式外挑脚手架；
(c)三角形悬挑桁架构造；(d)按立柱纵距布设的外挑脚手架

伸阳台上或悬挑板上。节点的制作(悬挑梁的锚固点、悬挑架的节点)必须采用焊接或螺栓连接的结构，不得采用扣件连接，以保证节点是刚性的。支承体与结构的连接方式必须进行设计，设计时考虑连接件的材质，连接件与型钢的固定方式。

悬挑式脚手架的固端长度必须超过悬挑长度的 1.25 倍，这样可以减少对建筑结构的影响，保证梁在使用中的安全，提高锚固强度。

2.4.4　附着式升降脚手架

附着升降脚手架是指搭设一定高度并附着于工程结构上，依靠自身的升降设备和装置，可随工程结构逐层爬升或下降，并具有防倾覆、防坠落装置的外脚手架。附着升降脚手架主要由附着升降脚手架架体结构、附着支座、防倾装置、防坠落装置、升降机构及控制装置等构成。

在高层建筑施工中，特别是超高层建筑施工中，如果采用落地式脚手架，不仅需要大量的脚手架材料，而且脚手架的装拆工作量大、施工费用高、劳动量消耗大，并且会对工期造成极大影响。

附着式升降脚手架的出现为解决这个问题提供了很好的方法。附着式升降脚手架是一种工具型脚手架，利用附着装置将脚手架攀附在建筑的外墙上，依靠脚手架自身携带的提升设备按照施工需要向上提升或向下降落。可以满足结构工程和外墙施工对脚手架的要求,这种脚手架适用于现浇钢筋混凝土结构的高层建筑。据实践研究表明,对于建筑高度在一百米左右的高层建筑,采用附着式升降脚手架进行结构工程和外墙装饰工程施工,相比采用落地式外脚手架,可节省一半以上的脚手架费用。所以,附着式升降脚手架在高层建筑施工中应用广泛且发展迅速。现在,附着式升降脚手架已成为高层建筑,特别是超高层建筑的施工中脚手架的主要形式。

但由于该种脚手架是处于高空作业,安全问题十分突出,因而需要配置防倾、防坠安全装置和控制设备。

附着式升降脚手架设备是21世纪初快速发展起来的新型脚手架技术,对我国施工技术进步具有重要影响。它将高处作业变为低处作业,将悬空作业变为架体内部作业,具有显著的低碳性,高科技含量和更经济、更安全、更便捷等特点。

附着式升降脚手架出现初期仅用于剪力墙施工,现在在框架结构的施工中,亦得到较多应用。附着式升降脚手架按爬升机具的不同分类可分为手拉葫芦式和电动葫芦式;按爬升导向装置则可分为套筒(管)式和导杆式;按脚手架构造尺寸和操作层数的特点,又可分为双层区段式和多层整体式。目前,用于剪力墙施工的附着式升降脚手架大多是双层套筒(管)式,而用于框架结构施工的则是导杆式整体多层附着升降脚手架。

附着式升降脚手架的动力形式有多种:①手动(采用手拉环链葫芦);②电动(采用电动环链葫芦);③卷扬(采用电动卷扬设备);④液压(采用液压动力设备)。

规范规定,附着升降脚手架应具有足够强度和适当刚度的架体结构;应具有安全可靠的能够适应工程结构特点的附着支承结构;应具有安全可靠的防倾覆装置、防坠落装置;应具有保证架体同步升降和监控升降荷载的控制系统;应具有可靠的升降动力设备;应设置有效的安全防护,以确保架体上操作人员的安全,并防止架体上的物料坠落伤人。

同时,住建部对从事附着升降脚手架工程的施工单位实行资质管理,未取得相应资质证书的不得施工;对附着升降脚手架实行认证制度,即所使用的附着升降脚手架必须经过国务院建设行政主管部门组织鉴定或者委托具有资格的单位进行认证。

图2-21　附着式升降脚手架的应用

附着升降脚手架工程的施工单位应当根据资质管理有关规定到当地建设行政主管部门办理相应的审查手续。

2.4.5 吊篮脚手架

吊篮脚手架

吊篮脚手架(简称吊篮),亦称为悬吊式脚手架,是通过特设的支撑点,利用吊索悬吊吊架或吊篮进行高层或超高层建筑外装修工程操作的一种脚手架。吊篮主要组成包括吊架或吊篮、支撑设施、吊索及升降装置等。吊篮脚手架是一种新型的机械设备,其设备简单,操作方便,工效高,经济效益好。吊篮不仅在高层和超高层建筑外檐装修施工中应用颇多,而且在建筑设备安装、维修保养和外墙清洁等工作中也得到广泛应用。

吊篮脚手架分为手动吊篮和电动吊篮两大类。按其作业面又分为单层式吊篮、双层式吊篮。从吊篮的构造来说都是由悬挑钢架(挑梁)、吊篮结构(包括操作平台、护身栏和吊环)、吊索、安全装置、电动卷扬机或手拉葫芦组成。

手动吊篮结构采用薄壁型钢或铝合金型材制成,可整体拆卸和快速组拼;采用两台手动提升机进行升降;设有安全锁和独立的安全钢丝绳,当吊篮发生意外超速下降时,安全锁便会自动地将吊篮锁定在安全钢丝绳上,因而能确保施工人员的安全;吊篮的屋面机构为移动式悬挂臂架或女儿墙夹紧悬挂机构,移动方便,架设迅速,适应性强。

电动吊篮的提升机构由电动机、制动器、减速器、压绳和绕绳机构组成。

电动吊篮装有可靠的安全装置,通常称为安全锁或限速器,可以保证施工人员的安全。

电动吊篮的屋面挑梁系统可分为简单固定式挑梁系统、移动式挑梁系统和装配式桁架台车挑梁系统三类。在构造上,各种屋面挑梁系统基本上均由挑梁、支柱、配重架、配重块、加强臂附加支杆以及脚轮或行走台车组成。挑梁系统采用型钢焊接结构,其悬挑长度、前后支腿距离、挑梁支柱高度均是可调的,因而能灵活地适应不同屋顶结构以及不同立面造型的需要。

无论使用手动吊篮或电动吊篮均必须严格遵循以下几点:

(1)每天作业前,须先使吊篮上升、下降数次,经确认无故障后,才能投入作业。

(2)安全锁只允许在所规定的安全限期使用。每天工作开始前,应用手向上抽动安全锁绳数次,当确认其灵敏有效后,才可使用吊篮。

(3)安全钢丝绳下端应用坠绳器坠紧,使其绷直,否则容易使安全锁连续锁绳。一旦锁绳,可将吊篮提升,使安全锁自动开锁,切不可硬性敲击。

(4)钢丝绳上不得有油、结冰、霜等。发现有断丝、松股或扭伤必须换新时,应选用规格符合要求的钢丝绳。

(5)在吊篮操作平台上必须存放手提电动工具或建筑材料时,应注意保持吊篮平稳无倾斜现象。如在吊篮升降过程中发现有倾斜现象时,必须立即停机,调整到水平位置后,再继续升降。

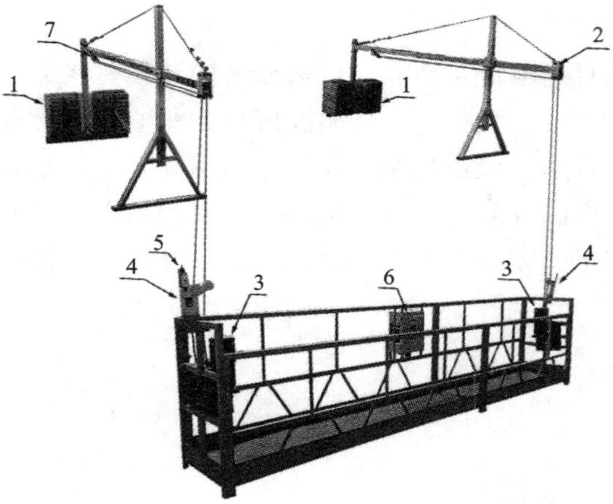

图 2 – 22　电动吊篮

1—配重铁；2—镀锌屋檐结构；3—提升机；4—安全锁；
5—行程开关；6—配电箱；7—无损伤夹绳器

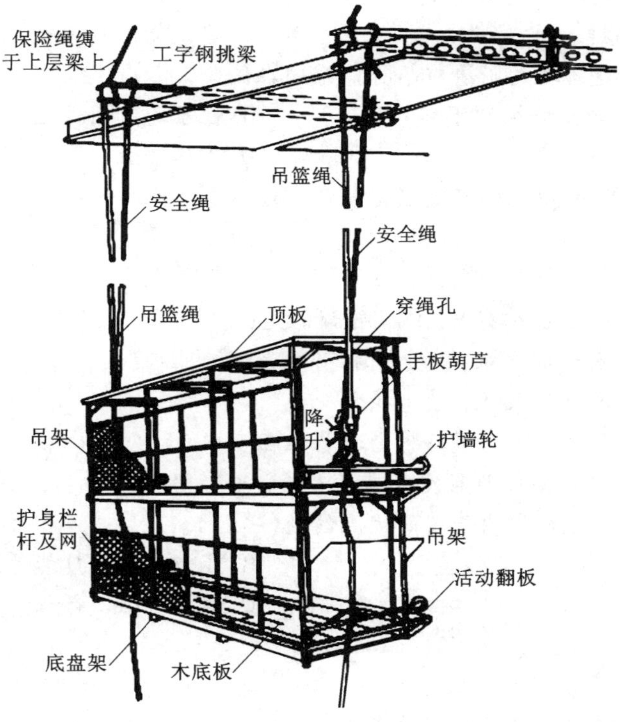

图 2 – 23　手动吊篮

本模块小结

合理地选用、配备垂直运输设备机具，是保证高层建筑施工效率的重要前提条件。塔式起重机能够完成施工原材料、构配件，以及模板机具的垂直及水平运输，是高层建筑施工必不可少的设备，其他如负责施工人员的垂直运送的施工电梯，完成混凝土水平运送的混凝搅拌车，完成混凝土垂直运送的混凝土泵，以及混凝土布料机具，还有高层施工用的各种脚手架等，都是应高层建筑施工的需要而出现的施工机具，在施工中应该根据工程的实际情况合理选用，科学配置。

课后习题

一、单项选择题

1.高层建筑吊装施工和垂直运输最主要的机械设备是(　　)。

A.施工电梯　　　　　　　　　　　　B.齿轮齿条驱动式施工电梯

C.绳轮驱动式施工电梯　　　　　　　D.塔式起重机

2.下列不属于塔式起重机选择需要考虑的因素是(　　)。

A.建筑层数、层高和建筑总高度　　　B.建筑物体型和平面布置

C.施工进度的安排　　　　　　　　　D.建筑物结构体系

3.塔式起重机跟建筑物的附着杆尽可能锚固在(　　)。

A.柱的根部或混凝土墙板的下部　　　B.柱子的中间位置

C.剪力墙的中间位置　　　　　　　　D.砌体墙上

4.对于高度在200 m以上的超高层建筑施工过程中，我们可以优先考虑的塔式起重机是(　　)。

A.固定式　　　　　B.轨行式　　　　　C.附着式　　　　　D.内爬式

5.对于塔式起重机的操作要点，以下错误的是(　　)。

A.塔式起重机应有专职司机操作，司机必须受过专业训练

B.风速大于8级及雷雨天气，禁止操作

C.工作休息或者下班时间，不得将重物悬挂在空中

D.起重机工作必须严格按照额定起重量起吊，不得超载

6.以下不属于扣件式钢管脚手架的优点的是(　　)。

A.搭设简便　　　　　　　　　　　　B.最大搭设高度能达到100 m以上

C.搬运方便　　　　　　　　　　　　D.通用性强

二、多项选择题

1.塔式起重机按其架设的要求可以分为(　　)。

A.固定式　　　　　B.轨行式　　　　　C.附着式　　　　　D.外爬式

2.下列属于塔式起重机选择需要考虑的因素是(　　)。

A.建筑层数、层高和建筑总高度　　　B.建筑物体型和平面布置

C.施工进度的安排　　　　　　　　　D.建筑物结构体系

3. 施工现场最常见的施工电梯包括以下（   ）。

A. 自升式电梯   B. 齿轮齿条驱动式施工电梯

C. 绳轮驱动式施工电梯   D. 吊箱式电梯

4. 以下属于特种作业人员的有（   ）。

A. 塔式起重机司机   B. 架子工

C. 钢筋工   D. 建筑起重机械安装拆卸工

5. 下列关于塔式起重机的说法正确的是（   ）。

A. 吊臂长   B. 工作幅度大   C. 吊钩高度小   D. 起重量大

三、复习思考题

1. 选用塔式起重机应遵循哪些原则？

2. 塔式起重机的主要参数有哪些？

3. 构筑附着自升塔式起重机基础时有哪些要求？

4. 内爬式起重机爬升时的注意事项有哪些？

5. 施工电梯的主要作用有哪些？

6. 试述悬挑式脚手架的构造。

7. 试述附着式升降脚手架的构造。

模块三　基础工程施工

【知识目标】
1. 掌握深基坑土方开挖的方式。
2. 理解深基坑支护结构类型和组成。
3. 了解高层建筑基础工程的特点及类型。
【能力目标】
能够理解各种支护方式。

3.1　高层建筑基础工程特点及类型

3.1.1　高层建筑基础工程的特点

高层建筑与一般单层和多层建筑在地基基础设计的概念、理论和计算方法等方面都有很大的区别，其主要特点如下：

（1）高层建筑的基础工程比较重要且造价比较高，采用经济合理的基础设计方案，具有较大的经济效益和潜力，这需要更准确可靠的工程地质勘察资料和更全面深入的分析比较。

（2）对地基承载力的要求比较高，即除了垂直荷载比较大以外，还要考虑抵抗水平风荷载和地震荷载作用以及上部结构的整体稳定性。

（3）对地基的不均匀沉降较敏感，地基的持力层比较深，需要确定更准确的变形指标和计算方法。

（4）基础埋深或要求处理的深度比较大，为防止基坑开挖等对周围构筑物的不良影响，必须采取严密的防护措施，这些措施与现有施工条件、设备、材料的关系十分密切。

由于以上这些原因，在设计和施工中对高层建筑基础方案的确定需要慎之又慎。又由于问题的复杂性和当前的理论研究尚未成熟到能够准确地预计到各种变化因素的影响程度，因此系统地进行高层建筑基础工程方面的研究，已成为当前亟须解决的重要课题。

3.1.2　高层建筑基础工程的类型

高层建筑的上部结构荷载很大，基础底面压力也很大，一般的独立基础已不能满足承载的技术要求，因此，应采用特殊形式的基础，其常用的有如下几种类型。

1. 交梁式条形基础

当高层建筑上部的柱子传来的荷载较大而独立基础或柱下条形基础均不能满足地基承载力要求时，可在柱网下纵横两向设置钢筋混凝土条形基础，这样就形成了如图 3-1 所示的交梁式基础（也称十字交叉条形基础）。这种结构形式比独立基础的整体刚度好，有利于荷载分布。

2. 筏板基础

若上部结构传来的荷载很大，上述交梁基础还不能够提供足够的底面积时，可将条形基础的底面积扩大为整板基础，简称筏板基础。采用筏板基础不仅能使地基土单位面积的压力减小，而且提高了地基土的承载能力，增强了基础的整体性，并可以减少高层建筑的不均匀沉降。所以，采用筏板基础能使地基土的承载力随着基础埋深和宽度的增加而增大，而基础的沉降则随着基础埋深的增加而减少。

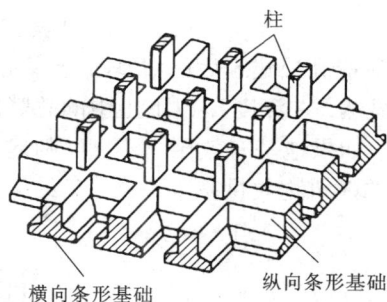

图 3-1　交梁式条形基础

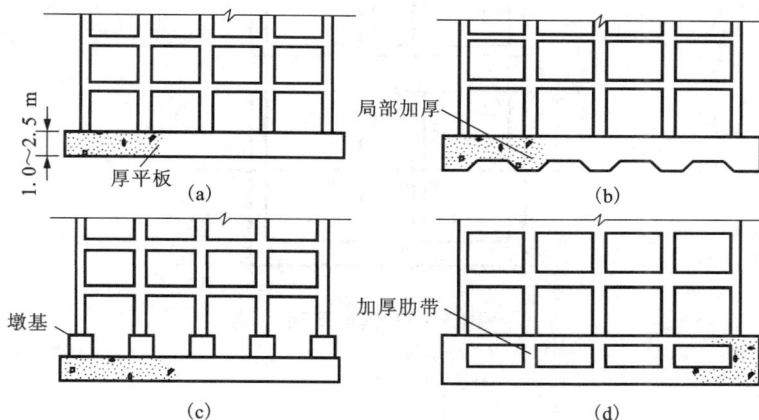

图 3-2　筏板基础的一般形式

通常的筏板基础是一块等厚度的钢筋混凝土平板，称为平板式筏板基础。一般厚度为 1.0～2.5 m 左右［如图 3-2(a)所示］。当柱荷载较大时，可以加大柱下面的基础板厚度，使其能承受相应的剪力和负弯矩［如图 3-2(b)所示］，也可以设计成墩板式基础［如图 3-2(c)所示］。如果柱距太大和柱荷载差产生较大的弯曲应力时，则可沿柱轴线采用加厚的基础板肋带［如图 3-2(d)所示］，成格形梁板式刚性结构，或者使基础板与地下室墙组成刚架。

在国外高层建筑中，采用这种筏板基础较多。但由于这种基础承受上部结构的荷载不能太大，因此，筏板基础最常用于 15～20 层高层建筑基础。若地基较好，其层数可适当增加。

3. 箱形基础

当高层建筑的上部结构荷载较大，底层墙柱间距过大，地基承载能力相对较低，采用筏板基础不能满足要求时，可采用箱形基础。箱形基础是由钢筋混凝土底板、顶板和纵横交错的隔墙组成的一个空间的整体结构(图 3-3)，这样基础自身刚度很大，可以减少高层建筑的不均匀沉降，同时还可以被利用作为地下室。

箱形基础大部分为补偿式基础，即在设计中，使建筑物的质量约等于由建筑位置移去的土的总质量(包括地下水位中的水的质量)。图 3-4(a)表示开挖前水平的地面，地下水位在

地面下距离为 h_1 处，图 3-4(b)表示基础开挖基坑至 h_2 的深度，此处 $h_2 > h_1$，而图 3-4(c)表示建造高层建筑后已将基坑全部充满。如果建筑物的质量等于由基坑中移去的土和水的质量，显然，在深度 h_2 以下土中的总竖向压力相同。基础的沉降是由地基有效压力的增加而发生的，如果地基有效压力不变，则建筑物不会沉降。即补偿式基础的原理为移去土的质量与施加的建筑物质量基本平衡，其结果是建筑物的沉降很小。

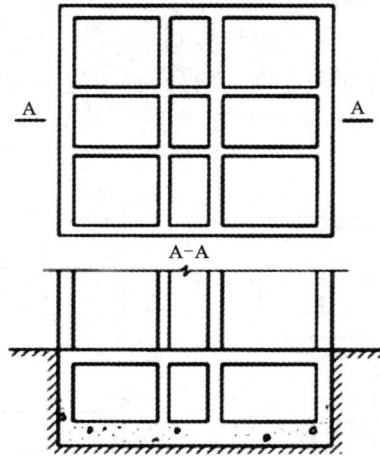

图 3-3　箱形基础

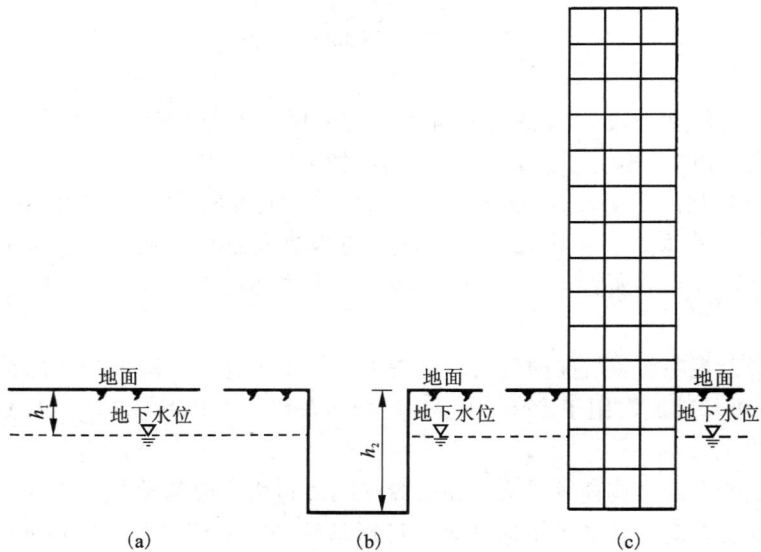

图 3-4　补偿式基础的应力平衡

高层建筑中的箱形基础，根据基底的实际平均压力大小可分为全补偿式基础(基底的实际平均压力等于基底土原有的自重压力)和欠补偿式基础,亦称部分补偿式基础(基础底面的实际平均压力大于基底土原有的自重压力)。我国目前建造的高层建筑大多数都属于以上这两种基础。

4.桩基础

桩基础是高层建筑常用的基础形式,具有承载能力大、能抵御复杂荷载以及能良好地适应各种地质条件的优点,尤其对于软弱地基上的高层建筑,桩基础是最理想的基础形式之一。一般桩基础可选用预制钢筋混凝土桩、灌注桩和钢管桩等。具体选择时应结合地基的土质情况、上部结构类型、荷载的大小、施工单位的打桩设备和技术条件、单桩设计承载能力、建筑场地的环境等因素,通过技术经济综合分析后决定。常用的桩基础支承形式按桩的传力及作用性质可分为端承桩、摩擦桩基础(图3-5)。端承桩主要靠桩端的支承力起作用,而摩擦桩则主要靠桩与土的摩擦力来支承。

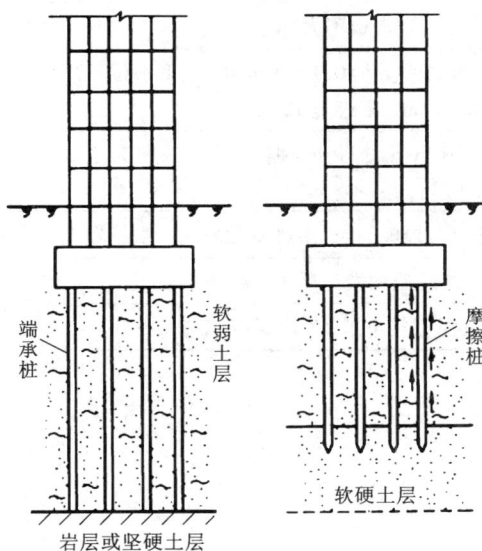

图3-5　桩的支承形式

上述几种基础形式是高层建筑设计中所采用的几种典型的基础形式。事实上,随着高层建筑的发展,目前在设计中已不仅仅采用上述的单一基础形式,而且是采用多种基础的混合形式,如桩-筏板基础、桩-箱基础等,这些基础的采用均取得了较好的技术效果。

3.2　降低地下水位

3.2.1　降低地下水位概述

在基坑和基础施工时,往往要在地下水位以下开挖,尤其是高层建筑,基础埋深大,地下室层数多。施工时若地下水渗入造成基坑浸水,使地基土的强度降低,压缩性增大,建筑物能产生过大沉降,或是增加土的自重应力,造成基础附加沉降,就直接影响到建筑物的安全。因此,在基坑施工时,必须采取有效的降水和排水措施,使基坑处在干燥状态下施工。

采用降排水措施时,应考虑以下因素:

(1)土的种类及其渗透系数。

(2)要求降低水位的标高和地下水位的标高:一般地下水位应降低到基坑底以下 0.5 ~ 1.0 m。

(3)采用何种形式的基坑壁支护方式,尤其是深基坑。

(4)基坑的面积大小。

目前采用的降低地下水位的方法主要分为两类:一是集水井排水,一是井点降水。

降水方法的名称及适应条件见表 3 - 1。

表 3 - 1　降水方法与适应条件

降水名称	适应条件
集水明排法	碎石土、粗粒砂石土、渗水量不大的土
轻型井点	粉砂、黏质粉土,渗透系数为 0.1 ~ 5 m/d,地下水位较高,一级井点降水深度 3 ~ 6 m,二级井点降水深度为 6 ~ 9 m,多级至 12 m
喷射井点	渗透系数为 0.1 ~ 50 m/d 的砂土,基坑开挖深度大于 6 m,喷射井点降水深度可达 20 m 以上
管井井点	含水层颗粒较粗的粗砂卵石层,渗透系数较大,水量较大,降水深度在 3 ~ 15 m
电渗井点	饱和黏性土,特别是淤泥和淤泥质土,渗透系数很小,小于 0.1 m/d
深井井点	渗透系数较小的淤泥质黏土

3.2.2　降水方式

1. 集水明排法

1)集水明排法施工

(1)明沟、集水井排水多在基坑的两侧或四周设置排水明沟,在基坑四角或每隔 30 ~ 40 m 设置集水井,使基坑渗出的地下水通过排水明沟汇集于集水井内,然后用水泵将其排出基坑外。

集水井明排法施工

(2)排水明沟宜布置在拟建建筑基础边 0.4 m 以外,沟边缘离开边坡坡脚应不小于 0.3 m。

(3)挖土面、排水沟底和集水井底三者之间均应保持一定的高差。排水沟底低于挖土面 0.3 ~ 0.4 m,集水井的井底低于排水沟底 0.5 m 以上,并随基坑的挖深而加深,并保持水流畅通。

(4)集水井的直径一般为 0.7 ~ 1.0 m,井壁可砌干砖、水泥管、挡土板或其他临时支护,井底反滤层铺 0.3 m 厚的碎石、卵石。

2)集水明排法的缺点

用此方法排水不能完全防止发生流砂现象,随着地下水涌入基坑,坑四周土也涌进,可能导致坑壁滑坍,降低坑底土的强度。

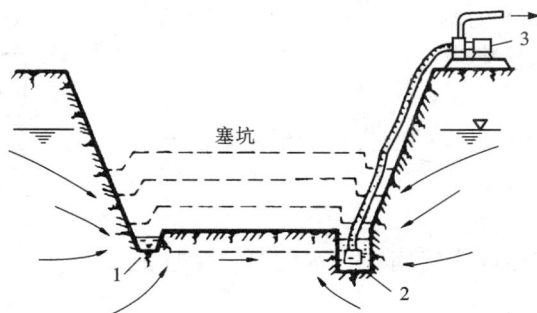

图 3 - 6　分层开挖排水沟

1—排水沟；2—集水坑；3—水泵

3）工程实例

某小区 5 栋高层塔楼住宅，基础为钢筋混凝土箱基，持力层为黏质粉土，重亚砂层，基底标高为 -6.15 m，水位距地表 1 m。排水沟断面为 500 mm×300 mm，集水井为 800 mm×800 mm，比沟底深 1 m，每 25～40 m 设 1 个井。效果较好。

2. 轻型井点法

轻型井点法主要是利用"下降漏斗"。当在井内抽水时，井中的水位开始下降，周围含水层的地下水流向井中，经一段时间后达到稳定，水位就形成了向井弯曲的下降曲线。地下水位逐渐降低到坑底设计标高以下，使施工能在干燥无水的情况下进行（图 3 -7）。

井点降水施工

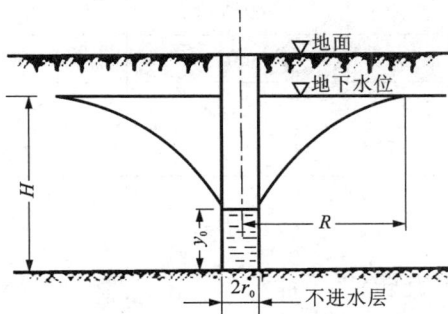

图 3 - 7　从井中抽水时的下降漏斗

H—地下水位到不透水层的距离；y_0—降水位到不透水层的距离；R—下降漏斗的影响半径

1）井点系统主要设备

（1）井点管。

用直径为 50 mm 的钢管，其端头为长 1～2 m 的滤管（图 3 -8），滤管是在直径 50 mm 的钢管上打直径 10～15 mm 呈梅花形布置的孔，孔间距 30～40 mm。在管外用铅丝螺旋形缠绕起来。先包一层 40 目的细滤网，再包一层 18 目的粗滤网，滤网用铜网或尼龙网均可。滤网外再缠绕一层粗铁丝保护滤网，滤管下端装铸铁管靴，以防止泥砂进入管内。

（2）集水总管。

用内径为 102~127 mm 的钢管分段连接，间隔 1~2 m 设一个与井点管连接的短接头。

（3）连接管。

连接管用直径为 40~50 mm 的胶皮管或塑料管。连接管上宜装阀门，便于检查。

（4）抽水设备。

由离心泵、射流器和循环水箱组成。水射泵技术性能见表 3-2。

2）井点的布置

如图 3-9 所示，应当根据基坑的大小、平面尺寸和降水深度的要求，以及含水层的渗透性能和地下水流向等因素确定。若要求降水深度在 4~5 m，可用一级井点，若降水深度要求大于 6 m，则可采用两级或多级井点。如基坑宽度小于 10 m，则可在地下水流的上游设置一级井点。当基坑面积较大，可设置不封闭井点或封闭井点（如环形、U形），井点管距基坑壁不小于 1~2 m。

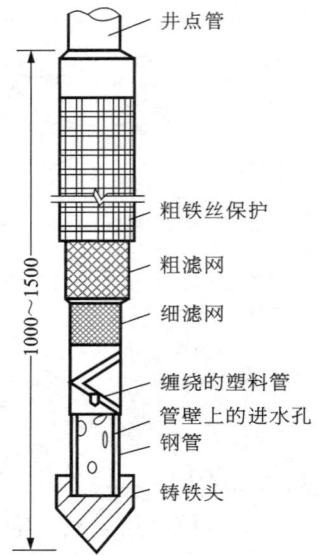

图 3-8　滤管构造

表 3-2　水射泵技术性能表

项　目	型　号		
	QJD-60	QJD-90	JS-45
抽水深/m	9.5	9.6	10.26
排水量/($m^3 \cdot h^{-1}$)	60	90	45
工作水压力/($N \cdot mm^{-2}$)	>0.25	>0.25	>0.25
电动机功率/kN	7.5	7.5	7.5

3）钻孔

钻孔一般采用冲击钻（或旋转钻）、冲孔、套管和射水等方法进行。钻孔深度应比滤管底深 0.5 m，以利沉砂。及时用干净粗砂将孔壁与井点管之间填实，然后冲洗井点（用自来水或空压机）直至水清。也可用射水法或套管法钻孔。套管法是用水冲法将直径为 200~300 mm 的套管沉至要求的深度，再在孔底填一层砂砾石，插入井点管，将粗砂填入套管与井点管之间，拔出套管。射水法是利用 0.4~1.0 N/mm^2

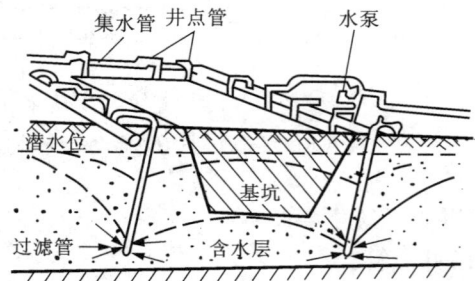

图 3-9　井点系统布置示意图

的高压水在井点管下端冲刷土层,将井点管沉至要求的深度后,在孔壁与井点管之间填入粗砂。

自地面以下0.5~1.0 m的深度将所有的井点管用黏土填实,防止漏气。

4)连接

用连接管将井点管与集水总管和水泵连接,形成完整系统。抽水时,应先开真空泵抽出管路中的空气,使之形成真空,这时地下水和土中的空气在真空吸力作用下被吸入集水箱,空气经真空泵排出,当集水管存了相当多的水时,再开动离心泵抽水。

5)使用注意事项

降水系统接通以后,试抽水,若无漏水、漏气和淤塞等现象,即可正式使用。应控制真空度,在系统中装真空表,一般真空度不低于55.3~66.7 kPa。管路井点有漏气时,会造成真空度达不到要求。为保证连续抽水,应配置双套电源;待地下建筑回填后,才能拆除井点,并将井点孔填土。冬季施工时,应对集水总管做保温处理。

6)工程实例

上海广播电视塔复合式深基坑埋深12.5 m,基底面积约2700 m²,采用了三级支护、二级降水、二次再挖的方案。即先在地面设置第一级轻型井点,然后进行第一阶段挖土,挖至−5.3 m,放坡,用钢丝网豆石混凝土护坡,此为第一级支护。在−5.3 m处设第二级井点,按先撑后挖的原则,设置内支撑即第二级支护,随即进行第二阶段挖土,挖至−12.5 m,然后再对电梯井坑(深达20 m)做第三级支护。此方案将降水与基坑支护相结合使用,达到了较好的效果。

3.喷射井点法

喷射井点一般有喷水和喷气两种,井点系统由喷射器、高压水泵和管路组成(图3−10)。

1)主要设备

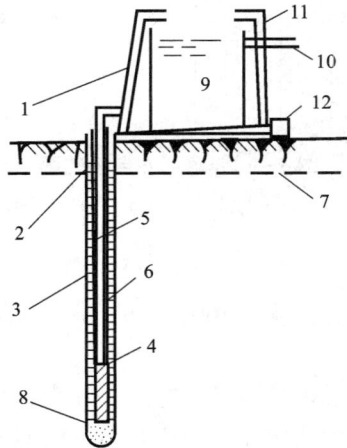

图3−10 喷射井点工作示意图

1—排水总管;2—黏土封口;3—填砂;4—喷射器;5—给水总管;6—井点管;
7—地下水;8—过滤器;9—水箱;10—溢流管;11—调压管;12—水泵

（1）喷射器。

喷射器（图 3 - 11）的工作原理是利用高速喷射液体的动能工作，由离心泵供给高压水流入喷嘴高速喷出，经混合室造成在此处压力降低，形成负压和真空，则井内的水在大气压力作用下，将水由吸水管压入吸水室，吸入水和高速射流在混合室中相互混合，射流的动能将本身的一部分传给被吸入的水，使吸入水流的动能增加，混合水流入扩散室，由于扩散室截面扩大，流速下降，大部分动能转为压能，将水由扩散室送至高处。喷射井点组装图见图 3 - 12。

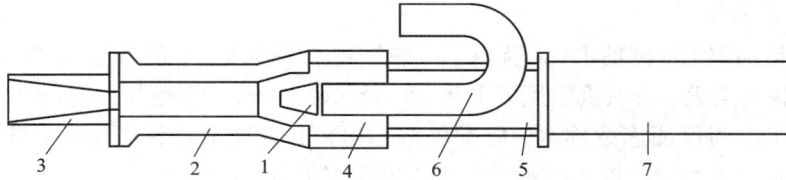

图 3 - 11　喷射器构造

1—喷嘴；2—混合室；3—扩散室；4—吸水室；5—吸水管；6—喷射管；7—滤管

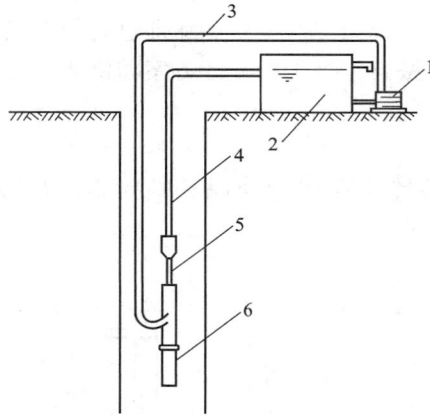

图 3 - 12　喷射井点组装图

1—水泵；2—水箱；3—工作水管；4—上水管；5—喷射器；6—滤管

（2）高压水泵。

功率为 55 kW，扬程为 70 m，流量为 160 m³/h，每台高压泵可带动 30～40 根井点管。

2）管路系统

管路系统布置和井点管的埋设可参照轻型井点，与其基本相同。井管间距 2～3 m，管井应比滤管底深 1 m 以上。可用套管法成孔或是成孔后下钢筋笼以保护喷射器。每下一井点管立即与总管接通（不接回水管），单管试抽排泥，测真空度。一般不得小于 93.3 kPa，试抽直至井管出水变清即停。全部接通后，经试抽，工作水循环进行后，方可正式工作。工作水应保持清洁。

3）工程实例

中日友好医院的两个栋号，地下室面积为 7000 m²，最大的边长 91.4 m，宽 41.5 m，深

度 -8.86 m,地下水位在 -1.5 m 左右,含水层为重粉质砂土、黏质粉土和粉砂层,用了 570 个井点,做成两个封闭圈,降水效果很好。

4. 管井井点

1)管井井点的确定

先根据基坑总涌水量验算单根井管极限涌水量,再确定井的数量。井管由两部分组成,一是井壁管,一是滤水管。井壁管可用直径 200 ~ 350 mm 的铸铁管、无砂混凝土管、塑料管。滤水管可用钢筋焊接骨架,外包滤网(孔眼为 1 ~ 2 mm),长 2 ~ 3 m(图 3 - 13),也可实管打花孔垫助,外缠镀锌铅丝(图 3 - 14),或用无砂混凝土管。

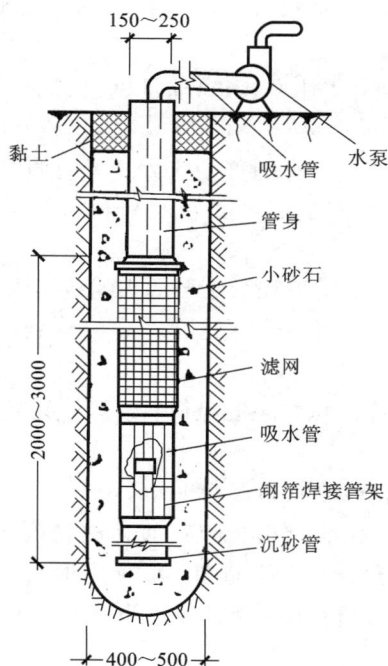

图 3 - 13 管井井点

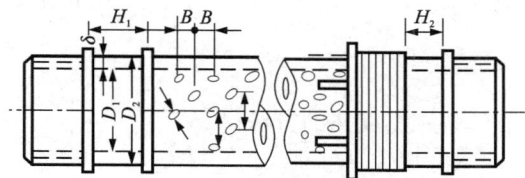

图 3 - 14 镀铁过滤器

2)管井井点的设置

按已确定的数量沿基坑外围均匀设置管井。钻孔可用泥浆护壁套管法,也可用螺旋钻。

但孔径应大于管井外径 150～250 mm，将孔底部泥浆掏净，下沉管井，用集水总管将管井连接起来。并在孔壁与管井之间填 3～15 mm 砾石作为过滤层。吸水管用直径 50～100 mm 胶皮管或钢管，其底端应在抽水时最低水位以下。

3）洗井

铸铁管可用管内活塞拉孔及空压机洗。对其他材料的管井用空压机洗，洗至清水为止。在排水时需经常对电动机等设备进行检查，并观测水位，记录流量。

4）工程实例

某研究楼工程，地质情况是粉质黏土为主，局部夹细砂层，地下水位标高为 -4.8 m，基坑 84.8 m×24.8 m，坑底深度 4.4 m（标高 -5.45 m），实际降水标高 -6.0 m，管井深 12.5 m，间距 18 m，管井内径 500 mm，降水后，边坡稳定，基坑干燥，效果良好。

5. 深井泵井点

深井泵井点由深井泵（或深井潜水泵）和井管滤网组成。

1）钻孔

井孔钻孔可用钻孔机或水冲法。孔的直径应大于井管直径 200 mm。孔深应考虑到抽水期内沉淀物可能沉淀的厚度而适当加深。

2）井管的放置

井管放置应垂直，井管滤网应放置在含水层适当的范围内。井管内径应大于水泵外径 50 mm，孔壁与井管之间填大于滤网孔径的填充料。

3）潜水泵

应注意潜水泵的电缆要可靠。深井泵的电机宜有阻逆装置，在换泵时应清洗滤井。

4）工程实例

武汉国贸中心大厦开挖面积 5000 m²，深 -16.8 m。采用基坑内外相结合布井，井深 42～47 m。采取逐渐增加抽水井数量，分批开泵，使水力坡度尽量平缓，以减轻对周围地面沉降的影响。基坑支护分别采用悬臂桩和双排桩，桩顶用钢筋混凝土梁连接，并对可加支撑处加设钢筋混凝土支撑。挖土时基坑干燥，保证了地下室施工的顺利进行。

6. 电渗井点施工

电渗井点降水的工作原理是以井点管作阴极，以 ϕ50～75 mm 钢管或 ϕ25 mm 以上钢筋作阳极。阴极在外侧，阳极在井点管内侧垂直埋设。用电线或钢筋分别将阴阳极连通，并与直流电源相连，当接通电源时，带负电荷的土粒向阳极移动，带正电荷的孔隙水向阴极移动，产生电渗现象。在电渗与真空作用下，土中的水聚集在井点管附近。连续抽水可降低地下水位。

1）阴极

即井点管的埋设，可用轻型井点成孔的方法。

2）阳极

垂直埋设，应比井点管深 500 mm，与阴极间距 0.8～1.5 m（用轻型井点时为 0.8～1.0 m，喷射井点时为 1.2～1.5 m），高出地面 20～40 mm，一般阴阳极数量相等，平行交错排列，必要时可增加阳极的数量。

电渗井点降水的工作电压不宜大于 60 V。土中通电的电流密度宜为 0.5～1.0 A/m²，为避免大部分电流从土表面通过，降低电渗效果，通电前应清除阴阳极间地面上的导电物，使地面保持干燥，如涂一层沥青则绝缘效果更好。通电时，为消除由于电解作用产生的气体积聚在电极附近，使土体电阻增大，加大电能消耗，宜采用间隔通电法，一般每通电24 h，停电2～3 h。在降水过程中，应量测和记录电压、电流密度、耗电量及水位变化。

3）工程实例

上海新锦江宾馆主楼高153 m，基础占地面面积约6800 m^2。基础挖深9.1 m，局部深11.5 m，主楼基础埋在淤泥质黏土层上，地下静止水位处在地表下0.65～1.05 m。同时采用了喷射井点与电渗井点，电渗井点降水效果十分明显，降水18 d后，从5 m深土层中取样，其含水率从46.17%降为37.1%。

7. 降水对邻近建筑的影响及防止措施

1）减少井点降水对四邻的影响和危害的措施

为了减少井点降水对四邻的影响和危害，主要可采取以下几项措施：

(1)采用密封形式的挡土墙或采取其他的密封措施。如用地下连续墙、灌注桩、旋喷桩、水泥搅拌桩以及用压密注浆形成一定厚度的防水墙等，将井点排水管设置在坑内，井管深度不超过挡土止水墙的深度，仅将坑内水位降低，而坑外的水位则尽量维持原来水位。

(2)适当调整井点管的埋置深度。在一般情况下，井点管埋置深度应该使坑中的降水曲面在坑底下0.5～1.0 m，但在没有密封挡土墙的情况下，井点降水不仅使坑内水位下降，也会使坑外水位下降，如果在降水影响区范围内有建筑物、构筑物、管线需保护时，可以在确保基坑不发生涌砂和地下水不从坑壁渗入的条件下，适当地提高井点管的设计标高。另外，井点降水区域还随着降水时间的延长向外、向下扩张，当处在两排井点的坑中，降水曲面的形成较快，坑外降水曲面扩张较慢。因此，当井点设置较深时，随着降水时间的延长，可适当地控制抽水流量或抽吸真空达到设计要求值；当水位观察井的水位达到设计的控制值时，调整设备使抽水量和抽吸真空度降低，以达到控制坑外降水曲面的目的。这需要通过设置水位观察井来观察水位变化情况，控制水流量和真空度。

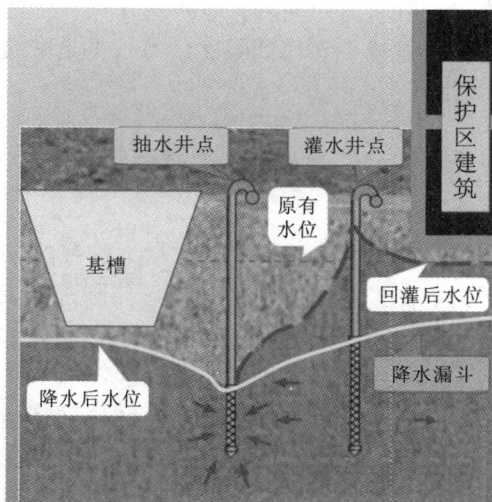

图3-15　回灌原理

（3）采用井点降水与回灌相结合的技术。其基本原理（如图 3 – 15）与方法是在降水井管与需保护的建筑和管线间设置回灌井点、回灌砂井或回灌砂沟，持续不断地用水回灌，形成一道水带，以减少降水曲面向外扩张，保持邻近建筑物、管线等基础下地基土中的原地下水位，防止土层因失水而沉降。降水与回灌水位曲线应视场地环境条件而定，降水曲线是漏斗形，而回灌曲线是倒漏斗形，降水—回灌水位曲线应有重叠，为了防止降水和回灌两井相通，还应保持一定的距离，一般不宜小于 6 m，否则基坑内水位无法下降，失去降水的作用。回灌井点的深度一般应控制在长期降水曲线下 1 m 为宜，并应设置在渗透性较好的土层中，如果用回灌砂沟，则沟底应设置在渗透性较好的土层内。在降水井点与回灌之间，或两井内外都应设置水位观察点，根据水位变化情况，控制好运用、调节水量，以达到既长期保持水幕作用，又防止回灌水外溢造成危害的目的。

（4）采用注浆固土技术防止水土流失。为了减少坑内井点降水时，减少降水曲面向外扩张，保持邻近建筑物基础下地基土因地下水位下降水土流失而沉降，在井点降水前，安排在需要控制沉降的建筑物基础的周边，布置注浆孔（每隔 2～3 m 设一个），控制注浆压力，以达到挤密土层中孔隙为度，降低土的渗透性能，不产生流失，从而保证基坑邻近建筑物、管线的安全，不产生沉降和裂缝。

2）降水对邻近建筑的影响工程实例

上海康乐十二层大楼，用钢板桩加井点降水方法，抽水 6 天后，各沉降观测点的沉降量见表 3 – 3，因此需要根据情况采取防止措施。

表 3 – 3   抽水与地面观测点沉降

离井点距离/m	3	5	10	20	31	41	51
沉降量/mm	10	4.5	2.5	2	1	0	0

一般的技术措施有两类，一是采用回灌法，即回灌井点、回灌砂沟，以防止土层失水后产生沉降，使附近建筑物的沉降量减小到最低限度。另一类是减缓降水速度，可采用调小离心泵阀，让水缓缓流出且不间断。

3.3   深基坑土方开挖

深基坑挖土是基坑工程的重要部分，对于土方数量大的基坑，基坑工程的长短在很大程度上取决于挖土的速度。另外，支护结构的强度和变形控制是否满足要求，降水是否达到预期目的，都靠挖土阶段来进行检验，因此，基坑工程的成败与否也在一定程度上有赖于基坑挖土。

在基坑土方开挖之前，要详细了解施工区域的地形和周围环境、土层种类及其特性、地下设施情况、支护结构的施工质量、土方运输的出口、政府及有关部门关于土方外运的要求和规定（有的大城市规定只有夜间才允许土方外运）。要优化选择挖土机械和运输设备；要确定堆土场地或弃土处；要确定挖土方案和施工组织；要对支护结构、地下水位及周围环境进行必要的监测和保护。

3.3.1 基坑土方开挖方式

高层建筑的基坑，由于有地下室，一般深度较大，开挖时，除用推土机进行场地平整和开挖表层外，多利用反铲挖土机和抓斗、拉铲挖土机进行开挖，根据开挖深度，可分一层、二层或多层进行开挖，要与支护结构计算的工况相吻合。常见的开挖方式有分层全开挖、分层分区开挖、中心岛法开挖、土壕沟式开挖。

1. 分层全开挖

当开挖面积不是特别大时，可以将基坑分为若干层进行开挖，即第一层全部开挖完毕后，再进行开挖第二层，如此逐层连续开挖，直到结束。

2. 分层分区开挖

当开挖面积比较大时，全面分层已不适应，这时可采用分段分层开挖方案。即将基坑分为若干段，每段分为若干层，先开挖第一段各层，然后开挖第二段各层，如此逐段逐层连续开挖，直到结束。

3. 中心岛法开挖

适合于基坑面积大、支撑或拉锚作业困难且无法进行放坡，而且地下室底板设计有后浇带或可以留设施工缝的基坑。先开挖基坑中心部分，形成盆式，挖施工中心区域内的基础底板和地下室结构，形成"中心岛"。按"随挖随撑，先撑后挖"的原则，在支护结构与"中心岛"之间设置支撑，最后再施工边缘部位的地下室结构。这种方式支撑用量小、费用低、盆式部位土方开挖方便。

4. 土壕沟式开挖

土壕沟式开挖也称岛式开挖，当基坑面积较大，而且地下室底板设计有后浇带或可以留设施工缝时，可采用岛式开挖的方法。先开挖边缘部分的土方，将基坑中央的土方暂时留置，该土方具有反压作用，可有效地防止坑底土的隆起，有利于支护结构的稳定。必要时还可以在留土区与挡土墙之间架设支撑。在边缘土方开挖到基底以后，先浇筑该区域的底板，以形成底部支撑，然后再开挖中央部分的土方。

在制订基坑开挖施工组织设计前，应认真研究工程场地的工程地质和水文地质条件、气象资料、场地内和邻近地区地下管线图和有关资料以及邻近建筑物、构筑物的结构、基础情况等。

3.3.2 深基坑开挖工程的施工组织设计的内容

1. 开挖机械的选择

除很小的基坑外，一般基坑开挖均优先采用机械开挖方案。目前基坑工程中常用的挖土机械较多，有推土机、铲运机、正铲挖土机以及反铲、拉铲、抓铲挖土机等，前三种机械适用土的含水量较小且基坑较浅时，而后三种机械则适用于土质松软、地下水位较高或不进行降水的较深大基坑，或者是在施工方案比较复杂时采用，如逆作法施工等。总之，挖土机械选择应考虑到地基土的性质、工程量的大小、挖土机和运输设备的行驶条件等。

2. 开挖程序的确定

较浅基坑可以一次开挖到底，较深大的基坑则一般采用分层开挖方案，每次开挖深度可结合支撑位置来确定，挖土进度应根据预估位移速率及气候情况来确定，并在实际开挖后进行调整。为保持基坑底土体的原状结构，应根据土体情况和挖土机械类型，在坑底以上保留5～30 cm 土层由人工挖除。进行两层或多层开挖时，挖土机和运土汽车需下至基坑内施工，故在适当部位需留设坡道，以便运土汽车上下，坡道两侧有时需加固处理。

3. 施工现场平面布置

基坑工程往往面临施工现场狭窄而基坑周边堆载又要严格控制的难题，因此必须根据现有场地对装土、运土及材料进场的交通路线、施工机械放置、材料堆场、工地办公及食宿生产场所等进行全面规划。

4. 降、排水措施及冬期、雨期、汛期施工措施的拟订

当地下水位较高且土体的渗透系数较大时应进行井点降水。井点降水可采用轻型井点、喷射井点、电渗井点、深井井点等，可根据降水深度要求、土体渗透系数及邻近建（构）筑物和管线情况选用。排水措施在基坑开挖中的作用也比较重要，设置得当可有效地防止雨水浸透土层而造成土体强度降低。

5. 合理施工监测计划的拟订

施工监测计划是基坑开挖施工组织计划的重要组成部分，从工程实践来看，凡是在基坑施工过程中进行了详细监测的工程，其失事率远小于未进行监测的基坑工程。

6. 合理应急措施的拟订

为预防在基坑开挖过程中出现意外，应事先对工程进展情况预估，并制订可行的高层建筑施工应急措施，做到防患于未然。

7. 基坑土方开挖施工应重视的几个问题

深基坑工程有着与其他工程不同的特点，它是一项系统工程，而基坑土方开挖施工是这一系统中的一个重要环节，它对工程的成败起着相当大的作用，因此，在施工中必须非常重视以下几方面：

（1）土方开挖顺序、方法必须与设计工况一致，并遵循"开槽支撑，先撑后挖，分层开挖，严禁超挖"的原则。

（2）深基坑土体开挖后，地基卸载，土体中压力减少，土的弹性效益将使基坑底面产生一定的回弹变形（隆起）。回弹变形量的大小与土的种类、是否浸水、基坑深度、基坑面积、暴露时间及挖土顺序等因素有关。

（3）做好施工管理工作，在施工前制订好施工组织计划，并在施工期间根据工程进展及时作必要调整。

（4）对基坑开挖的环境效应做出事先评估，开挖前对周围环境做深入的了解，并与相关单位协调好关系，确定施工期间的重点保护对象，制订周密的监测计划，实行信息化施工。

（5）当采用挤土和半挤土桩时应重视其挤土效应对环境的影响。

（6）重视支护结构的施工质量，包括支护桩（墙）、挡水帷幕、支撑以及坑底加固处理等。

（7）重视坑内及地面的排水措施，以确保开挖后土体不受雨水冲刷，并减少雨水渗入；在开挖期间若发现基坑外围土体出现裂缝，应及时用水泥砂浆灌堵，以防雨水渗入，导致土体强度降低。

（8）当支护体系采用钢筋混凝土或水泥土时，基坑土方开挖应注意其养护龄期，以保证其达到设计强度。

（9）挖出的土方以及钢筋、水泥等建筑材料和大型施工机械不宜堆放在坑边，应尽量减

少坑边的地面堆载。

（10）当采用机械开挖时，严禁野蛮施工和超挖，挖土机的挖斗严禁碰撞支撑，注意组织好挖土机械及运输车辆的工作场地和行走路线，尽量减少它们对支护结构的影响。

（11）基坑开挖前应了解工程的薄弱环节，严格按施工组织规定的挖土程序、挖土速度进行挖土，并备好应急措施，做到防患于未然。

（12）注意各部门的密切协作，尤其是要注意保护好监测单位设置的测点，为监测单位提供方便。

3.3.3 基坑开挖实例

京城大厦基底面积 4802 m²，基础深达 23.76 m，箱形基础，由于深度较大，采用了内外坡道加缓冲平台的方法解决运土问题。坡道用 1∶8 的坡道，内坡道 11.76 m 深。分层开挖，第一层开挖到 −6.15 m，第二层挖土时，挖土机位于 −6.15 m 处，先挖至 −9.15 m 标高，一台机器下到 −9.15 m 处，挖 4 m（−13.15 m），第三层挖到 −19.3 m，第四层挖到 −23.76 m。

集成的支护采用 H 型钢，打入桩与锚杆相结合（三层锚杆）的挡土支护方案。

地质水文报告表明，地下压力水在深基坑标准以下，而在 −23.76 m 以上有两层滞水，因而采用明沟集水井排水方案。

最后节约资金 400 余万元，缩短工期一个半月。

3.4 基坑支护工程

3.4.1 深基坑支护结构类型和组成

基坑支护型式的合理选择，是基坑支护设计的首要工作，应根据地质条件、周边环境的要求及不同支护型式的特点、造价等综合确定。一般当地质条件较好，周边环境要求较宽松时，可以采用柔性支护，如土钉墙等；当周边环境要求高时，应采用较刚性的支护型式，以控制水平位移，如排桩或地下连续墙等。同样，对于支撑的型式，当周边环境要求较高、地质条件较差时，采用锚杆容易造成周边土体的扰动并影响周边环境的安全，应采用内支撑型式；当地质条件特别差，基坑深度较深，周边环境要求较高时，可采用地下连续墙加逆作法这种最强的支护型式。基坑支护最重要的是要保证周边环境的安全。

支护结构的体系很多，工程上常用的典型的支护体系按其工作机理和围护的形式有以下几种：

水泥土挡墙式，依靠其本身自重和刚度保护坑壁，一般不设支撑，特殊情况下经采取措施后亦可局部加设支撑。

排桩与板墙式，通常由围护墙、支撑（或土层锚杆）及防渗帷幕等组成。

土钉墙由密集的土钉群、被加固的原位土体、喷射的混凝土面层等组成。

现将常用的几种支护结构介绍如下。

支护结构
├─ 水泥土挡墙式
│　├─ 深层搅拌水泥土桩墙
│　└─ 高压旋喷桩墙
├─ 排桩与板墙式
│　├─ 板桩式
│　│　├─ 钢板桩
│　│　├─ 混凝土板桩
│　│　└─ 型钢横挡板
│　├─ 排桩式
│　│　├─ 钢管桩、预制混凝土桩
│　│　├─ 钻孔灌筑桩
│　│　└─ 挖孔灌筑桩
│　├─ 板墙式
│　│　├─ 现浇地下连续墙
│　│　└─ 预制装配式地下连续墙
│　└─ 组合式
│　　　├─ 加筋水泥土桩(SMW工法)
│　　　└─ 高应力区加筋水泥土墙
├─ 边坡稳定式
│　├─ 土钉墙
│　└─ 喷罐支护
└─ 逆作拱墙式

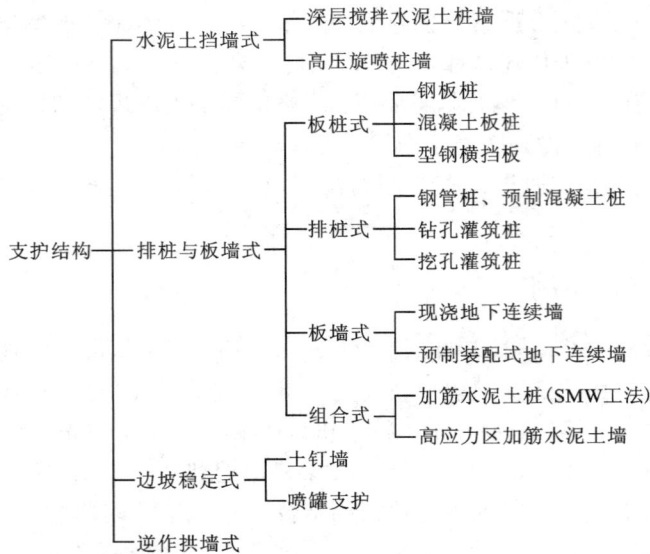

3.4.2　支护结构的选型

1. 深层搅拌水泥土桩墙

深层搅拌水泥土桩墙围护墙是用深层搅拌机就地将土和输入的水泥浆强制搅拌,形成连续搭接的水泥土柱状加固体挡墙(图 3 – 16)。

水泥土加固体的渗透系数不大于 10^{-7} cm/s,能止水防渗,因此这种围护墙属重力式挡墙,利用其本身重量和刚度进行挡土和防渗,具有双重作用。

水泥土围护墙截面呈格栅形,相邻桩搭接长宽不小于 200 mm,截面置换率对淤泥不宜小于 0.8,淤泥质土不宜小于 0.7,一般黏性土、黏土及砂土不宜小于 0.60。格栅长度比不宜大于 2。

墙体宽度 b 和插入深度 h_d,根据坑深、土层分布及其物理力学性能、周围环境情况、地面荷载等计算确定。在软土地区当基坑开挖深度 5 m 时,可按经验取 $b = (0.6 - 0.8)h$,$h_d = (0.8 - 1.2)h$。基坑深度一般不应超过 7 m,此种情况下较经济。墙体宽度以 500 mm 进位,即 b =2.7 m、3.2 m、3.7 m、4.2 m 等。插入深度前后排可稍有不同。

水泥土加固体的强度取决于水泥掺入比(水泥重量与加固土体重量的比值),围护墙常用的水泥掺入比为 12%~14%。常用的水泥品种是强度等级为 32.5 的普通硅酸盐水泥。

水泥土围护墙的强度以龄期 1 个月的无侧限抗压强度 q_u 为标准,应不低于 0.8 MPa,水泥土围护墙未达到设计强度前不得开挖基坑。

如为改善水泥土的性能和提高早期强度,可掺加木钙、三乙醇胺、氯化钙、碳酸钠等。

水泥土的施工质量对围护墙性能有较大影响。要保护设计规定的水泥掺合量,要严格控制桩位和桩身垂直度;要控制水泥浆的水灰比≤0.45,否则桩身强度难以保证;要搅拌均匀,采用二次搅拌工艺,喷浆搅拌时控制好钻头的提升或下沉速度;要限制相邻桩的施工间歇时间,以保证搭接成整体。

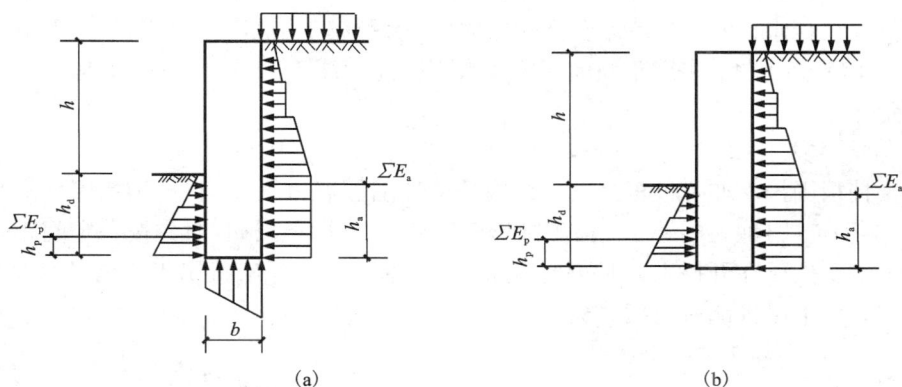

图 3 – 16　水泥土围护墙

（a）沙土及碎石土；（b）黏性土及粉土

水泥土围护墙的优点：由于坑内无支撑，便于机械化快速挖土；具有挡土、挡水的双重功能；一般比较经济。其缺点是不宜用于深基坑、一般不宜大于 6 m；位移相对较大，尤其在基坑长度大时。当基坑长度大时可采取中间加墩、起拱等措施以限制过大的位移；其次是厚度较大，红线位置和周围环境要有能保证顺利施工的足够空间才行，而且水泥土搅拌桩施工时要注意防止影响周围环境。水泥土围护墙宜用于基坑侧壁安全等级为二、三级者；地基土承载力不宜大于 150 kPa。

高压旋喷桩所用的材料亦为水泥浆，只是施工机械和施工工艺不同。它是利用高压经过旋转的喷嘴将水泥浆喷入土层与土体混合形成水泥土加固体，相互搭接形成桩排，用来挡土和止水。高压旋喷桩的施工费用要高于深层搅拌水泥土桩，但它可用于空间较小处。施工时要控制好上提速度、喷射压力和水泥浆喷射量。

2. 钢板桩

1）槽钢钢板桩

槽钢钢板桩是一种简易的钢板桩围护墙，由槽钢正反扣搭接或并排组成。槽钢长 6 ~ 8 m，型号由计算确定。打入地下后顶部接近地面处设一道拉锚或支撑。由于其截面抗弯能力弱，一般用于深度不超过 4 m 的基坑。由于搭接处不严密，一般不能完全止水。如地下水位高，需要时可用轻型井点降低地下水位。一般只用于一些小型工程。其优点是材料来源广，施工简便，可以重复使用。

2）热轧锁口钢板桩（图 3 – 17）

热轧锁口钢板桩的形式有 U 型、L 型、一字型、H 型和组合型。建筑工程中常用前两种，基坑深度较大时才用后两种，但我国较少用。我国生产的鞍Ⅳ型钢板桩为"拉森式"（U 型），其截面宽 400 mm、高 310 mm，重 77 kg/m，每延米桩墙的截面模量为 2042 cm^3。除国产外，我国也使用一些从日本、卢森堡等国进口的钢板桩。

钢板桩由于一次性投资大，施工中多采用租赁方式，用后拔出归还。

钢板桩的优点是材料质量可靠，在软土地区打设方便，施工速度快而且简便；有一定的挡水能力（小趾口者挡水能力更好）；可多次重复使用；一般费用较低。其缺点是一般的钢板

61

桩刚度不够大，用于较深的基坑时支撑（或拉锚）工作量大，否则变形较大；在透水性较好的土层中不能完全挡水；拔除时易带土，如处理不当会引起土层移动，可能危害周围的环境。

常用的 U 型钢板桩，多用于周围环境要求不很高的深 5～8 m 的基坑，视支撑（拉锚）加设情况而定。

3. 型钢横挡板（图 3-18）

型钢横挡板围护墙亦称桩板式支护结构。这种围护墙由工字钢（或 H 型钢）桩和横挡板（亦称衬板）组成，再加上围檩、支撑等则形成一种支护体系。施工时先按一定间距打设工字钢或 H 型钢桩，然后在开挖土方时边挖边加设横挡板。施工结束拔出工字钢或 H 型钢桩，并在安全允许条件下尽可能回收横挡板。

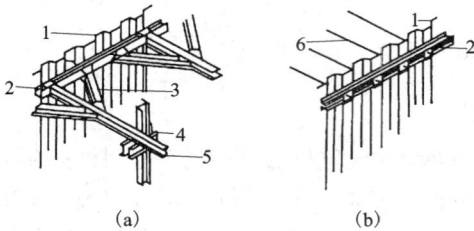

图 3-17　钢板桩支护结构

（a）内撑方式；（b）锚拉方式
1—工字钢（H 型钢）；2—八字撑；3—腰梁
4—立柱与支撑；5—支撑；6—锚拉杆

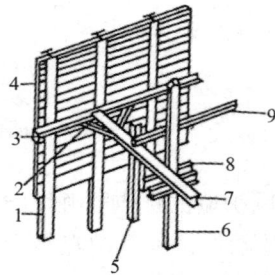

图 3-18　型钢横挡板支护结构
1—钢板桩；2—围檩；3—角撑；4—横挡板；
5—垂直联系杆件；6—立柱；7—横撑
8—立柱上的支撑件；9—水平联系杆

横挡板直接承受土压力和水压力，由横挡板传给工字钢桩，再通过围檩传至支撑或拉锚。横挡板长度取决于工字钢桩的间距和厚度，由计算确定，多用厚度 60 mm 的木板或预制钢筋混凝土薄板。

型钢横挡板围护墙多用于土质较好、地下水位较低的地区，我国北京地下铁道工程和某些高层建筑的基坑工程曾使用过。

4. 钻孔灌注桩（图 3-19）

根据目前的施工工艺，钻孔灌注桩为间隔排列，缝隙不小于 100 mm，因此它不具备挡水功能，需另做挡水帷幕，目前我国应用较多的是厚 1.2 m 的水泥土搅拌桩。用于地下水位较低地区则不需做挡水帷幕。

钻孔灌注桩施工无噪声、无振动、无挤土，刚度大，抗弯能力强，变形较小，几乎在全国都有应用。多用于基坑侧壁安全等级为一、二、三级，坑深 7～15 m 的基坑工程，在土质较好地区已有 8～9 m 悬臂桩，在软土地区多加设内支搅（或拉锚），悬臂式结构不宜大于 5 m。桩径和配筋计算确定，常用直径 600 mm、700 mm、800 mm、900 mm、1000 mm。

有的工程为不用支撑简化施工，采用相隔一定距离的双排钻孔灌注桩与桩顶横梁组成空间结构围护墙，使悬臂桩围护墙可用于 -14.5 m 的基坑（图 3-20）。

如基坑周围狭窄，不允许在钻孔灌注桩后再施工 1.2 m 厚的水泥土桩挡水帷幕时，可考虑在水泥土桩中套打钻孔灌注桩。

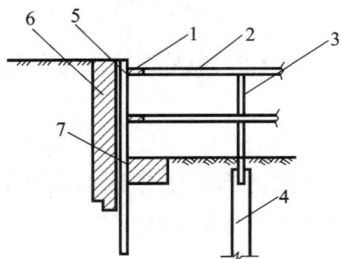

图 3-19 钻孔灌注桩排围护墙

1—围檩;2—支撑;3—立柱;4—工程桩;
5—钻孔灌注桩围护墙;6—水泥土搅拌桩
挡水帷幕;7—坑底水泥土搅拌桩加固

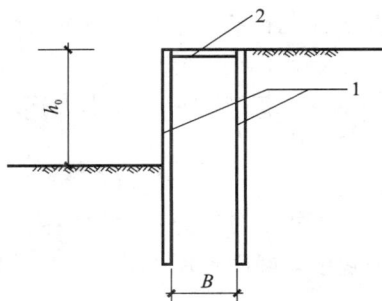

图 3-20 双排桩围护墙

1—钻孔灌注桩;2—联系横梁

5. 挖孔桩

挖孔桩围护墙也属桩排式围护墙,多在我国东南沿海地区使用。其成孔是人工挖土,多为大直径桩,宜用于土质较好地区。如土质松软、地下水位高时,需边挖土边施工衬圈,衬圈多为混凝土结构。在地下水位较高地区施工挖孔桩,还要注意挡水问题,否则地下水大量流入桩孔,大量的抽排水会引起邻近地区地下水位下降,因土体固结而出现较大的地面沉降。

挖孔桩使用人工下孔开挖,便于检验土层,亦易扩孔;可多桩同时施工,施工速度可保证;大直径挖孔桩用作围护桩可不设或少设支撑。但挖孔桩劳动强度高;施工条件差;如遇有流砂还有一定危险。

6. 地下连续墙

地下连续墙是于基坑开挖之前,用特殊挖槽设备、在泥浆护壁之下开挖深槽,然后下钢筋笼浇筑混凝土形成的地下土中的混凝土墙。

我国于 20 世纪 70 年代后期开始出现壁板式地下连续墙,此后用于深基坑支护结构。目前常用的厚度为 600、800、1000 mm,多用于 -12 m 以下的深基坑。

地下连续墙用作围护墙的优点是:施工时对周围环境影响小,能紧邻建(构)筑物等进行施工;刚度大、整体性好,变形小,能用于深基坑;处理好接头能较好地抗渗止水;如用逆作法施工,可实现两墙合一,能降低成本。

由于具备上述优点,我国一些重大、著名的高层建筑的深基坑,多采用地下连续墙作为支护结构围护墙。适用于基坑侧壁安全等级为一、二、三级者;在软土中悬臂式结构不宜大于 5 m。

地下连续墙如单纯用作围护墙,只为施工挖土服务则成本较高;泥浆需妥善处理,否则影响环境。

7. 加筋水泥土桩法(SMW 工法)

即在水泥土搅拌桩内插入 H 型钢,使之成为同时具有受力和抗渗两种功能的支护结构围护墙(图 3-21)。基坑深大时亦可加设支撑。国外已用于坑

加筋水泥土桩法施工(SMW工法)

深 – 20 m 的基坑，我国已开始应用，用于 8 ~ 10 m 基坑。

加筋水泥土桩法施工机械应为三根搅拌轴的深层搅拌机，全断面搅拌，H 型钢靠自重可顺利下插至设计标高。

加筋水泥土桩法围护墙的水泥掺入比达 20%，因此水泥土的强度较高，与 H 型钢黏结好，能共同作用。

8. 土钉墙

土钉墙（图 3 – 22）是一种边坡稳定式的支护，其作用与被动起挡土作用的上述围护墙不同，它是起主动嵌固作用，增加边坡的稳定性，使基坑开挖后坡面保持稳定。

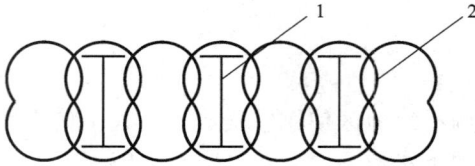

图 3 – 21 SMW 工法围护墙

1—插在水泥土桩中的 H 型钢；2—水泥土桩

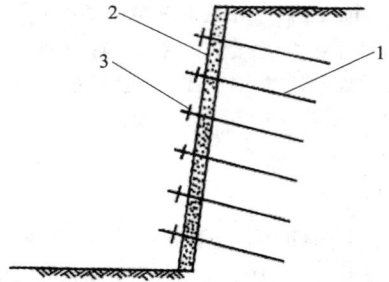

图 3 – 22 土钉墙

1—土钉；2—喷射细石混凝土面层；3—垫板

施工时，每挖深 1.5 m 左右，挂细钢筋网，喷射细石混凝土面层厚 50 ~ 100 mm，然后钻孔插入钢筋（长 10 ~ 15 m 左右，纵、横间距 1.5 m × 1.5 m 左右），加垫板并灌浆，依次进行直至坑底。基坑坡面有较陡的坡度。

土钉墙用于基坑侧壁安全等级宜为二、三级的非软土场地；基坑深度不宜大于 12 m；当地下水位高于基坑底面时，应采取降水或截水措施。目前在软土场地亦有应用。

3.5 桩基工程

3.5.1 桩的分类

1. 按承载性状分类

1）摩擦型桩

摩擦桩，指桩顶荷载全部或主要由桩侧阻力承担的桩；根据桩侧阻力承担荷载的份额，摩擦桩又分为摩擦桩和端承摩擦桩。

2）端承型桩

端承桩，指桩顶荷载全部或主要由桩端阻力承担的桩；根据桩端阻力承担荷载的份额，端承桩又分为端承桩和摩擦端承桩。

3）复合受荷载桩

复合受荷载桩是指承受竖向、水平荷载均较大的桩。

2. 按成桩方法与工艺分类

（1）非挤土桩，如干作业法桩、泥浆护壁法桩、套管护壁法桩、人工挖孔桩；

（2）部分挤土桩，如部分挤土灌注桩，预钻孔打入式预制桩、打入式开口钢管桩、H 型钢桩、螺旋成孔桩等；

（3）挤土桩，如挤土灌注桩、挤土预制混凝土桩（打入式桩、振入式桩、压入式桩）。

3.5.2 预制桩施工

1. 锤击法施工

1）施工准备

（1）整平场地，清除桩基范围内的高空、地面、地下障碍物；架空高压线距打桩架不得小于 10 m；修设桩基进出、行走道路，做好排水措施。

（2）按图纸布置进行测量放线，定出桩基轴线，先定出中心，再引出两侧，并将桩的准确位置测设到地面，每一个桩孔打一个小木桩；并测出每个桩位的实际标高，场地外设 2～3 个水准点，以便随时检查之用。

（3）检查桩的质量，将需用的桩按平面布置图堆放在打桩机附近，不合格的桩不能运至打桩现场。

（4）检查打桩机设备及起重工具；铺设水电管网，进行设备架立组和试打桩。在桩架上设置标尺或在桩的侧面画上标尺，以便能观测桩身入土深度。

（5）打桩场地建（构）筑物有防震要求时，应采取必要的防护措施。

（6）学习、熟悉桩基施工图纸，并进行会审；做好技术交底，特别是地质情况、设计要求、操作规程和安全措施的交底。

（7）准备好桩基工程沉桩记录和隐蔽工程验收记录表格，并安排好记录和监理人员等。

2）打（沉）桩程序

（1）根据地基土质情况，桩基平面布置，桩的尺寸、密集程度、深度，桩移动方便以及施工现场实际情况等因素确定，图 3－23（a）、（b）、（c）、（d）为几种打桩顺序对土体的挤密情况。当基坑不大时，打桩应逐排打设或从中间开始分头向周边或两边进行。

对于密集群桩，自中间向两个方向或向四周对称施打，当一侧毗邻建筑物时，由毗邻建筑物处向另一方向施打。当基坑较大时，应将基坑分为数段，而后在各段范围内分别进行［（图 3－23（e）、（f）、（g）］，但打桩应避免自外向内，或从周边向中间进行，以避免中间土体被挤密，桩难以打入，或虽勉强打入，但使邻桩侧移或上冒。

（2）对基础标高不一的桩，宜先深后浅，对不同规格的桩，宜先大后小，先长后短，可使土层挤密均匀，以防止位移或偏斜；在粉质黏土及黏土地区，应避免按照一个方向进行，使土体一边挤压，造成入土深度不一，土体挤密程度不均，导致不均匀沉降。若桩距大于或等于 4 倍桩直径，则与打桩顺序无关。

3）吊桩定位

打桩前，按设计要求进行桩定位放线，确定桩位，每根桩中心钉一小桩，并设置油漆标志；桩的吊立定位，一般利用桩架附设的起重钩借桩机上卷扬机吊桩就位，或配一台履带式起重机送桩就位，并用桩架上夹具或落下桩锤借桩帽固定位置。

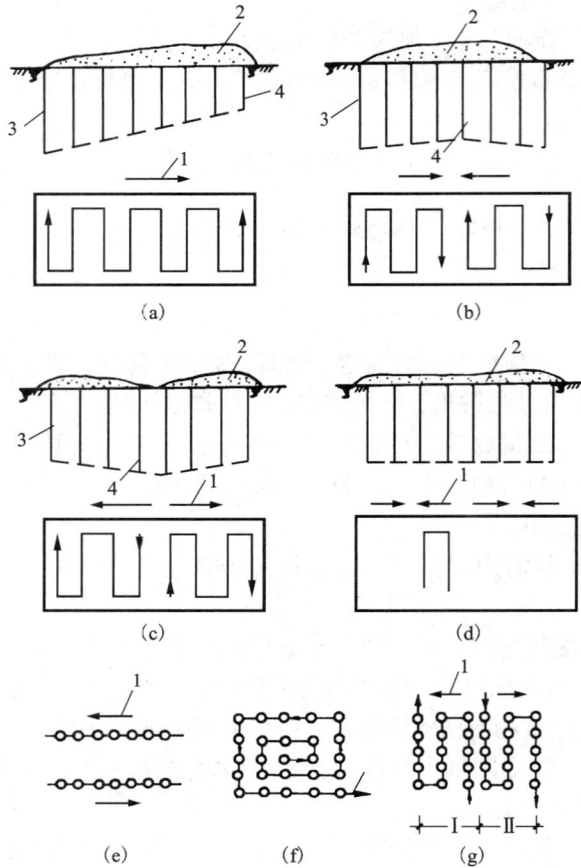

图 3 - 23　打桩顺序和土体挤密情况

（a）逐排单向打设；（b）两侧向中心打设；（c）中部向两侧打设；（d）分段
相对打设；（e）逐排打设；（f）自中部向四周打设；（g）分段打设

1—打设方向；2—土的挤密情况；3—沉降量大；4—沉降量小

4）打（沉）桩方法

（1）打桩方法有锤击法、振动法及静力压桩法等，以锤击法应用最普遍。打桩时，应用导板夹具或桩箍将桩嵌固在桩架两导柱中，桩位置及垂直度经校正后，始可将锤连同桩帽压在桩顶，开始沉桩。桩锤、桩帽与桩身中心线要一致，桩顶不平，应用厚纸板垫平或用环氧树脂砂浆补抹平整。

（2）开始沉桩应起锤轻压并轻击数锤，观察桩身、桩架、桩锤等垂直一致，始可转入正常。桩插入时的垂宜度偏差不得超过 0.5%。

（3）打桩应用适合桩头尺寸之桩帽和弹性垫层，以缓和打桩的冲击。桩帽用钢板制成，并用硬木或绳垫承托。落锤或打桩机垫木亦可用"尼龙 6"浇铸件（规格 $\phi260$ mm × 170 mm，重 10 kg），既经济又耐用，一个尼龙桩垫可打 600 根桩而不损坏。桩帽与桩周围的间隙应为 5～10 mm。桩帽与桩接触表面须平整，桩锤、桩帽与桩身应在同一直线上，以免沉桩产生偏移。桩锤本身带帽者，则只在桩顶护以绳垫、尼龙垫或木块。

（4）当桩顶标高较低，须送桩入土时，应用钢制送桩放于桩头上，锤击送桩将桩送入土中。

振动沉桩与锤击沉桩法基本相同，是用振动箱代替桩锤，将桩头套入振动箱连接的桩帽上或用液压夹桩器夹紧，便可按照锤击法启动振动箱进行沉桩至设计要求的深度。

2. 射水沉桩法施工

射水法沉桩又称水冲法沉桩，是将射水管附在桩身上，用高压水流束将桩尖附近的土体冲松液化，以减少土对桩端的正面阻力，同时水流及土的颗粒沿桩身表面涌出地面，减少了土与桩身的摩擦力，使桩借自重（或稍加外力）沉入土中。射水法沉桩的特点是：当在坚实的砂土中沉桩，桩难以打下或久打不下时，使用射水法可防止将桩打断，或桩头打坏；比锤击法可提高工效 2～4 倍，节省时间，加快工程进度；但需一套冲水装置。本法最适用坚实砂土或砂砾石土层上的支承桩，在黏性土中亦可使用。

施工工艺方法要点：

（1）水冲法沉桩大多与锤击或振动相辅使用，视土质情况可采取先用射水管冲桩孔，然后将桩身随之插入；或一面射水，一面锤击（或振动）；或射水锤击交替进行或以锤击或振动为主、射水为辅等方式。一般多采取射水与锤击联合使用的方式，以加速下沉；亦可采取用射水管冲孔至离桩设计深度约 1 m 左右，再将桩吊入孔内，用锤击打入到设计深度。

（2）沉桩时，先将射水管装好使喷射管嘴离地面约 0.5 m，当桩插正立稳后，压上桩帽、桩锤，开启水泵阀门送水，射水管便冲开桩尖下的土体，慢慢沉入土中，射水管一面下沉，一面不断地上下抽动，以使土体松动，水流畅通，此时桩即依靠其自重及配合桩锤冲击沉入土中。最初可使用较小水压，以后逐步加大水压，不使下沉过猛，下沉渐趋缓慢时，可开锤轻击，下沉转快时停止锤击。

（3）下沉时应使射水管末端经常处于桩尖以下 0.3～0.4 m 处。射水进行中，放水阀不可突然打开，以免水压、水量突然降低，涌入泥砂堵塞射水嘴；在射水时，射水管和桩必须垂直，并要求射水均匀，水冲压力一般为 0.5～1.6 MPa。

（4）当沉至距设计标高 0.5～2 m 时应停止射水，拔出射水管，用锤击或振动打至设计标高，以免将桩尖处土体冲坏，降低桩的承载力。桩的间距应大于 0.9 m，以免冲松邻近已打好的桩。

3. 预钻孔锤击法

锤击施工遇有砂层及砂卵石层较厚难以打入时，或在城市建筑物密集地区，为减少对周围的影响，可采用先钻孔后打桩的方法。如遇有地下水，则通过螺旋叶片钻孔时注入膨润土，以泥浆护壁，然后将桩插入钻孔内锤击打入。如图 3-24 及图 3-25 所示。无论有无地下水，钻孔皆需预留 2 m 左右不进行钻深，即锤击桩深预留 2 m，桩插入后再锤击 2 m。一般经验，打 300 mm×300 mm 方桩时可钻 φ300 孔，然后将方桩打入。

4. 静力压桩施工

静压压桩是通过静力压桩机的压桩机构，以压桩机自重和桩机上的配重作反力而将预制钢筋混凝土桩分节压入地基土层中成桩。其特点是：桩机全部采用液压装置驱动，压力大，自动化程度高，纵横移动方便，运转灵活；桩定位精确，不易产生偏心，可提高桩基施工质量；施工无噪声、无振动、无污染；沉桩采用全液压夹持桩身向下施加压力，可避免锤击应力，打碎桩头，桩截面可以减小，混凝土强度等级

预应力管桩压桩施工

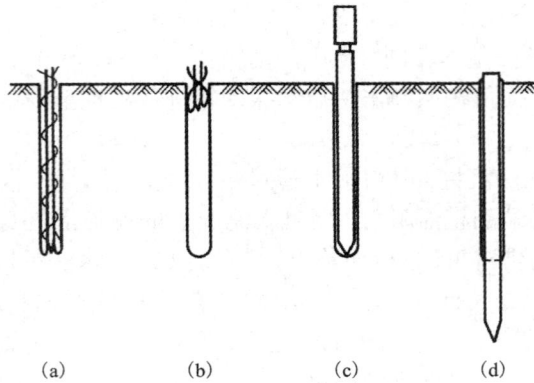

图3-24　钻孔后打预制桩

(a)钻孔；(b)提钻；(c)打预制桩；(d)预制桩插入后锤击完毕

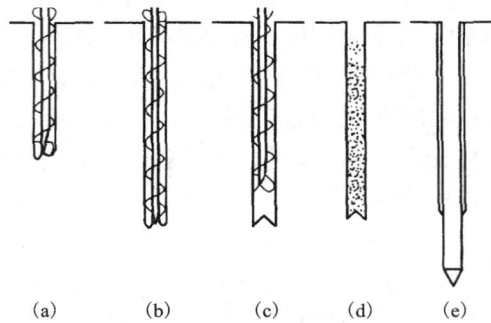

图3-25　用泥浆护壁钻孔后打桩

(a)钻孔同时注泥浆；(b)达到预定深度；(c)提钻继续注浆；
(d)泥浆护孔；(e)放进预制桩锤击打入

可降低1～2级，配筋比锤击法可省40%；效率高，施工速度快，压桩速度每分钟可达2 m，正常情况下每台班可完15根，比锤击法可缩短工期1/3；压桩机能自动记录，可预估和验证单桩承载力，施工安全可靠，便于拆装维修、运输等，但存在压桩设备较笨重、要求边桩中心到已有建筑物间距较大、压桩力受一定限制、挤土效应仍然存在等问题。

静力压桩施工适用于软土、填土及一般黏性土层，特别适合于居民稠密及危房附近环境保护要求严格的地区沉桩；但不宜用于地下有较多孤石、障碍物或有4 m以上硬隔离层的情况。

静压预制桩主要应用于软土、一般黏性土地基。在桩压入过程中，系以桩机本身的重量（包括配重）作为反作用力，以克服压桩过程中的桩侧摩阻力和桩端阻力。当预制桩在竖向静压力作用下沉入土中时，桩周土体发生急速而激烈的挤压，土中孔隙水压力急剧上升，土的抗剪强度大大降低，从而使桩身很快下沉。

施工工艺方法要点：

（1）静压预制桩的施工，一般都采取分段压入、逐段接长的方法。其施工程序为：测量定位→压桩机就位→吊桩、插桩→桩身对中调直→静压沉桩→接桩→再静压沉桩→送桩→终止压桩→切割桩头。静压预制桩施工前的准备工作、桩的制作、起吊、运输、堆放、施工流水、测量放线、定位等均同锤击法打（沉）预制桩。

（2）压桩时，桩机就位系利用行走装置完成。它是由横向行走（短船行走）和回转机构组成。把船体当作铺设的轨道，通过横向和纵向油缸的伸程和回程使桩机实现步履式的横向和纵向行走。当横向两油缸一只伸程、另一只回程时，桩机实现小角度回转，这样可使桩机到达要求的位置。

（3）静压预制桩每节长度一般在 12 m 以内，插桩时先用起重机吊运或用汽车运至桩机附近，再利用桩机上自身设置的工作吊机将预制混凝土桩吊入夹持器中，压桩的工艺程序如图 3-26 所示。

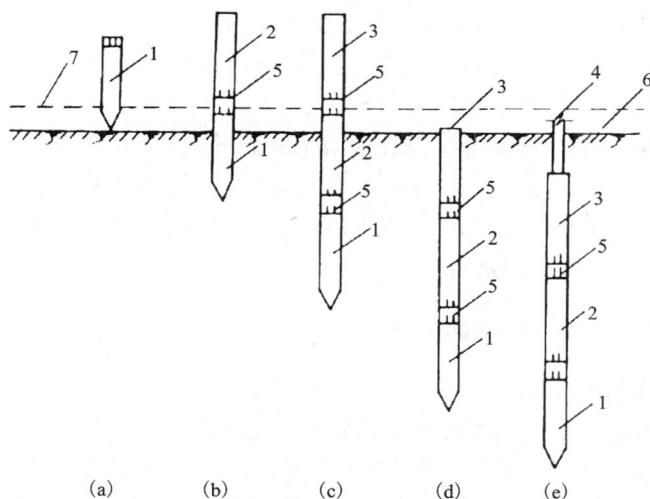

图 3-26　压桩工艺程序示意图
（a）准备压第一段桩；（b）接第二段桩；（c）接第三段桩；
（d）整根桩压平至地面；（e）采用送接压桩完毕
1—第一段桩；2—第二段桩；3—第三段桩；4—送桩；
5—桩接头处；6—地面线；7—压桩架操作平台线

夹持油缸将桩从侧面夹紧，即可开动压桩油缸，先将桩压入土中 1 m 左右后停止，调正桩在两个方向的垂直度后，压桩油缸继续伸程把桩压入土中，伸长完后，夹持油缸回程松夹，压桩油缸回程，重复上述动作可实现连续压桩操作，直至把桩压入预定深度土层中。在压桩过程中要认真记录桩入土深度和压力表读数的关系，以判断桩的质量及承载力。当压力表读数突然上升或下降时，要停机对照地质资料进行分析，判断是否遇到障碍物或产生断桩现象等。

（4）压桩应连续进行，如需接桩，可压至桩顶离地面 0.8～1.0 m 用硫磺砂浆锚接，一般在下部桩留持 ϕ50 mm 锚孔，上部桩顶伸出锚筋，长 15～20 d，硫磺砂浆接桩材料和锚接方法同锤击法，但接桩时避免桩端停在砂土层上，以免再压桩时阻力增大压入困难。再用硫磺胶泥接桩间歇不宜过长（正常气温下为 10 ~ 18 min）；接桩面应保持干净，浇筑时间不超过 2 min；上下桩中心线应对齐，节点矢高不得大于 1‰桩长。

（5）当压力表读数达到预先规定值，便可停止压桩。如果桩顶接近地面，而压桩力尚未达到规定值，可以送桩。静力压桩情况下，只需用一节长度超过要求送桩深度的桩，放在被送的桩顶上便可以送桩，不必采用专用的钢送桩。如果桩顶高出地面一段距离，而压桩力已达到规定值时则要截桩，以便压桩机移位。

（6）压桩应控制好终止条件，一般可按以下进行控制：

①对于摩擦桩，按照设计桩长进行控制，但在施工前应先按设计桩长试压几根桩，待停置 24 h 后，用与桩的设计极限承载力相等的终压力进行复压，如果桩在复压时几乎不动，即可以此进行控制。

②对于端承摩擦桩或摩擦端承桩，按终压力值进行控制：

a. 对于桩长大于 21 m 的端承摩擦桩，终压力值一般取桩的设计极限承载力。当桩周土为黏性土且灵敏度较高时，终压力可按设计极限承载力的 0.8 ~ 0.9 倍取值；

b. 当桩长小于 21 m 而大于 14 m 时，终压力接设计极限承载力的 1.1 ~ 1.4 倍取值；或桩的设计极限承载力取终压力值的 0.7 ~ 0.9 倍；

c. 当桩长小于 14 m 时，终压力按设计极限承载力的 1.4 ~ 1.6 倍取值；或设计极限承载力取终压力值 0.6 ~ 0.7 倍，其中对于小于 8 m 的超短桩，按 0.6 倍取值。

③超载压桩时，一般不宜采用满载连续复压法，但在必要时可以进行复压，复压的次数不宜超过 2 次，且每次稳压时间不宜超过 10 s。

3.5.3 混凝土灌注桩

1. 冲击钻成孔灌注桩

冲击成孔灌注桩系用冲击式钻机或卷扬机悬吊冲击钻头（又称冲锤）上下往复冲击，将硬质土或岩层破碎成孔，部分碎渣和泥浆挤入孔壁中，大部分成为泥渣，用掏渣筒掏出成孔，然后再灌注混凝土成桩。其特点是：设备构造简单，适用范围广，操作方便，所成孔壁较坚实、稳定，坍孔少，不受施工场地限制，无噪声和振动影响等，因此被广泛地采用。但存在掏泥渣较费工费时，不能连接作业，成孔速度较慢，泥渣污染环境，孔底泥渣难以掏尽，使桩承载力不够稳定等问题。适用于黄土、黏性土或粉质黏土和人工杂填土层中应用，特别适于有孤石的砂砾石层、漂石层、坚硬土层、岩层中使用，对流砂层亦可克服，但对淤泥及淤泥质土，则要十分慎重，对地下水大的土层，会使桩端承载力和摩阻力大幅度降低，不宜使用。

施工工艺方法要点：

（1）冲击成孔灌注桩施工工艺程序是：场地平整→桩位放线、开挖浆池、浆沟→护筒埋设→钻机就位、孔位校正→冲击造孔、泥浆循环、清除废浆、泥渣→清孔换浆→终孔验收→下钢筋笼和钢导管→灌筑水下混凝土→成桩养护。

（2）成孔时应先在孔口设圆形 6 ~ 8 mm 钢板护筒或砌砖护圈，它的作用是保护孔口、定位导向，维护泥浆面，防止坍方。护筒（圈）内径应比钻头直径大 200 mm，深一般为 1.2 ~ 1.5 m，如上部松土较厚，宜穿过松土层，以保护孔口和防止塌孔。然后使冲孔机就位，冲击钻应对准护筒中心，要求偏差不大于 ±20 mm，开始低锤（小冲程）密击，锤高 0.4 ~ 0.6 m，并及时

加块石与黏土泥浆护壁,泥浆密度和冲程可按表3-4选用,使孔壁挤压密实,直至孔深达护筒下3~4 m后,才加快速度,加大冲程,将锤提高至1.5~2.0 m以上,转入正常连续冲击,在造孔时要及时将孔内残渣排出孔外,以免孔内残渣太多,出现埋钻现象。

表3-4 各类土层中的冲程和泥浆密度选用

项次	项 目	冲程/m	泥浆密度/(t·m⁻³)	备 注
1	在护筒中及护筒脚下3 m以内	0.9~1.1	1.1~1.3	土层不好时宜提高泥浆密度,必要时加入小片石和黏土块
2	黏土	1~2	清水	或稀泥浆,经常清理钻头上泥块
3	砂土	1~2	1.3~1.5	抛黏土块,勤冲勤掏渣,防坍孔
4	砂卵石	2~3	1.3~1.5	加大冲击能量,勤掏渣
5	风化岩	1~4	1.2~1.4	如岩层表面不平或倾斜,应抛入20~30 cm厚块石使之略平,然后低锤快击使其成一紧密平台,再进行正常冲击,同时加大冲击能量,勤掏渣
6	塌孔回填重成孔	1	1.3~1.5	反复冲击,加黏土块及片石

(3)冲击钻成孔冲击钻头的重量,一般按其冲孔直径每100 mm取100~140 kg为宜,一般正常悬距可取0.5~0.8 m;冲击行程一般为0.78~1.5 m,冲击频率为40~48次/min为宜。

(4)冲孔时应随时测定和控制泥浆密度。如遇较好的黏土层,亦可采取自成泥浆护壁,方法是在孔内注满清水,通过上下冲击使成泥浆护壁。每冲击1~2 m应排渣一次,并定时补浆,直至设计深度。排渣方法有泥浆循环法和抽渣筒法两种。前者是将输浆管插入孔底,泥浆在孔内向上流动,将残渣带出孔外。这种方法造孔工效高,护壁效果好,泥浆较易处理,但孔深时循环泥浆的压力和流量要求高,较难实施,故只适于在浅孔应用。抽渣筒法是用一个下部带活门的钢筒,将其放到孔底,作上下来回活动,提升高度在2 m左右,当抽筒向下活动时,活门打开,残渣进入筒内;向上运动时,活门关闭,可将孔内残渣抽出孔外。排渣时,必须及时向孔内补充泥浆,以防亏浆造成孔内坍塌。

(5)在钻进过程中每1~2 m要检查一次成孔的垂直度情况。如发现偏斜应立即停止钻进,采取措施进行纠偏。对于变层处和易于发生偏斜的部位,应采用低锤轻击、间断冲击的办法穿过,以保持孔形良好。

(6)在冲击钻进阶段应注意保持孔内水位高过护筒底口0.5 m以上,以免水位升降波动造成对护筒底口处的冲刷,同时孔内水位高度应大于地下水位1 m以上。

(7)成孔后,应用测绳下挂0.5 kg重铁坨测量检查孔深,核对无误后进行清孔,可使用底部带活门的钢抽渣筒反复掏渣,将孔底淤泥、沉渣清除干净。密度大的泥浆借水泵用清水置换,使密度控制在1.15~1.25之间。

(8)清孔后应立即放入钢筋笼,并固定在孔口钢护筒上,使其在浇筑混凝土过程中不向上浮起,也不下沉。钢筋笼下完并检查无误后应立即浇筑混凝土,间隔时间不应超过4 h,以防泥浆沉淀和坍孔。混凝土浇筑一般采用导管法在水中浇筑。

2. 回转钻成孔灌注桩

回转钻成孔灌注桩又称为正反循环成孔灌注桩，是用一般的地质钻机在泥浆护壁条件下慢速钻进，通过泥浆排渣成孔，灌注混凝土成桩，为国内最为常用和应用范围较广的成桩方法。其特点是：可利用地质部门常规地质钻机，可用于各种地质条件，各种大小孔径(300～2000 mm)和深度(40～100 m)，护壁效果好，成孔质量可靠；施工无噪音、无振动、无挤压；机具设备简单，操作方便，费用较低。但成孔速度慢，效率低，用水量大，泥浆排放量大，污染环境，扩孔率较难控制。适用于高层建筑中，地下水位较高的软、硬土层，如淤泥、黏性土、砂土、软质岩等土层应用。

施工工艺方法要点：

(1)钻机就位前，先平整场地，铺好枕木并用水平尺校正，保证钻机平稳、牢固。在桩位埋设6～8 mm厚钢板护筒，内径比孔口大100～200 mm，埋深1～1.5 m，同时挖好水源坑、排泥槽、泥浆池等。

(2)成孔一般多用正循环工艺，但对于孔深大于30 m端承桩宜用反循环工艺成孔。钻进时如土质情况良好，可采取清水钻进，自然造浆护壁，或加入红黏土或膨润土泥浆护壁，泥浆密度为1.3 t/m³。

(3)钻进时应根据土层情况加压，开始应轻压力、慢转速，逐步转入正常，一般土层按钻具自重钢绳加压，不超过10 kN；基岩中钻进为15～25 kN；钻机转速：合金钻头为180 r/min；钢粒钻头100 r/min。在松软土层中钻进，应根据泥浆补给情况控制钻进速度，在硬土层或岩层中的钻进速度，以钻机不发生跳动为准。

(4)钻进程序，根据场地、桩距和进度情况，可采用单机跳打法(隔一打一或隔二打一)、单机双打(一台机在两个机座上轮流对打)、双机双打(两台钻机在两个机座上轮流按对角线对打)等。

(5)桩孔钻完，应用空气压缩机清孔，可将30 mm左右石块排出，直至孔内沉渣厚度小于100 mm。清孔后泥浆密度不大于1.2 t/m³。亦可用泥浆置换方法进行清孔。

(6)清孔后测量孔径，然后应用吊车吊放钢筋笼，进行隐蔽工程验收，合格后浇筑水下混凝土。水下混凝土的砂率宜为40%～45%；用中粗砂，粗骨料最大粒径<40 mm；水泥用量不少于360 kg/m³；坍落度宜为180～220 mm；配合比通过试验确定。

(7)浇筑混凝土的导管直径宜为200～250 mm，壁厚不小于3 mm，分节长度视工艺要求而定，一般为2.0～2.5 m，导管与钢筋应保持100 mm距离，导管使用前应试拼装，以水压力0.6～1.0 MPa进行试压。

(8)开始浇筑水下混凝土时，管底至孔底的距离宜为300～500 mm，并使导管一次埋入混凝土面以下0.8 m以上，在以后的浇筑中，导管埋深宜为2～6 m。

(9)桩顶浇筑高度不能偏低，应使在凿除泛浆层后，桩顶混凝土要达到强度设计值。

3. 振动沉管灌注桩

振动沉管灌注桩系用振动沉桩机将带有活瓣式桩尖或钢筋混凝土桩预制桩靴的桩管(上部开有加料口)，利用振动锤产生的垂直定向振动和锤、桩管自重及卷扬机通过钢丝绳施加的拉力，对桩管进行加压，使桩管沉入土中，然后边向桩管内灌注混凝土，边振边拔出桩管，使混凝土留在土中而成桩。其工艺特点是：

能适应复杂地层;能用小桩管打出大截面桩(一般单打法的桩截面比桩管扩大30%;复打法可扩大80%;反插法可扩大50%左右),使有较高的承载力;对砂土,可减轻或消除地层的地震液化性能;有套管护壁,可防止坍孔、缩孔、断桩,桩质量可靠;对附近建筑物的振动影响以及噪声对环境的干扰都比常规打桩机小;能沉能拔,施工速度快,效率高,操作简便,安全,同时费用比较低,比预制桩可降低工程造价30%左右。但由于振动会使土体受到扰动,会大大降低地基强度,因此,当为软黏土或淤泥及淤泥质土时,土体至少需养护30 d;砂层或硬土层需养护15 d,才能恢复地基强度。适用于在一般黏性土、淤泥、淤泥质土、粉土、湿陷性黄土、稍密及松散的砂土及填土中使用;但在坚硬砂土、碎石土及有硬夹层的土层中,因易损坏桩尖,不宜采用。

1)工艺原理

振动锤(激振器)本身是一个大振动器,箱体内装有两根轴,齿轮和偏心块在同一箱体内,以同一速度相向旋转,偏心块旋转时产生离心力(激振力),当旋转至水平位置时离心力抵消,旋转至垂直位置时,则离心力叠加,产生垂直方向的高频率往复振动,土体受到桩管传来的强迫振动后,内摩擦力减弱,强度降低;当强迫振动频率与土体的自振频率相同时,土体结构局部便因共振而引起破坏,在桩管自重和卷扬机加压作用下,使桩管缓慢沉入土中,并挤压、振密桩周一定范围内的土层;同时在拔管时,因机械振动作用,又振密灌注在桩孔内的混凝土,使其与钢筋笼、桩端及桩周土紧密接触,以保证足够的成桩直径和成桩质量。

2)施工工艺方法要点

(1)锤击沉管灌注桩成桩工艺如图3-27所示。锤击成桩过程为:①桩机就位:就位后吊起桩管,对准预先埋好的预制钢筋混凝土桩尖,放置麻(革)绳垫于桩管与桩尖连接处,以作缓冲层和防地下水进入,然后缓慢放入桩管,套入桩尖压入土中。②沉管:上端扣上桩帽先用低锤轻击,观察无偏移,才正常施打,直至符合设计要求深度,如沉管过程中桩尖损坏,应及时拔出桩管,用土或砂填实后另安桩尖重新沉管。③上料:检查套管内无泥浆或水时,即可浇筑混凝土,混凝土应灌满桩管。④拔管:拔管速度应均匀,对一般土可控制在不大于1 m/min;淤泥和淤泥质软土不大于0.8 m/min;

图3-27 锤击沉管灌注桩成桩工艺

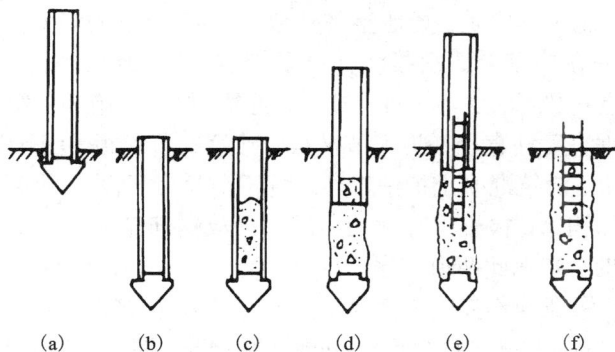

(a)就位;(b)沉入套管;(c)开始浇筑混凝土;(d)边锤击边拔管,并继续浇筑混凝土;

(e)下钢筋笼,并继续浇筑混凝土;(f)成型

在软弱土层软硬土层交界处宜控制在 0.3~0.8 m/min。采用倒打拔管的打击次数：单动气锤不得少于 50 次/min；自由落锤轻击（小落锤轻击）不得少于 40 次/min；在管底未拔至桩顶设计标高之前，倒打和轻击不得中断。第一次拔管高度不宜过高，应控制在能容纳第二次需要灌入的混凝土数量为限，以后始终保持使管内混凝土量略高于地面。⑤当混凝土灌至钢筋笼底标高时，放入钢筋骨架，继续浇筑混凝土及拔管，直到全管拔完为止。

（2）锤击沉管成桩宜按桩基施工顺序依次退打，桩中心距在 4 倍桩管外径以内或小于 2 m 时均应跳打，中间空出的桩，须待邻桩混凝土达到设计强度的 50% 以后，方可施打。

（3）当为扩大桩径、提高承载力或补救缺陷时，可采用复打法。复打方法和要求同振动沉管灌注桩，但以扩大一次为宜。当作为补救措施时，常采用半复打法或局部复打法。

4. 人工挖孔和挖孔扩底灌注桩

人工挖孔灌注桩系用人工挖土成孔，浇筑混凝土成桩；挖孔扩底灌注桩，系在挖孔灌注桩的基础上，扩大桩底尺寸而成。这类桩由于其受力性能可靠，不需大型机具设备，施工操作工艺简单，在各地应用较为普遍，已成为大直径灌注桩施工的一种主要工艺方式。

人工挖孔灌注桩施工

挖孔及挖孔扩底灌注桩的特点是：单桩承载力高，结构传力明确，沉降量小，可一柱一桩，不需承台，不需凿桩头；可作支撑、抗滑、锚拉、挡土等用；可直接检查桩直径、垂直度和持力土层情况，桩质量可靠；施工机具设备较简单，都为工地常规机具，施工工艺操作简便，占场地小；施工无振动、无噪声、无环境污染，对周围建筑物无影响；可多桩同时进行，施工速度快，节省设备费用，降低工程造价；但桩成孔工艺存在劳动强度较大、单桩施工速度较慢、安全性较差等问题，这些问题一般可通过采取技术措施加以克服。

挖孔及挖孔扩底灌注桩适用于桩直径 800 mm 以上，无地下水或地下水较少的黏土、粉质黏土，含少量的砂、砂卵石僵结石的黏土层采用，特别适于黄土层使用，深度一般 20 m 左右，可用于高层建筑、公用建筑、水工结构（如泵站、桥墩作支撑、抗滑、挡土、锚拉桩之用）。对有流砂、地下水位较高、涌水量大的冲积地带及近代沉积的含水量高的淤泥、淤泥质土层，不宜采用。

施工工艺方法要点：

（1）挖孔灌注桩的施工程序是：场地整平→放线、定桩位→挖第一节桩孔土方→支模浇筑第一节混凝土护壁→在护壁上二次投测标高及桩位十字轴线→安装活动井盖、垂直运输架、起重电动葫芦或卷扬机、活底吊土桶、排水，通风、照明设施等→第二节桩身挖土→清理桩孔四壁、校核桩孔垂直度和直径→拆上节模板，支第二节模板，浇筑第二节混凝土护壁→重复第二节挖土、支模、浇筑混凝土护壁工序，循环作业直至设计深度→检查持力层后进行扩底→清理虚土、排除积水、检查尺寸和持力层→吊放钢筋笼就位→浇筑桩身混凝土。当桩孔不设支护和不扩底时，则无此两道工序。

（2）为防止坍孔和保证操作安全，直径 1.2 m 以上桩孔多设混凝土支护，每节高 0.9~1.0 m，厚 8~15 cm，或加配适量直径 6~9 mm 光圆钢筋，混凝土用 C20 或 C25；直径 1.2 m 以下桩孔，井口 1/4 砖或 1/2 砖护圈高 1.2 m，下部遇有不良土体用半砖护砌。

（3）护壁施工采取一节组合式钢模板拼装而成，拆上节支下节，循环周转使用，模板用 U 形卡连接，上下设两半圆组成的钢圈顶紧，不另设支撑，混凝土用吊桶运输人工浇筑，上部留 100 mm 高作浇筑口，拆模后用砌砖或混凝土堵塞，混凝土强度达 1 MPa 即可拆模。

（4）挖孔由人工从自上而下逐层用镐、锹进行，遇坚硬土层用锤、钎破碎；挖土次序为先挖中间部分后挖周边，允许尺寸误差 +5 cm，扩底部分采取先挖桩身圆柱体，再按扩底尺寸从上到下削土修成扩底形。弃土装入活底吊桶或箩筐内。垂直运输，在孔上口安支架、工字轨道、电葫芦或搭三木搭，用 1～2 t 慢速卷扬机提升，吊至地面上后，用机动翻斗车或手推车运出。

（5）桩中线控制是在第一节混凝土护壁上设十字控制点，每一节设横杆吊大线坠作中心线，用水平尺杆找圆周。

（6）直径 1.2 m 内的桩，钢筋笼的制作与一般灌注桩的方法相同，对直径和长度大的钢筋笼，一般在主筋内侧每隔 2.5 m 加设一道直径 25～30 mm 的加强箍，每隔一箍在箍内设一井字加强支撑，与主筋焊接牢固组成骨架，为便于吊运，一般分两节制作，钢筋笼的主筋为通长钢筋，其接头采用对焊，主筋与箍筋间隔点焊固定，控制平整度误差不大于 5 cm，钢筋笼四侧主筋上每隔 5 m 设置耳环，控制保护层为 5～7 cm，钢筋笼外形尺寸比孔小 11～12 cm。

钢筋笼就位用小型吊运机具或履带式起重机进行，上下节主筋采用帮条双面焊接，整个钢筋笼用槽钢悬挂在井壁上，借自重保持垂直度正确。

（7）混凝土用粒径小于 50 mm 石子，水泥用强度等级 32.5 普通水泥或矿渣水泥，坍落度 4～8 cm，用机械拌制。混凝土用翻斗汽车、机动车或手推车向桩孔内浇筑。混凝土下料采用串桶，深桩孔用混凝土溜管；如地下水大（孔中水位上升速度大于 6 mm/min），应采用混凝土导管水中浇筑混凝土工艺，混凝土要垂直灌入桩孔内，并应连续分层浇筑，每层厚不超过 1.5 m。小直径桩孔，6 m 以下利用混凝土的大坍落度和下冲力使密实；6 m 以内分层捣实。大直径桩应分层捣实，或用卷扬机吊导管上下插捣。对直径小、深度大的桩，人工下井振捣有困难时，可在混凝土中掺水泥用量 0.25% 木钙减水剂，使混凝土坍落度增至 13～18 cm，利用混凝土大坍落度下沉力使之密实，但桩上部钢筋部位仍应用振捣器振捣密实。

（8）桩混凝土的养护：当桩顶标高比自然场地标高低时，在混凝土浇筑 12 h 后进行湿水养护，当桩顶标高比扬地标高高时，混凝土浇筑 12 h 后应覆盖草袋，并湿水养护，养护时间不少于 7 d。

3.6　土层锚杆在基础工程中的应用

3.6.1　土层锚杆的发展与应用

土层锚杆是土木建筑工程施工中的一项实用新技术，近年来国外已大量用于地下结构施工时护墙（钢板桩、地下连续墙等的支撑），它不仅用于临时支护，而且在永久性建筑工程中亦得到广泛应用。锚杆的应用示意图如图 3-28 所示。

土层锚杆是前联邦德国于 1958 年首先用于深基坑的支护，由于它具有一系列优点，此后在各国得到推广。尤其是当深基础邻近有旧建筑物、交通干线或地下管线，基坑开挖不能放坡时，采用单层或多层土层锚杆以支承护墙、维护深基础的稳定，对简化支撑、改善施工条件、加快施工进度能起很大的作用。

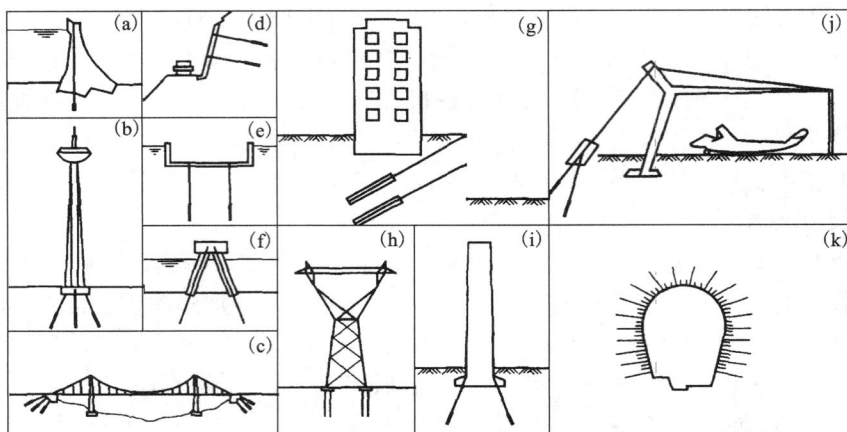

图 3-28　锚杆应用示意图

(a)水坝；(b)电视塔；(c)悬索桥；(d)公路一侧；(e)水池；(f)栈桥；
(g)房屋建筑；(h)高架电缆铁塔；(i)烟囱；(j)飞机库大跨结构；(k)隧道孔壁

3.6.2　土层锚杆的构造和工作特性

锚固支护结构的土层锚杆，通常由锚头、锚头垫座、支护结构、钻孔、防护套管、拉杆（拉索）、锚固体、锚底板（有时无）等组成（图 3-29）。

土层锚杆根据主动滑动面，分为自由段 l_f（非锚固段）和锚固段 l_a（图 3-30）。土层锚杆的自由段处于不稳定土层中，要使它与土层尽量脱离，一旦土层有滑动时，它可以伸缩，其作用是将锚头所承受的荷载传递到锚固段去。锚固段处于稳定土层中，要使它与周围土层结合牢固，通过与土层的紧密接触将锚杆所受荷载分布到周围土层中去。锚固段是承载力的主要来源。锚杆锚头的位移主要取决于自由段。

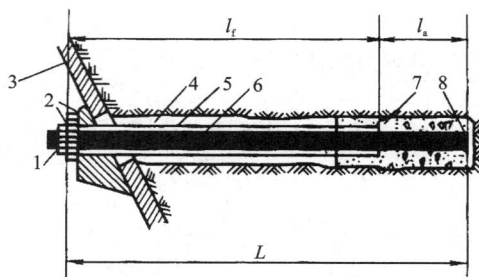

图 3-29　土层锚杆的构造

1—锚头；2—锚头垫座；3—支护结构；4—钻孔；5—防护套管；6—拉杆（拉索）；7—锚固体；8—锚底板

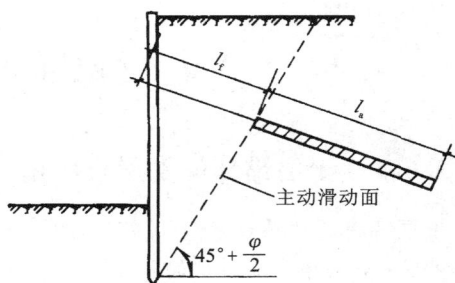

图 3-30　土层钻杆的自由段与锚固段的划分

l_f—自由段（非锚段）；l_a—锚固段

土层锚杆的承载能力，取决于拉杆（拉索）强度、拉杆与锚固体之间的握裹力、锚固体与土壁之间的摩阻力等因素，但主要还是取决于后者。要增大单根土层锚杆的承载能力，不能依靠增大锚固体的直径，主要是依靠增加锚固体的长度，或者采取技术措施把锚固段作成扩体以及采用二次灌浆。

3.6.3　土层锚杆支护结构的设计分析

1. 基坑支护的荷载

支护结构与刚性挡土墙不同，顶端不能自由变位。因此，锚杆支护结构上的土压力分布，不同于刚性挡土墙上的土压力分布，而与带支撑的钢板桩上的土压力分布相似，锚杆支护结构上的土压力分布，实际上还与锚杆的数量和分布有关。

在确定锚杆支护结构上的荷载时，要充分考虑雨期和地下水位上升的影响。此外，还要特别注意土冻胀的影响，特别是对于冻胀敏感的土更应注意。有时仅土冻胀所增加的土压力值，就有可能超过正常的土压力。

2. 锚杆的布置

锚杆布置，包括确定锚杆层数、锚杆的垂直间距和水平间距、锚杆的倾角等。

（1）为了不使锚杆引起地面隆起，最上层锚杆的上面要有必要的覆土厚度。即锚杆的向上垂直分力应小于上面的覆土重量。

（2）锚杆数应计算确定。我国铁道科学研究院认为锚杆间距应不小于 2 m，否则，应考虑锚杆的相互影响，单根锚杆的承载能力应予降低。

（3）锚杆倾角的确定，是锚杆设计中的重要问题。因为，倾角的大小影响着锚杆水平分力与垂直分力的比例，也影响着锚固长度与非锚固长度的划分，还影响整体稳定性，因此施工中应特别重视，同时施工是否方便也产生较大影响。

3. 承载能力的影响因素

（1）锚杆的承载力随土层的物理力学性能、力学强度提高而增加，单位荷载的变形量随土层的力学强度提高而减小。

（2）在同类土层条件下，锚杆的锚固能力随埋深增加而提高。

（3）成孔方式对土层锚杆的承载能力也有一定影响。

（4）灌浆压力对土层锚杆的承载能力有影响，承载能力随着土的渗透性能的增大而增加。灌浆压力对非黏性土中土层锚杆承载能力的影响比黏性土中要显著。

由于影响土层锚杆承载能力的因素众多，用公式计算得出的结果只能作为参考，必须通过现场实地试验，才能较精确地确定土层锚杆的极限承载能力。

4. 锚杆的稳定性

锚杆的稳定性，分为整体稳定性和深部破裂面稳定性两种，需分别予以考虑。如图 3 - 31 所示。

5. 锚杆的徐变和沉降

徐变不但对永久性土层锚杆是一个重要问题，就是对用于基坑支护的临时性土层锚杆也是应考虑的一个问题。因为土层锚杆的徐变会降低其承载能力，而当锚杆破坏时，一般都有较大的徐变产生。

土层锚杆的徐变，由钢拉杆伸长、土的变形、锚固体伸长和拉杆与锚固体砂浆之间的徐变四个部分组成。对于土层锚杆，土变形和拉杆伸长占主要地位。如锚杆过于细长，则锚固体的伸长也不能忽视，而拉杆与锚固体砂浆间的徐变则是微小的。此外，锚杆还存在沉降问

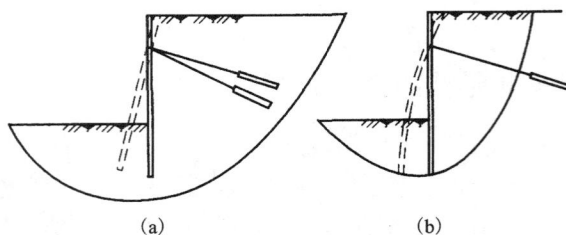

图 3－31　土层锚杆的失稳

(a)整体失稳；(b)深部破裂而破坏

题，沉降亦影响锚杆的承载能力。

实践证明，对锚杆施加预应力是减少沉降值的有效方法，锚杆预加应力的数值，为其设计荷载的 70%～80%，与土的性质、开挖深度等有关。

3.6.4　土层锚杆的施工

1. 土层锚杆施工的主要工作内容

钻孔、安放拉杆、灌浆和张拉锚固。在开工之前还需进行必要的准备工作。

2. 工艺流程

1）干作业

施工准备→移机就位→校正孔位调整角度→钻孔→接螺旋钻杆继续钻孔到预定深度→退螺旋钻杆→插放钢索→插入注浆管→灌水泥浆→养护→上锚头（如 H 型钢或灌注桩则上腰梁及锚头）→预应力张拉→紧螺栓或顶紧楔片→锚杆工序完毕，继续挖土。

2）湿作业

施工准备→移机就位→安钻杆校正孔位调正倾角→打开水源→钻孔→反复提内钻杆冲洗→接内套管钻杆及外套管→继续钻进→反复提内钻杆冲洗到预定深度→反复提内钻杆冲洗至孔内出清水→停水→拔内钻杆（按节拔出）→插放钢绞线束及注浆管→灌浆→用拔管机拔外套管（按节拔出），二次灌浆→养护→安装钢腰梁→安锚头锚具→张拉。

3. 准备工作

（1）土层锚杆施工必须清楚施工地区的土层分布和各土层的物理力学特性。地下水位及其随时间的变化情况，以及地下水中化学物质的成分和含量，对土层锚杆腐蚀的可能性和应采取的防腐措施。

（2）要查明土层锚杆施工地区的地下管线、构筑物等的位置和情况，慎重研究土层锚杆施工对它们产生的影响。

（3）要研究土层附近的施工（如打桩、降低地下水位、岩石爆破等）对土层锚杆施工带来的影响。

（4）要编制土层锚杆施工组织设计，确定土层锚杆的施工顺序，保证供水、排水和动力的需要，制订钻孔机械的进场、正常使用和保养维修制度；安排好施工进度和劳动组织；在施工之前还应安排设计单位进行技术交底，以全面了解设计的意图。

4. 钻孔

钻孔方法的选择主要取决于土质和钻孔机械。常用的土层锚杆钻孔方法有：

1）螺旋钻孔干作业法

当土层锚杆处于地下水位以上，呈非浸水状态时，宜选用不护壁的螺旋钻孔干作业法来成孔，该法对黏土、粉质黏土、密实性和稳定性较好的砂土等土层都适用。

螺旋钻孔施工

用该法成孔有两种施工方法：一种方法是钻孔与插入钢拉杆合为一道工序，即钻孔时将钢拉杆插入空心的螺旋钻杆内，随着钻孔的深入，钢拉杆与螺旋钻杆一同到达设计规定的深度，然后边灌浆边退出钻杆，而钢拉杆即锚固在钻孔内，这时的钢拉杆不能设置对中定位支架，需用较稠的浆体防止钢拉杆下沉。另一种方法是钻孔与安放钢拉杆分为两道工序，即钻孔后，在螺旋钻杆退出孔洞后再插入钢拉杆。后一种方法设备简单，简便易行，采用较多。为加快钻孔施工，可以采用平行作业法进行钻孔和插入钢拉杆，即钻机连续进行成孔，后面紧接着进行安放钢拉杆和灌浆。

用螺旋钻杆进行钻孔，被钻削下的土屑对孔壁产生压力和摩阻力，使土屑顺螺旋钻杆排出孔外。对于内摩擦角大的土和能形成粗糙孔壁的土，由于钻削下来的松动土屑与孔壁间的摩阻力大，土屑易于排出。就是在螺旋钻杆转速和扭矩相对较小的情况下，亦能顺利地钻进和排土。对于含水量高、呈软塑或流动状态的土，由于钻削下来的土屑与孔壁间的摩阻力小，土屑排出就较困难，需要提高螺旋钻杆的转速，使土屑能有效地排出。凝聚力大的软黏土、淤泥质黏土等，对孔壁和螺旋杆叶片产生较强的附着力，需要较高的扭矩并配合一定的转速才能排出土屑。因此，除要求采用的钻机具有较高的回转扭矩外，还要能调节回转速度以适应不同土的要求。

此法的缺点是当孔洞较长时，孔洞易向上弯曲，导致土层锚杆张拉时摩擦损失过大，影响以后锚固力的正常传递，其原因是钻孔时钻削下来的土屑沉积在钻杆下方，造成钻头上抬。

2）压水钻进成孔法

压水钻进成孔法是土层锚杆施工应用较多的一种钻孔工艺。这种钻孔方法的优点是可以把钻孔过程中的钻进、出渣、固壁、清孔等工序一次完成，可以防止塌孔，不留残土，软、硬土都能适用。但用此法施工，工地如无良好的排水系统会积水多，有时会给施工带来麻烦。钻时冲洗液（压力水）从钻杆中心流向孔底，在一定水头压力（为 0.15～0.30 MPa）下，水流携带钻削下来的土屑从钻杆与孔壁之间的孔隙处排出孔外。钻进时要不断供水冲洗（包括接长钻杆和暂停机时），而且要始终保持孔口的水位。待钻到规定深度（一般钻孔深度要大于土层锚杆长 0.5～1.5 m）后，继续用压力水冲洗残留在钻孔中的土屑，直至水流不显浑浊为止。资料报告，如用水泥浆作冲洗液，可提高锚固力 150%，但成本甚高。

钻机就位后，先调整钻杆的倾斜角度。在软黏土中钻孔，当不用套管钻进时，应在钻孔孔口处放入 1～2 m 的护壁套管，以保证孔口处不塌陷；钻进时宜用 3～4 m 长的岩芯管，以保证钻孔的直线形。钻进速度视土质而定，一般以 30～40 cm/min 为宜，对土层锚杆的自由段钻进速度可稍快，对锚固段，尤其是扩孔时钻进速度可稍慢。钻进中如遇到流砂层，应适当加快钻进速度，降低冲孔水压，保持孔内水头压力。对于杂填土地层（包括建筑垃圾等），应该设置护壁套管钻进。

3）潜钻成孔法

潜钻成孔法是利用风动冲击式潜孔冲击器成孔，这种工具原来是用来穿越地下电缆的，它长不足 1 m，直径 78～135 mm，由压缩空气驱动，内部装有配气阀、气缸和活塞等机械。它是利用活塞往复运动作定向冲击，使潜孔冲击器挤压土层向前钻进。由于它始终潜入孔底工作，冲击功在传递过程中损失小，具有成孔效率高、噪声低等特点。为了控制冲击器，使其在钻进到预定深度时能将其退出孔外，还需配备一台钻机，将钻杆连接在冲击器尾部，待达到预定深度后，由钻杆沿钻机导向架后退，将冲击器带出钻孔。导向架还能控制成孔器成孔的角度。潜钻成孔法宜用于孔隙率大、含水量较低的土层中。

5. 安放拉杆

土层锚杆用的拉杆，常用的有钢管（钻杆用作拉杆）、粗钢筋、钢丝束和钢绞线。钢筋拉杆由一根或数根粗钢筋组合而成，其长度应按锚杆设计长度加上张拉长度。钢筋拉杆防腐蚀性能好，易于安装，当土层锚杆承载能力不很大时应优先考虑选用。

对有自由段的土层锚杆，钢筋拉杆的自由段要作好防腐和隔离处理。先清除拉杆的铁锈，再涂一层环氧防腐漆冷底子油，待其干燥后，再涂一层环氧玻璃铜，待其固化后，再缠绕两层聚乙烯塑料薄膜。为了将拉杆安置在钻孔的中心，防止自由段产生过大的挠度和插入钻孔时不搅动土壁；对锚固段，为了增加拉杆与锚固体的握裹力，所以在拉杆表面需设置定位器（或撑筋环）。钢筋拉杆的定位器（图 3-32）用细钢筋制作，在钢筋拉杆轴心按 120°夹角布置，间距一般为 2～2.5 m，定位器的外径宜小于钻孔直径 1 cm。

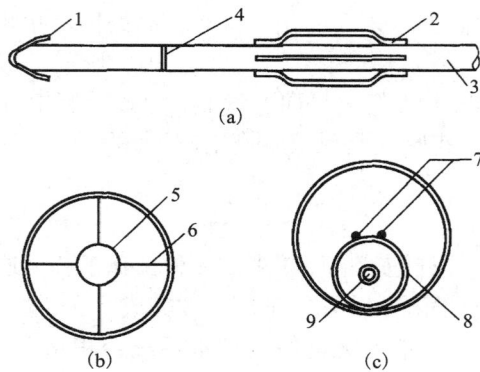

图 3-32 定位器

（a）中国国际信托投资公司大厦用的定位器；（b）美国用的定位器；（c）北京地下铁道用的定位器
1—挡土板；2—支承滑条；3—拉杆；4—半圆环；5—$\phi38$ 钢管内穿 $\phi32$ 拉杆；6—36 mm×3 mm 钢带；7—2$\phi32$ 钢筋；8—$\phi65$ 钢管 $l=60$ m，间距 1～1.2 m；9—灌浆胶管

6. 压力灌浆

压力灌浆是土层锚杆施工中的一个重要工序。施工时，应将有关数据记录下来，以备将来查用。灌浆的作用是：①形成锚固段，将锚杆锚固在土层中；②防止钢拉杆腐蚀；③填充土层中的孔隙和裂缝。灌浆的浆液为水泥砂浆（细砂）或水泥浆。灌浆方法有一次灌浆法和

二次灌浆法两种。一次灌浆法只用一根灌浆管，利用泥浆泵进行灌浆，灌浆管端距孔底 20 cm 左右，待浆液流出孔口时，用水泥袋纸等捣塞入孔口，并用湿黏土封堵孔口，严密捣实，再以 2~4 MPa 的压力进行补灌，要稳压数分钟灌浆才告结束。

二次灌浆法要用两根灌浆管(直径 3/4 in 镀锌铁管)，第一次灌浆用灌浆管的管端距离锚杆末端 50 cm 左右(图 3-33)，管底出口处用黑胶布等封住，以防沉放时土进入管口。第二次灌浆用灌浆管的管端距离锚杆末端 100 cm 左右，管底出口处亦用黑胶布封住，且从管端 50 cm 处开始向上每隔 2 m 左右做出 1 m 长的花管，花管的孔眼为 $\phi 8$ mm，花管做几段视锚固段长度而定。

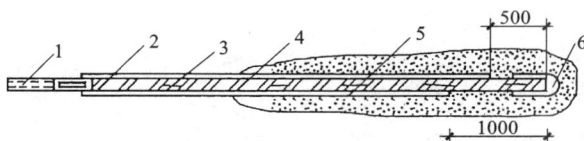

图 3-33　二次灌浆法灌浆管的布置

1—锚头；2—第一次灌浆用灌浆管；3—第二次灌浆用灌浆管；
4—粗钢筋锚杆；5—定位器；6—塑料瓶

第一次灌浆是灌注水泥砂浆，利用普通的单缸活塞式压浆机，其压力为 0.3~0.5 MPa，流量为 100 L/min。水泥砂浆在上述压力作用下冲出封口的黑胶布流向钻孔。因钻孔后曾用清水洗孔，孔内可能残留有部分水和泥浆，但由于灌入的水泥砂浆相对密度较大，能够将残留在孔内的泥浆等置换出来。第一次灌浆量根据孔径和锚固段的长度而定。第一次灌浆后把灌浆管拔出，可以重复使用。

待第一次灌注的浆液初凝后，进行第二次灌浆，利用 BW 200-40/50 型等泥浆泵，控制压力为 2 MPa 左右，要稳压 2 min，浆液冲破第一次灌浆体，向锚固体与土的接触面之间扩散，使锚固体直径扩大(图 3-34)，增加径向压应力。由于挤压作用，使锚固体周围的土受到压缩孔隙比减小，含水量减少，也提高了土的内摩擦角。因此，二次灌浆法可以显著提高土层锚杆的承载能力。

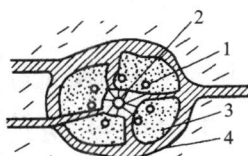

图 3-34　第二次灌浆后锚固体的截面

1—钢丝束；2—灌浆管；
3—第一次灌浆体；4—第二次灌浆体

7. 张拉与锚固

土层锚杆灌浆后，待锚固体强度达到 80% 设计强度以上，便可对锚杆进行张拉和锚固。张拉前先在支护结构上安装围檩。张拉用设备与预应力结构张拉所用相同。预加应力的锚杆，要正确估算预应力损失。由于土层锚杆与一般预应力结构不同，导致预应力损失的因素主要有：

(1)张拉时由摩擦造成的预应力损失；

(2)锚固时由锚具滑移造成的预应力损失；

(3)钢材松弛产生的预应力损失；

(4)相邻锚杆施工引起的预应力损失；

（5）支护结构（板桩墙等）变形引起的预应力损失；

（6）土体蠕变引起的预应力损失；

（7）温度变化造成的预应力损失。

上述七项预应力损失，应结合工程具体情况进行计算。从我国目前情况看，钢拉杆为变形钢筋者，其端部加焊一螺丝端杆，用螺母锚固。钢拉杆为光圆钢筋者，可直接在其端部攻丝，用螺母锚固。如用精轧钢纹钢筋，可直接用螺母锚固。张拉粗钢筋用一般单作用千斤顶。钢拉杆为钢丝束者，锚具多为镦头锚，亦可用单作用千斤顶张拉。

3.7 土钉支护在基坑工程中的应用

3.7.1 土钉支护的发展与应用

土钉技术的发展始于20世纪70年代。从历史上看，最早应用这样概念的重大工程实例也许可追溯到一百多年前英国建设世界上第一条水下隧道，即泰晤士河隧道的施工开挖。当时所用的土钉是4英寸宽、1/2英寸厚、8英尺长的扁钢，而作为面层的挡板是3英寸厚的木板，土钉从木挡板之间的缝中击入土中，端部用楔块固定。1972年法国凡尔赛附近为拓宽一处铁路路基的边坡开挖工程中应用了土钉支护。喷混凝土面层并在土体中置入钢筋做为临时支护，开挖和支护工作是分步进行的。应用次于法国但系统研究最早的是德国，从1975年开始为期四年，由西德承包商 Karl Bauer 与 Karlsruhe 大学的岩土力学研究所联合研究，耗资230万美元。

美国最早应用土钉支护在1974年，早期称为原位土加筋的侧向支护体系，并称土钉为锚杆，只是在国际上开展土钉技术的交流以后才改称为土钉。详细记载美国早期应用的一个工程实例是1976年在 Oregon 州波特兰市一所医院（Good Samaritan Hospital）扩建工程中的基础开挖。

近来，国内高层建筑和基础设施的大规模兴建，深基坑开挖项目越来越多，使原位土的各种加筋技术有了很快发展。中国人民解放军89002部队在长期对土中喷锚支护进行研究开发的基础上，根据自身的经验，首先将土钉技术用于深基坑开挖的支护及加固上，但仍称其为深基坑开挖的"喷锚网支护法"。国内虽有许多单位从事土钉支护施工，但与国外相比，迄今对土钉技术还缺乏深入系统的研究，设计计算方法也非常粗糙。总的来看，土钉技术在我国尚处于起步阶段，而且缺少可参考使用的技术文件和设计分析程序，这种情况亟待改善。

1.土钉支护的优点

（1）材料用量和工程量少，施工速度快。

（2）施工设备轻便，操作方法简单。

（3）对场地土层的适应性强。土钉支护特别适合于有一定黏性的砂土、粉土和硬塑与干硬塑黏土，但即使有局部的软塑黏性土层，在采取一定措施后也有可能采用土钉支护。当场地同时存在土层和不同风化程度的岩体时，应用土钉支护特别有利。

（4）结构轻巧，柔性大，有很好的延性。土钉支护自重小，不需作专门的基础结构，并具有非常良好的抗地震及抗车辆振动的能力。土钉支护即使破坏，一般也不至于发生彻底倒塌，并在破坏前有一个变形发展过程。

（5）施工所需的场地较小。能紧贴已有建筑物进行基坑开挖，这是桩、墙等其他支护难以做到的。

（6）安全可靠。土钉支护施工采用边挖边支护形式，安全程度较高；由于土钉数量众多并作为群体起作用，即使个别土钉出现质量问题或失效，对整体影响不大。同时可以根据现场开挖发现的土质情况和现场监测的土体变形数据，修改土钉的间距和长度，万一出现不利情况，也能及时采取措施加固，避免出现大的事故。

（7）经济。土钉支护比起灌注桩等支护可节约造价 1/3 ~ 2/3。

2. 土钉支护的局限性

（1）现场需有允许设置土钉的地下空间。当基坑附近有地下管线或建筑物基础时，则在施工时有相互干扰的可能。

（2）在松散砂土、软塑、流塑黏性土以及有丰富地下水源的情况下不能单独使用土钉支护，必须与其他的土体加固支护方法相结合。

（3）土钉支护如果作为永久性结构，需要专门考虑锈蚀等耐久性问题。

3.7.2 土钉支护的构造和工作性能

1. 土钉支护构造

在基坑开挖中，由于经济、可靠且施工快速简便等特点，土钉支护现已成为桩、墙、撑、锚支护之后的又一项较为成熟的支护技术。土钉的特点是沿通长与周围土体接触，以群体起作用，与周围土体形成一个组合体（图 3 - 35），在土体发生变形的条件下，通过与土体接触界面上的黏结力或摩擦力，使土钉被动受拉，并主要通过受拉工作给土体以约束加固或使其稳定。

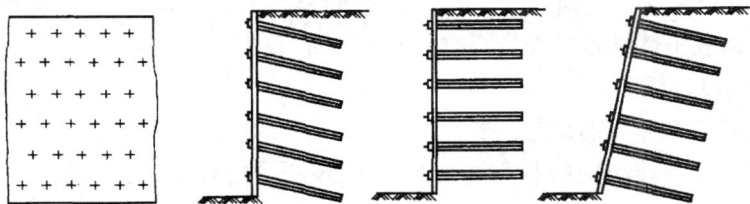

图 3 - 35 土钉支护

土钉支护一般由土钉、面层和防水系统组成。

1）土钉

土钉支护施工顺序如图 3 - 36 所示。土钉常见的类型有：

（1）钻孔注浆钉——最常用。即先在土中成孔，置入变形钢筋，然后沿全长注浆填孔，这样整个土钉体由土钉钢筋和外裹的水泥砂浆（有时用细石混凝土或水泥净浆）组成。

（2）击入钉——应用较多。角钢（L50 × 50 × 5 或 L60 × 60 × 6）、圆钢或钢管作土钉，用振动冲击钻或液压锤击入。优点是不需预先钻孔，施工极为快速，但不适用于砾石土、硬胶结土和松散砂土。击入钉在密实砂土中的效果要优于黏性土。

（3）注浆击入钉——常用周面带孔的钢管，端部密闭，击入后从管内注浆并透过壁孔将

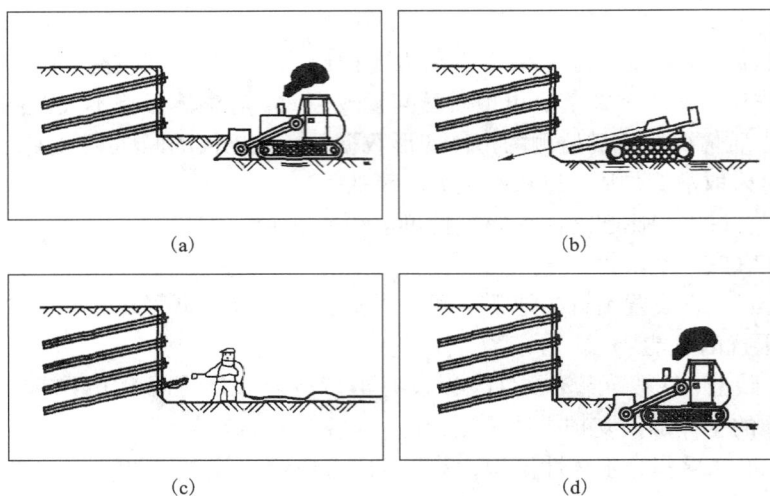

图 3 – 36　土钉支护施工顺序

(a)开挖；(b)钻孔、置钉、注浆；(c)喷混凝土；(d)下步开挖

浆体渗到周围土体。

（4）高压喷射注浆击入钉(jet bolting)——原为法国专利，这种土钉中间有纵向小孔，利用高频（可到 70 Hz）冲击振动锤将土钉击入土中，同时以 20 MPa 的压力，将水泥浆从土钉端部的小孔中射出，或通过焊于土钉上的一个薄壁钢管射出，水泥浆射流在土钉入土的过程中起到润滑作用并且能透入周围土体，提高与土体之间的黏结力。

（5）气动射击钉——为英国开发，用高压气体作动力，发射时气体压力作用于钉的扩大端，所以钉子在射入土体过程时受拉。钉径有 25 mm 和 38 mm 两种，每小时可击入 15 根以上，但其长度仅为 3 m 和 6 m。

土钉支护结构参数主要有土钉的长度、分布密度、倾角等指标，主要依靠工程经验并经过分析计算而定。土钉水平间距与垂直间距的乘积应不大于 6 m²。一般工程中多取土钉的水平间距与竖向间距相等，在非饱和土中为 1.2～1.5 m。对坚硬黏土或风化岩土有超过 2 m 的，而对软土则可小于 1 m。一般来说，土钉的间距不宜超过 2 m，底部土钉的间距也不宜减少，除非底部土层具有较强的抗剪能力。对直立的支护，土钉倾角一般在 0°～25°之间，取决于注浆钻孔工艺与土体分层特点等多种因素。

2）支护面层

临时性土钉支护的面层通常用 50～80 mm 厚的网喷混凝土做成，一般用一层钢筋网，钢筋直径为 $\phi6～\phi8$，网格为正方形，边长 200～300 mm。土钉端部与面层的连接宜采用上面提到的螺母、垫板方法。高度不大的临时性支护且无水压或重大地表压力作用时，也可将土钉伸出孔口的一端折弯，与钢筋网上附加的加强筋焊接；或者紧贴土钉钢筋侧面，沿纵向对称焊上短段钢筋，再将后者与钢筋网上附加的加强筋焊接。另外，也有在土钉钢筋的侧面上，与土钉钢筋相垂直，焊上四根组成井字形的短钢筋，但是这种井字接头的焊接强度低，焊接质量难以保证。

喷混凝土面层施工中要做好施工缝处的钢筋网搭接和喷混凝土的连接，到达支护底面后，宜将面层插入底面以下 30～40 cm。如果土体的自立稳定性不良，也可以在挖土后先做喷射混凝土面层，而后再成孔置入土钉。

3）排水系统

土钉支护在一般情况下都必须有良好的排水系统。施工开挖前要先做好地面排水，设置地面排水沟引走地表水，或设置不透水的混凝土地面，防止近处的地表水向下渗透。沿基坑边缘地面要垫高，防止地表水注入基坑内。同时，基坑内部还必须人工降低地下水位，有利于基础施工。

2. 工作性能

土钉与锚杆从表面上看有类似之处，但二者有着不同的工作机理，如图 3－37 所示。①锚杆沿全长分为自由段和锚固段，在挡土结构中，锚杆作为桩、墙等挡土构件的支点，将作用于桩、墙上的侧向土压力通过自由段、锚固段传递到深部土体上。除锚固段外，锚杆在自由段长度上受到同样大小的拉力，但是土钉所受的拉力沿其整个长度都是变化的，一般是中间大，两头小，土钉支护中的喷混凝土面层不属于主要挡土部件，在土体自重作用下，它的主要作用只是稳定开挖面上的局部土体，防止其崩落和受到侵蚀。土钉支护是以土钉和它周围加固了的土体一起作为挡土结构，类似重力式挡土墙。②锚杆一般都在设置时预加拉应力，给土体以主动约束，而土钉一般是不加预应力的，土钉只有在土体发生变形以后才能使它被动受力，土钉对土体的约束需要以土本身的变形作为补偿，所以不能认为土钉那样的筋体具有主动约束机制。③锚杆的设置数量通常有限，而土钉则排列较密，在施工精度和质量要求上都没有锚杆那样严格。当然锚杆中也有不加预应力并沿通长注浆与土体黏结的特例，在特定的布置情况下，也就过渡到土钉了。

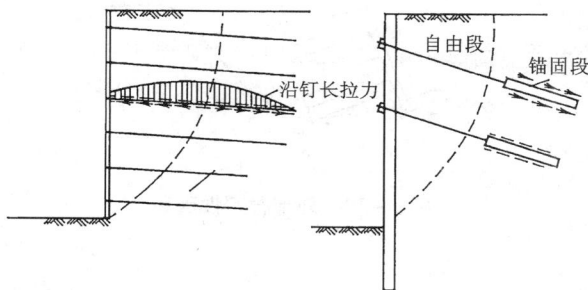

图 3－37　土钉与锚杆对比

土钉支护属于土体加筋技术中的一种，其形式与通常的加筋土挡墙相似（图 3－38）。但土钉是原位土中的加筋技术，是在从上至下的开挖过程中将筋体置入土中；而加筋土专指填土过程中埋入受拉筋（通常用扁钢等带状筋体），并与填土和预制墙面板一起组成挡土结构。虽然使土钉和加筋土中的筋体受拉工作都需要以土体发生变形作为补偿，但二者筋体中的拉力沿高度的变化规律不同，加筋土中受力最大的筋体位于底部，而土钉支护中受力最大的筋体位于中部，底部的土钉受力最小。此外在土体变形曲线上也存在重大区别，所以加筋土挡墙的设计原则不完全适用于土钉支护。

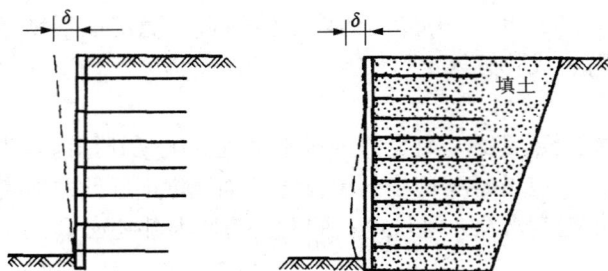

图 3 - 38　土钉与加筋土对比

注浆钉的构造与就地灌注的小直径桩即微型桩也有类同之处,不过土钉主要通过与周围土体之间的界面黏结力而受拉工作,一般为水平向构件;而微型桩则主要通过顶端直接承受外载,或者承受侧面土压力而压弯工作,一般为竖向构件。

3. 土钉支护的结构设计分析

1) 外部稳定性分析(体外破坏)

如图 3 - 39 所示,这时整个支护作为一个刚体发生下列失稳:

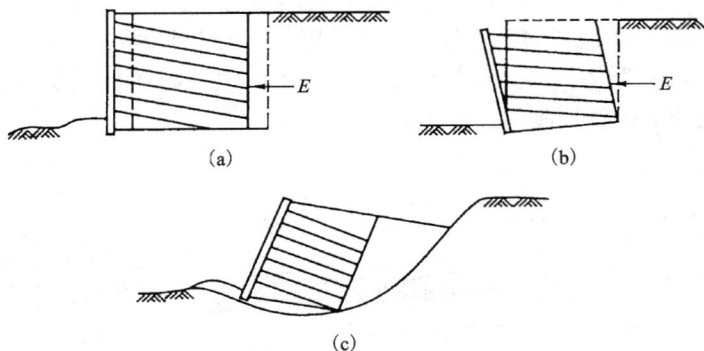

图 3 - 39　外部稳定性破坏

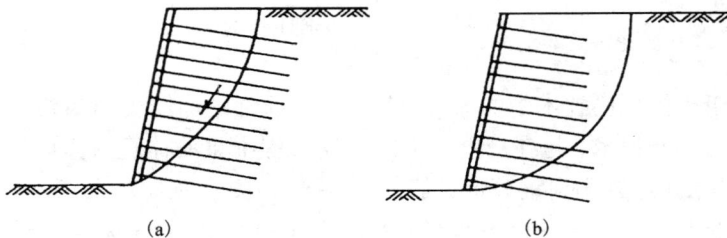

图 3 - 40　内部稳定性破坏

（1）沿支护底面滑动[图 3 - 39(a)]；

（2）绕支护面层底端（墙趾）倾覆，或支护底面产生较大的竖向土压力，超过地基土的承载能力[图 3 - 39(b)]；

（3）连同周围和基底深部土体滑动[图 3 - 39(c)]。

2）内部稳定性分析（体内破坏）

这时的土体破坏面全部或部分穿过加固了的土体内部[图 3 - 40(a)]。有时将部分穿过加固土体的情况称为混合破坏[图 3 - 40(b)]。内部稳定性分析多采用边坡稳定的概念，与一般土坡稳定的极限平衡分析方法相同（图 3 - 41），只不过在破坏面上需要计入土钉的作用。

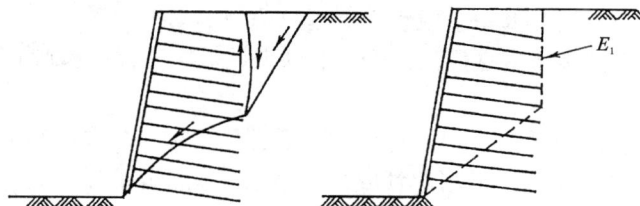

图 3 - 41 内部稳定性破坏

当支护内有薄弱土层时，还要验算沿薄弱层面滑动的可能性（图 3 - 42）。

土钉支护还必须验算施工各阶段，即开挖至各个不同深度时的稳定性。需要考虑的不利情况是开挖已到某一作业面的深度，但尚未能设置这一步的土钉（图 3 - 43）。

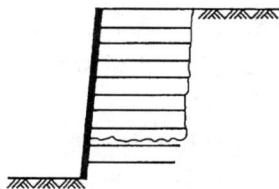

图 3 - 42 内部稳定性破坏（沿薄弱层面滑动）

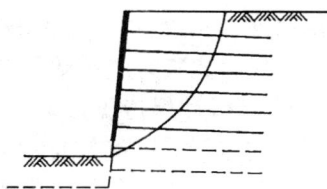

图 3 - 43 外部稳定性破坏（施工阶段稳定性）

4. 土钉支护的施工

1）开挖

土钉支护应按设计规定的分层开挖深度按作业顺序施工（参见图 3 - 36），在未完成上层作业面的土钉与喷混凝土支护以前，不得进行下一层深度的开挖。当基坑面积较大时，允许在距离四周边超 8～10 m 的基坑中部自由开挖，但应注意与分层作业区的开挖相协调。

当用机械进行土方作业时，应防止边壁出现超挖或造成边壁土体松动。基坑的边壁宜采用小型机具或铲锹进行切削清坡，以保证边坡平整并符合设计规定的坡角。支护施工的作业顺序应保证修整后的裸露边坡能在设计规定的时间内及时支护，即及时设置土钉或喷射混凝土。

土钉支护施工

为防止基坑边坡的裸露土体发生塌陷，对于易塌的土体可考虑采用以下措施：

(1) 对修整后的边壁立即喷上一层薄的砂浆或混凝土，待凝结后再进行钻孔；

(2) 在作业面上先构筑钢筋网喷混凝土面层，而后进行钻孔并设置土钉；

(3) 在水平方向上分小段间隔开挖；

(4) 先将作业深度上的边壁做成斜坡保持稳定，而后进行钻孔并设置土钉；

(5) 在开挖前，沿开挖面垂直击入钢筋或钢管，或注浆加固土体。

2) 排水系统

土钉支护宜在排除地上水的条件下进行施工，应采取恰当的排水系统包括地表排水、支护内部排水以及基坑排水，以避免土体处于饱和状态并减轻作用于面层上的静水压力。

基坑四周支护范围内的地表应加修整，构筑排水沟和水泥地面，防止地表降水向地下渗透。靠近边坡处的地面应适当垫高，便于水流远离边坡。

一般情况下，可支护基坑内选用人工降水，以满足基坑工程、基础工程的施工。

3) 注浆的设置

土钉成孔采用的机具应适合土层的特点，满足成孔要求，在进钻和抽出过程中不引起塌孔。在易塌孔的土体中钻孔时应采用套管成孔或挤压成孔。钻孔前，应根据设计要求定出孔位并作出标记和编号。孔位允许偏差不大于 200 mm，成孔的倾角误差不大于 ±3°。当成孔过程中遇有障碍需调整孔位时，不得损害支护原定的安全程度。成孔过程中取出的土体特征应按土钉编号逐一加以记录并及时与初步设计时所认定的加以对比，发现有较大偏差时应及时修改土钉的设计参数。钻孔后要进行清孔检查，对于孔中出现的局部渗水塌孔或掉落松土应立即处理。

土钉钢筋置入孔中前，应先装上对中用定位支架，保证钢筋处于钻孔的中心部位，支架沿钉长的间距为 2～3 m 左右，支架的构造应不妨碍浆液自由流动。支架可为金属或塑料件。

土钉钢筋置入孔中后，可采用重力、低压或高压方法注浆填孔。通常宜用 0.4～0.6 MPa 的低压注浆。压力注浆时应在钻孔口部设置止浆塞(如为分段注浆，止浆塞置于钻孔内规定的中间位置)，注满后保持压力 3～5 min。

对于下倾的斜孔采用重力或低压(0.4～0.6 MPa)注浆时应采用底部注浆方式，注浆导管底端应先插入孔底，在注浆同时将导管缓慢地以匀速撤出，导管的出浆口应始终处在孔中浆体的表面以下，保证孔中气体能全部逸出。

对于水平钻孔，需用口部压力注浆或分段压力注浆，此时必须配以排气管并与土钉钢筋绑牢，在注浆前与土钉钢筋同时送入孔中。注浆用水泥砂浆的水灰比不宜超过 0.4～0.45，当用水泥净浆时水灰比不宜超过 0.45～0.5，并宜加入适宜的外加剂用以促进早凝或控制泌水。施工时当浆体稠度不能满足要求时可外加化学高效减水剂，不准任意加大用水量。

每次向孔内注浆时，应预先计算所需的浆体体积，并根据注浆泵的冲程数求出实际向孔内注入的浆体体积，以确认注浆的充填程度，实际注浆量必须超过孔的体积。

4) 钢筋网喷混凝土面层

在喷射混凝土前，面层内的钢筋网应牢固固定在边壁上，并符合规定的保护层厚度要求。钢筋网片可用插入土中的钢筋固定，在混凝土喷射下应不出现振动。喷射混凝土的射距宜在 0.8～1.5 m 的范围内，并从底部逐渐向上部喷射。射流方向一般应垂直指向喷射面，但在钢筋部位，应先喷填钢筋后方，然后再喷填钢筋前方，防止在钢筋背面出现空隙。为了保证施工时的喷射混凝土厚度达到规定值，可在边壁面上垂直打入短的钢筋段作为标志。当面层厚度超过 120 mm 时，应分两次喷射。当继续进行下步喷射混凝土作业时，应仔细清除施工缝接合面上的浮浆层和松散碎屑，并喷水使之潮湿。

钢筋网在每边的搭接长度至少不小于一个网格边长。如为搭焊则焊长不小于网筋直径的10 倍。喷射混凝土完成后应至少养护 7 d，可根据当地环境条件，采取连续喷水、织物覆盖浇水或喷涂养护等养护方法。喷射混凝土的粗骨料最大粒径不宜大于 12 mm，水灰比不宜大于 0.45，应通过外加减水剂和速凝剂来调节所需坍落度和早强时间。混凝土的初凝时间和终凝时间宜分别控制在 5～10 min 左右。当采用干法施工时，空压机风量不宜小于 9 m³/min 以防止堵管，喷头水压不应小于 0.15 MPa。喷前应对操作手进行技术考核。

3.8　地下连续墙施工

3.8.1　地下连续墙的工艺原理及适用范围

地下连续墙工艺是近几十年在地下工程和基础工程中广泛应用的一项技术。首先 1950年在意大利米兰地下工程中施工，后推行到欧美各国，1958 年我国水电部用于青岛月子库水坝防渗墙。目前国外施工的地下连续墙最深已达 151 m，垂直精度可达 1/2000，我国地下连续墙最深达 49.5 m。由于地下连续墙具有挡土、防水抗渗及承重三种功能，故在国内外地下工程中广泛推广应用。

1. 地下连续墙施工工艺原理

在工程开挖前，先在地面按建筑物平面修筑导墙，用特制挖槽机械在泥浆护壁的情况下，每次开挖一定长度（一个单元槽段）的沟槽。待开挖至设计深度并清除沉淀下来的泥渣后，将地面加工好的钢筋骨架（钢筋笼）用起重机吊放入充满泥浆的沟槽内，采用水下浇筑混凝土的方法，用导管向沟槽内浇筑混凝土。由于混凝土是由沟槽底部开始逐渐向上浇筑，所以随着混凝土浇筑，泥浆即被置换出

地下连续墙施工

来，待混凝土浇至设计标高后，一个单元槽段施工完毕。各单元槽段之间用特制接头连接成连续的地下钢筋混凝土墙，呈封闭形状，开工开挖土方，地下连续墙既挡土又防水抗渗。如将地下连续墙作为建筑物的地下室外墙，则具有承重作用。

2. 地下连续墙的优缺点及适用范围

1）地下连续墙的优点

（1）可以在各种复杂条件下施工，除熔岩地质外可适用于各种地质条件，在承压水头很高的砂砾石层采取措施后，也能采用。如美国 110 层世界贸易中心大厦的地基，过去曾为河岸，地下埋有码头等构筑物，用地下连续墙则易处理。广州白天鹅宾馆基础施工，地下连续墙呈腰鼓状，两头狭中间宽，形状虽复杂也能施工。

（2）在建筑物构筑物密集地区可以施工，对邻近构筑物及基础不产生影响。

（3）地下连续墙刚度大，能承受较大的侧压力，在基坑开挖时，变形小，因而周围地面沉降少，不会危害邻近建筑物或构筑物。如地下连续墙与锚杆配合拉结，或用内支撑或地下结构支撑，则可抵抗更大的侧向压力，基坑亦能筑得更深。

（4）施工时振动噪音小，较少"公害"，在城市施工易于推广。

（5）防水抗渗性能好，近年来改进了地下连续墙的接头构造，提高了地下连续墙的防渗性能，除特殊情况外，施工时不需降低地下水位。

（6）将地下连续墙与"逆筑法"施工结合起来。地下连续墙为基础墙，地下室梁板作支撑，地下部分施工可自上而下与上部建筑同时施工。将地下连续墙筑成挡土、防水及承重的墙，形成一种深基础多层地下室施工的有效方法。

2）地下连续墙的缺点

（1）施工完后对废泥浆要进行处理，管理不善时会造成现场泥泞。

（2）墙面虽可保证垂直度，但比较粗糙，尚须加工处理或作衬壁。

（3）只作挡土抗渗用则造价较贵。如能挡土、防水抗渗及承重，则造价将降低。

3）地下连续墙支护结构的施工范围

由于地下连续墙优点多，适用范围较广。其主要用途有：建筑物地下基础；深基坑支护结构；地下车库；地下铁道；地下城；泵站；地下电站；水坝防渗墙等。

3.8.2　地下连续墙施工

1. 地质勘探调查报告

地下连续墙的设计、施工和完成后的工作性能，取决于地质水文条件，必须对地层、土质水文情况作详细勘探，对地下障碍物情况等进行查勘，作出可靠的地质勘探报告。

2. 施工现场调查

对施工现场应进行详细调查，诸如附近建筑物、构筑物、管道及周围交通，槽段挖土土渣处理和废泥浆处理去向，水电源供应情况等。

3. 制订施工方案

由于地下连续墙的特点，施工时应编有单项施工组织设计及施工平面布置图，其内容为：

（1）地质、水文情况与施工有关条件说明。

（2）挖掘机械等施工设备的选择。

（3）导墙设计。

（4）单元槽段划分及施工作业计划。

（5）泥浆循环利用及废泥浆处理方法。

（6）钢筋笼加工、运输及吊装的方法和计划。

（7）预埋件和地下连续墙内部结构连接施工图。

（8）泥浆配合比、泥浆循环管路布置和泥浆管理。

（9）混凝土配合比、供应方法和水下浇筑方法。

（10）供水及供电计划。

（11）平面布置应包括：挖掘机的运行路线；挖掘机和混凝土浇灌机架布置；出土运输路线和堆土场地；泥浆搅拌站和循环系统；钢筋加工场地及堆放场地；混凝土搅拌站或商品混凝土运输车运行路线。

（12）安全措施、质量管理措施以及劳动力安排，工程施工进度计划。

4. 现场准备

（1）按单项施工组织设计。设置临时设施，修筑导墙，安装机械设备、泥浆管路等。

（2）对泥浆进行配制及试验。

（3）场地平整清理，三通一平。

5. 地下连续墙的施工工艺过程

目前，我国建筑工程中应用最多的还是现浇的钢筋混凝土壁板式地下连续墙，多为临时围护墙，也有少数用作主体结构同时又兼作临时围护墙的地下连续墙。在水利工程中有用作防渗墙的地下连续墙。对于现浇钢筋混凝土壁板式地下连续墙，其施工工艺过程通常如图 3-44 所示。其中修筑导墙、泥浆制备与处理、深槽挖掘、钢筋笼制备与吊装以及混凝土浇筑是地下连续墙施工中主要的工序。

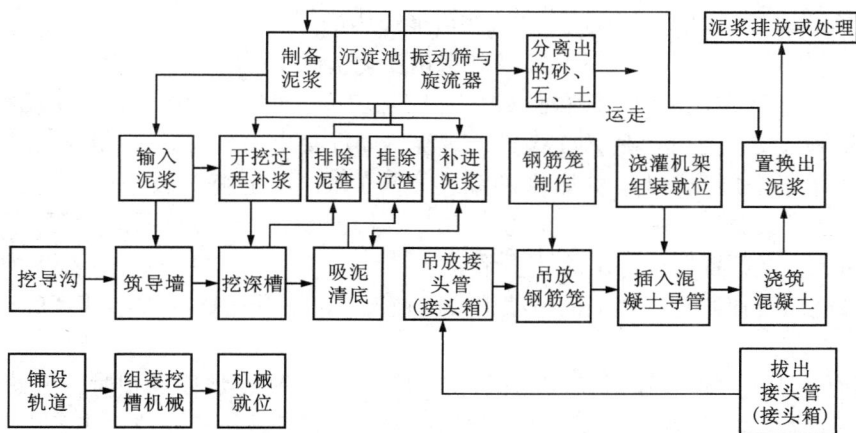

图 3-44 现浇钢筋混凝土壁板式地下连续墙的施工工艺过程

1）修筑导墙

导墙是地下连续墙挖槽之前修筑的临时结构物，它对挖槽具有重要作用。

（1）导墙的作用。

①挡土墙。在挖掘地下连续墙沟槽时，接近地表的土极不稳定，容易坍陷，而泥浆也不能起到护壁的作用，因此在单元槽段完成之前，导墙就起挡土墙作用。为防止导墙在土压力和水压力作用下产生位移，一般在导墙内侧每隔 1 m 左右加设上、下两道木支撑（其规格多为 50 mm×100 mm 和 100 mm×100 mm），如附近地面有较大荷载或有机械运行时，还可在导墙中每隔 20~30 cm 设一道钢闸板支撑，以防止导墙位移和变形。

②作为测量的基准，它规定了沟槽的位置，表明单元槽段的划分，同时亦作为测量挖槽标高、垂直度和精度的基准。

③作为重物的支承，它既是挖槽机械轨道的支承，又是钢筋笼、接头管等搁置的支点，有时还承受其他施工设备的荷载。

④存蓄泥浆。导墙可存蓄泥浆，稳定槽内泥浆液面。泥浆液面应始终保持在导墙面以下 200 mm，并高于地下水位 1.0 m，以稳定槽壁。

此外，导墙还可防止泥浆漏失；阻止雨水等地面水流入槽内；地下连续墙距离现有建筑物很近时，施工时还起一定的控制地面沉降和位移的作用；在路面下施工时，可起到支承横撑的水平导梁的作用。

（2）导墙的形式。

导墙一般为现浇的钢筋混凝土结构，但亦有钢制的或预制钢筋混凝土的装配式结构，可多次重复使用。不论采用哪种结构，都应具有必要的强度、刚度和精度，而且一定要满足挖槽机械的施工要求。

在确定导墙形式时，应考虑下列因素：

①表层土的特性。如表层土体是密实的还是松散的，是否为回填土，土体的物理力学性能如何，有无地下埋设物等。

②荷载情况。挖槽机械的重量与组装方法，钢筋笼的重量，挖槽与浇筑混凝土时附近存在的静载与动载情况。

③地下连续墙施工时对邻近建（构）筑物可能产生的影响。

④地下水的状况。地下水位的高低及其水位变化情况。

⑤当施工作业面在地面以下时（如在路面以下施工），对先施工的临时支护结构的影响。

图 3 - 45 所示是适用于各种施工条件的现浇钢筋混凝土导墙的形式：形式（a）、（b）断面最简单，它适用于表层土良好（如紧密的黏性土等）和导墙上荷载较小的情况。形式（c）、（d）为应用较多的两种，适用于表层土为杂填土、软黏土等承载力较弱的土层，因而将导墙做成"L"形或上、下部皆向外伸出的"冂"形。

形式（e）适用于作用在导墙上的荷载很大的情况，可根据荷载的大小计算确定其伸出部分的长度。

当地下连续墙距离现有建（构）筑物很近，对相邻结构需要加以保护时，宜采用形式（f）的导墙，其邻近建（构）筑物的一肢适当加强，在施工期间可阻止相邻结构变形。

当地下水位很高而又不采用井点降水时，为确保导墙内泥浆液面高于地下水位 1 m 以上，需将导墙面上提而高出地面。在这种情况下，需在导墙周边填土，可采用形式（g）的导墙。

当施工作业面在地下（如在路面以下）时，导墙需要支撑于已施工的结构做为临时支撑用的水平导梁，可采用形式（h）的导墙。此时导墙需适当加强，而且导墙内侧的横撑宜用丝杠千斤顶代替。

金属结构的可拆装导墙的形式很多，形式（i）是其中一种，它由 H 型钢（常用规格为 300 mm×300 mm）和钢板组成。这种导墙可重复使用。

（3）导墙施工。

现浇钢筋混凝土导墙的施工顺序为：平整场地→测量定位→挖槽及处理弃土→绑扎钢筋→支模板→浇筑混凝土→拆模并设置横撑→导墙外侧回填土（如无外侧模板，可不进行此项工作）。

当表土较好，在导墙施工期间能保持外侧土壁垂直自立时，则以土壁代替模板，避免回填土，以防槽外地表水渗入槽内。如表土开挖后外侧土壁不能垂直自立，则外侧亦需设立模板。导墙外侧的回填土应用黏土回填密实，防止地面水从导墙背后渗入槽内，引起槽段坍方。

导墙的配筋多为 $\phi 12@200$，水平钢筋必须连接起来，使导墙成为整体。

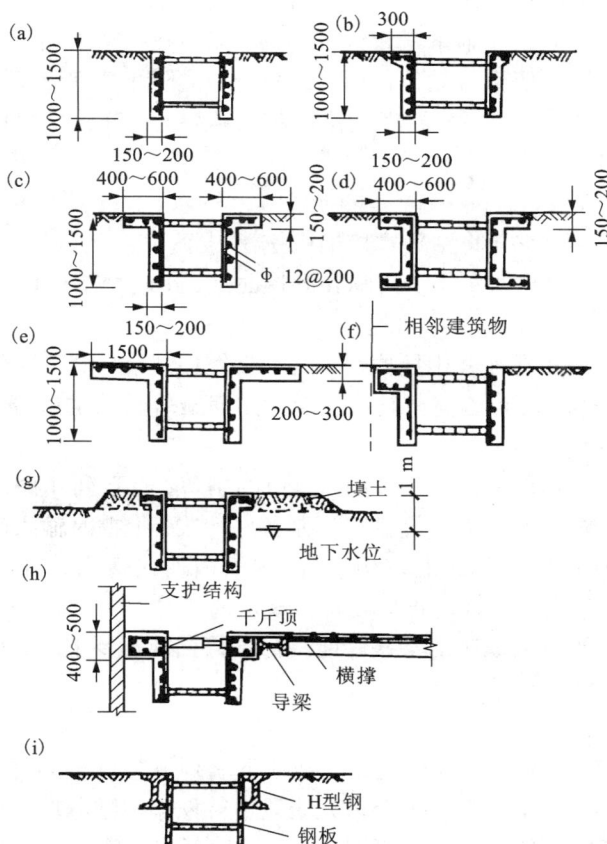

图 3 – 45　导墙的形式

导墙面至少应高于地面约 100 mm，以防止地面水流入槽内污染泥浆。导墙的内墙面应平行于地下连续墙轴线，对轴线距离的最大允许偏差为 ±10 mm；内外导墙面的净距，应为地下连续墙名义墙厚加 40 mm，墙面应垂直；导墙顶面应水平，全长范围内的高差应小于±10 mm，局部高差应小于 5 mm。导墙的基底应和土面密贴，以防槽内泥浆渗入导墙后面。

现浇钢筋混凝土导墙拆模以后，应沿其纵向每隔 1 m 左右加设上、下两道木支撑，将两片导墙支撑起来，在导墙的混凝土达到设计强度并加好支撑之前，禁止任何重型机械和运输设备在旁边行驶，以防导墙受压变形。

导墙的混凝土强度等级多为 C20，浇筑时要注意捣实质量。

2) 泥浆护壁

(1) 泥浆的作用。

在地下连续墙挖槽过程中，泥浆的作用是护壁、携渣、冷却机具和切土滑润。故泥浆的正确使用是保证挖槽成败的关键。泥浆的费用占工程费用的一定比例，所以泥浆的选用既要考虑护壁效果，又要考虑其经济性。

①泥浆的护壁作用。

泥浆具有一定的比重，如槽内泥浆液面高出地下水位一定高度，泥浆在槽内就对槽壁产生一定的静水压力，可抵抗作用在槽壁上的侧向土压力和水压力，相当于一种液体支撑，可以防止槽壁倒塌和剥落，并防止地下水渗入。另外，泥浆在槽壁上会形成一层透水性很低的泥皮，从而可使泥浆的静水压力有效地作用于槽壁上，能防止槽壁剥落。泥浆还从槽壁表面向土层内渗透，待渗透到一定范围，泥浆就黏附在土颗粒上，这种黏附作用可减少槽壁的透水性，亦可防止槽壁坍落。

②泥浆的携渣作用。

泥浆具有一定的黏度，它能将钻头式挖槽机挖槽时挖下来的土渣悬浮起来，既便于土渣随同泥浆一同排出槽外，又可避免土渣沉积在开挖面上，影响挖槽机械的挖槽效率。

③泥浆的冷却和润滑作用。

冲击式或钻头式挖槽机在泥浆中挖槽时，以泥浆作冲洗液，既可降低钻具因连续冲击或回转而引起温度剧烈升高，又可因泥浆具有润滑作用而减轻钻具的磨损，有利于延长钻具的使用寿命和提高深槽挖掘的效率。

（2）地下连续墙挖槽用护壁泥浆（膨润土泥浆）的制备，有下列几种方法：

①制备泥浆——挖槽前利用专用设备事先制备好泥浆，挖槽时输入沟槽。

②自成泥浆——用钻头式挖槽机挖槽时，向沟槽内输入清水，清水与钻削下来的泥混合，边挖槽边形成泥浆。泥浆的性能指标要符合规定的要求。

③半自成泥浆——当自成泥浆的某些性能指标不符合规定要求时，在形成自成泥浆过程中，加入一些需要的成分。

3）挖槽

地下连续墙施工前，预先沿墙体长度方向把地下墙划分为许多某种长度的施工单元，该施工单元称"单元槽段"，挖槽是按一个个单元槽段进行挖掘。划分单元槽段就是将划分后各个单元槽段的形状和长度标明在墙体平面图上，它是地下连续墙施工组织设计中的一个重要内容。

（1）单元槽段划分。

单元槽段的最小长度不得小于一个挖掘段（挖槽机械的挖土工作装置的一次挖土长度）。单元槽段愈长愈好，这样可以减少槽段的接头数量，增加地下墙的整体性。但同时又要考虑挖槽时槽壁的稳定性等，所以在确定其长度时要综合考虑下述因素：

①地质条件：当土层不稳定时，为防止槽壁倒塌，应缩短单元槽段长度，以缩短挖土时间和减少槽壁暴露时间，可较快挖槽结束浇筑混凝土。

②地面荷载：如附近有高大建（构）筑物或有较大地面荷载，亦应缩短单元槽段长度。

③起重机的起重能力：一个单元槽段的钢筋笼多为整体吊装（过长的在竖向可分段），起重机的起重能力限制了钢筋笼的尺寸，亦即限制单元槽段长度。

④混凝土的供应能力：一个单元槽段内的混凝土宜较快地浇筑结束，为此单位时间内混凝土的供应能力亦影响单元槽段的长度。

⑤工地上具备的泥浆池的容积：一般情况下工地上已有泥浆池的容积，应不小于每个单元槽段挖土量的2倍，所以泥浆池的容积亦影响单元槽段的长度。

地下连续墙及内部结构的平面布置：划分单元槽段应考虑其接头位置，接头宜避免设在转角处及地下墙与内部结构的连接处，以保证地下墙的整体性。此外还与接头形式有关。

（2）挖槽机械。

地下连续墙用的挖槽机械，按其工作原理分类如图3-46所示。

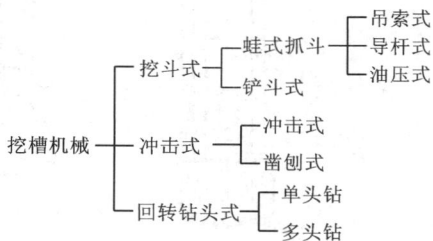

图3-46 挖槽机械分类

我国在地下连续墙施工中，目前应用最多的是吊索式蛙式抓斗、导杆式蛙式抓斗、多头钻和冲击式挖槽机，尤以前面三种最多。

①挖斗式挖槽机。

挖斗式挖槽机是以其斗齿切削土体，切削下的土体收容在斗体内，从沟槽内提出地面开斗卸土，然后又返回沟槽内挖土，如此重复地循环作业进行挖槽。这是一种构造最简单的挖槽机械。

挖斗式挖槽机械切入土中是靠斗体重量，由于斗体同时还是切土容器，所以增加斗体重量虽然对挖土有利，但对切土却增加了无益的动力消耗。

这类挖槽机械适用于较松软的土质。土壤的 N 值超过 30 则挖掘速度会急剧下降，N 值超过 50 即难以挖掘。对于较硬的土层宜用钻抓法，即预钻导孔，在抓斗两侧形成垂直自由面，挖土时不需靠斗体自重切入土中，只需闭斗挖掘即可。由于每挖一斗都需提出地面卸土，为了提高其挖土效率，施工深度不能太深，我国认为不宜超过 50 m。

为了保证挖掘方向，提高成槽精度，可在抓斗上部安装导板，即成为我国常用的导板抓斗；另一种方法是在挖斗上装长导杆；导杆沿着机架上的导向立柱上下滑动，成为液压抓斗，这样既保证了挖掘方向，又增加了斗体自重，提高了对土的切入力。

蛙式抓斗与普通抓斗不同（图3-47），为了提高抓斗的切土能力，一般都加大斗体重量，为了提高挖槽的垂直精度，要在抓斗的两个侧面安装导向板，所以亦称"导板抓斗"。

蛙式抓斗通常以钢索操纵斗体上下和开闭，即"索式抓斗"；也有用导杆使抓斗上下并通过液压开闭斗体的"导体抓斗"。我国目前两者都有应用。

索式蛙式抓斗分中心提拉式与斗体推压式两类。

②冲击式挖槽机。

冲击式挖槽机包括钻头冲击式和凿刨式两类，多用于嵌岩的地下连续墙施工。冲击钻机是依靠钻头的冲击力破碎地基土，所以不但对一般土层适用，对卵石、砾石、岩层等地层亦适用。另外，钻头的上下运动受重力作用保持垂直，所以挖槽精度亦可保证。这种钻机的挖槽速度取决于钻头重量和单位时间内的冲击次数，但这两者不能同时增大，一般一个增大而另一个就有减小的趋势，所以钻头重量和单位时间内的冲击次数都不能超过一定的极限，因而冲击钻机的挖槽速度较其他挖槽机低。钻头有各种形式，视工作需要选择。

挖斗式挖槽机施工

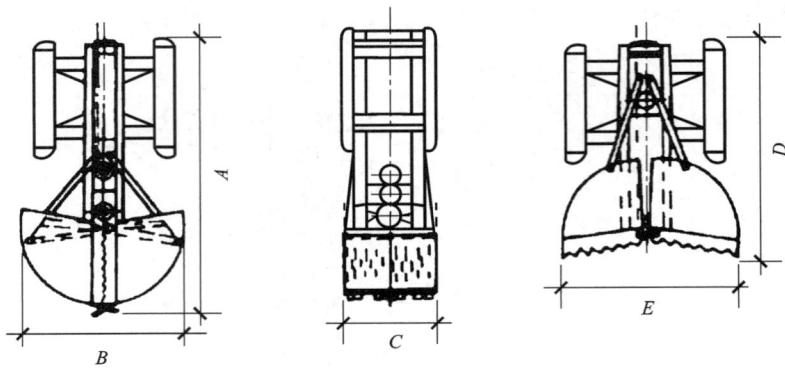

图 3 - 47 蚌式抓斗

A—闭斗高度；B—闭斗宽度；C—抓斗厚度；D—开斗厚度；E—开斗宽度

③回转式挖槽机

这类挖槽机是以回转的钻头切削土体进行挖掘，钻下的土渣随循环的泥浆排出地面。钻头回转方式与挖槽面的关系有直挖和平挖两种。钻头数目有单头钻和多头钻之分，单头钻主要用来钻导孔，多头钻多用来挖槽。多头钻是日本利根钻机公司开发的地下连续墙挖槽机械，称为 BW 钻机，用 BW 钻机挖槽的方法称 BW 法。

（3）防止槽壁塌方的措施。

地下连续墙施工时保持槽壁的稳定性、防止槽壁塌方是十分重要的问题。如发生塌方，不仅可能造成埋住挖槽机的危险，使工程拖延，同时可能引起地面沉陷而使挖槽机械倾覆，对邻近的建筑物和地下管线造成破坏。如在吊放钢筋笼之后，或在浇筑混凝土过程中产生塌方，塌方的土体会混入混凝土内，造成墙体缺陷，甚至会使墙体内外贯通，成为产生管涌的通道。因此，槽壁塌方是地下连续墙施工中极为严重的事故。与槽壁稳定有关的因素是多方面的，但可以归纳为泥浆、地质及施工 3 个方面。

通过近年来的实测和研究，得知开挖后槽壁的变形是上部大下部小，一般在地面以下 7～15 m 范围内有不同程度的外鼓现象，所以绝大部分的塌方发生在地面以下 12 m 的范围内。塌体多呈半圆筒形，中间大两头小，多是内外两侧对称地出现塌方。此外，槽壁变形还与机械振动的存在有关。

通过试验和理论研究，还证明地下水愈高，平衡它所需的泥浆相对密度也愈大，即槽壁失稳的可能性也愈大。所以地下水位的相对高度对槽壁稳定的影响很大，同时它也影响着泥浆比重的大小。地下水位即使有较小的变化，对槽壁的稳定亦有显著影响，特别是当挖深较浅时影响就更为显著。因此，如果由于降雨使地下水位急剧上升，地面水再绕过导墙流入槽段，这样就使泥浆对地下水的超压力减小，极易产生槽壁塌方。故采用泥浆护壁开挖深度大的地下连续墙时，要重视地下水的影响。如果必要时可部分或全部降低地下水位，或提高槽段内泥浆液位，对保证槽壁稳定会起很大的作用。

泥浆质量和泥浆液面的高低对槽壁稳定亦产生很大影响。泥浆液面愈高所需的泥浆相对密度愈小，即槽壁失稳的可能性愈小。由此可知泥浆液面一定要高出地下水位一定高度，一般为 0.50～1.0 m。

地基土的好坏直接影响槽壁稳定。土的内摩擦角角愈小，所需泥浆的相对密度愈大。在施工地下墙时要根据不同的土质选用不同的泥浆配合比。

单元槽段的长短亦影响槽壁的稳定性。因为单元槽段的长度决定了基槽的长深比，而长深比影响土拱作用的发挥和土压力的大小。

在编制施工组织设计时，要对是否存在坍塌危险进行研究并采取相应措施：对松散易塌土层预先加固；缩小单元槽段长度；根据土质选择泥浆配合比；注意泥浆和地下水的液位变化；减少地面荷载；防止附近有动荷载等。当出现坍塌迹象时，如泥浆大量漏失和液位明显下降；泥浆内有大量泡沫上冒或出现异常的扰动；导墙及附近地面出现沉降；排土量超出设计断面的土方量；多头钻或蚌式抓斗升降困难等。首先应及时将挖槽机械提至地面，防止挖槽机械被坍方埋入地下，然后迅速采取措施避免坍塌进一步扩大。常用的措施是迅速补浆以提高泥浆液面和回填土，待所回填的回填土稳定后再重新开挖。

4）清底

挖槽结束后清除以沉渣为主的槽底沉淀物的工作称为清底。

挖槽至设计标高后，用超声波等方法测量槽段断面，如误差超过规定需修槽，修槽可用冲击钻或锁口管并联冲击。槽段接头处亦需清理，可用钢刷子清刷或用水枪喷射高压水流进行冲洗。此后就进行清底。有的工程还在钢筋笼吊放后、浇筑混凝土之前进行二次清底。

可沉降土渣的粒径取决于泥浆性质。当泥浆性质良好时，可沉降土渣的最小粒径为0.06～0.12 mm。一般挖槽结束后静置2 h，悬浮在泥浆中的土渣约80%可以沉淀，4 h左右几乎全部沉淀完毕。

清底的方法有沉淀法和置换法两种。沉淀法是在土渣基本都沉至槽底之后再进行清底。置换法是在挖槽结束后，在土渣尚未沉淀之前就用新泥浆把槽内的泥浆置换出来，使槽内泥浆的相对密度在1.15以下。我国多用置换法清底。

清除沉渣的方法，常用的有：①砂石吸力泵排泥法；②压缩空气升液排泥法；③带搅动翼的潜水泥浆泵排泥法；④抓斗直接排泥法。前三种应用较多，其工作原理如图3-48所示。

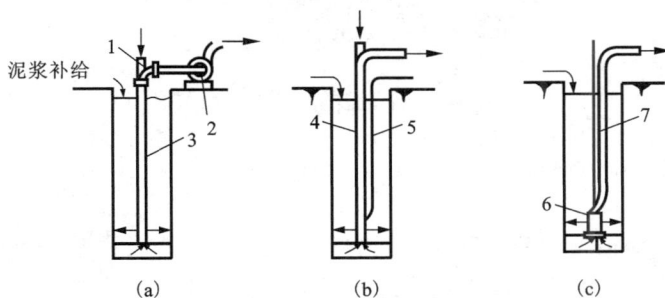

图3-48　清底方法

(a)砂石吸力泵排泥；(b)压缩空气升液排泥；(e)潜水泥浆泵排泥

1—结合器；2—砂石吸力泵；3—导管；4—导管或排泥管；
5—压缩空气管；6—潜水泥浆泵；7—软管

5）钢筋笼加工和吊放

（1）钢筋笼加工。

钢筋笼根据地下连续墙墙体配筋图和单元槽段的划分来制作，最好按单元槽段做成一个整体。如果地下连续墙很深或受起重设备起重能力的限制，需要分段制作在吊放时再连接，接头宜用绑条焊接，纵向受力钢筋的搭接长度，如无明确规定时可采用60倍的钢筋直径。

钢筋笼端部与接头管或混凝土接头面间应留有15～20 cm的空隙。主筋净保护层厚度通常为7～8 cm，保护层垫块厚5 cm，在垫块和墙面之间留有2～3 cm的间隙。由于用砂浆制作的垫块易在吊放钢筋笼时破碎，又易擦伤槽壁面，所以一般用薄钢板制作的垫块焊于钢筋笼上。对作为永久性结构的地下连续墙的主筋保护层，根据设计要求确定。

制作钢筋笼时要预先确定浇筑混凝土用导管的位置，由于这部分空间要上下贯通，因而周围需增设箍筋和连接筋进行加固。尤其在单元槽段接头附近插入导管时，由于此处钢筋较密集，更需特别加以处理。由于横向钢筋有时会阻碍导管插入，所以纵向主筋应放在内侧，横向钢筋放在外侧。纵向钢筋的底端应距离槽底面10～20 cm，纵向钢筋底端应稍向内弯折，以防止吊放钢筋笼时擦伤槽壁，但向内弯折的程度亦不要影响插入混凝土导管。

加工钢筋笼时，要根据钢筋笼重量、尺寸以及起吊方式和吊点布置，在钢筋笼内布置一定数量(一般2～4榀)的纵向桁架(图3-49)，由于钢筋笼尺寸大，刚度小，在其起吊时易变形。纵向桁架上下弦的断面应计算确定，一般以加大相应受力钢筋的断面用作桁架的上下弦。

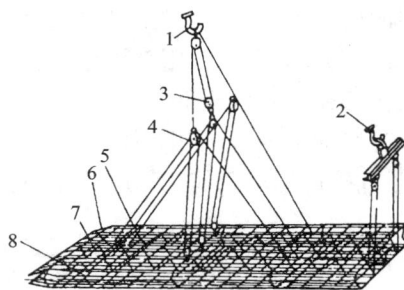

图3-49 钢筋笼的构造与起吊方法

1、2—吊钩；3、4—滑轮；5—卸甲；6—钢筋笼底端向内弯折；7—纵向桁架；8—横向架立桁架

制作钢筋笼时，要根据配筋图确保钢筋的正确位置、间距及根数。纵向钢筋接长宜采用气压焊接、搭接焊等。钢筋连接除四周两道钢筋的交点需全部点焊外，其余的可采用50%交叉点焊。成型用的临时扎结铁丝焊后应全部拆除。

地下连续墙与基础底板以及内部结构板、梁、柱、墙的连接，如采用预留锚固钢筋的方式，锚固筋一般用光圆钢筋，直径不超过20 mm。锚固筋的布置还要确保混凝土自由流动以充满锚固筋周围的空间；如采用预埋钢筋连接器则宜用直径较大钢筋。

如钢筋笼上贴有泡沫苯乙烯塑料等预埋件时，一定要固定牢固。如果泡沫苯乙烯塑料等附加件在钢筋笼上安装过多，或由于泥浆比重过大，对钢筋笼会产生较大的浮力，阻碍钢筋笼插入槽内，在这种情况下有时须对钢筋笼施加配重，如钢筋笼单面装有过多的泡沫材料预埋件时，会对钢筋笼产生偏心浮力，钢筋笼插入槽内时会擦落大量土渣，此时，亦应增加配重加以平衡。

钢筋笼应在型钢或钢筋制作的平台上成型，平台应有一定的尺寸（应大于最大钢筋笼尺寸）和平整度。为便于纵向钢筋笼定位，宜在平台上设置带凹槽的钢筋定位条。加工钢筋所用设备皆为通常用的弧焊机、气压焊机、点焊机、钢筋切断机、钢筋弯曲机等。钢筋笼的制作速度要与挖槽速度协调一致，由于钢筋笼制作时间较长，因此制作钢筋笼必须有足够大的场地。

（2）钢筋笼吊放。

钢筋笼的起吊、运输和吊放应周密地制订施工方案，不允许在此过程中产生不能恢复的变形。

钢筋笼的起吊应用横吊梁或吊架。吊点布置和起吊方式要防止起吊时引起钢筋笼变形。起吊时不能使钢筋笼下端在地面上拖引，以防造成下端钢筋弯曲变形。为防止钢筋笼吊起后在空中摆动，应在钢筋笼下端系上拽引绳用人力操纵。

插入钢筋笼时，最重要的是使钢筋笼对准单元槽段的中心、垂直而又准确地插入槽内。钢筋笼进入槽内时，吊点中心必须对准槽段中心，然后徐徐下降，此时必须注意不要因起重臂摆动或其他影响而使钢筋笼产生横向摆动，造成槽壁坍塌。

钢筋笼插入槽内后，检查其顶端高度是否符合设计要求，然后将其搁置在导墙上。如果钢筋笼是分段制作，吊放时需接长，下段钢筋要垂直悬挂在导墙上，然后将上段钢筋笼垂直吊起，上下两段钢筋笼成直线连接。

如果钢筋笼不能顺利插入槽内，应该重新吊出，查明原因加以解决，如果需要则在修槽之后再吊放。不能强行插放，否则会引起钢筋笼变形或使槽壁坍塌，产生大量沉渣。

6）地下连续墙的接头

地下连续墙的接头形式很多，而且还正在发展一些新型接头，一般根据受力和防渗要求进行选择。总的来说地下连续墙的接头分为两大类：施工接头（纵向接头）和结构接头（水平接头）。施工接头是浇筑地下连续墙时在墙的纵向连接两相邻单元墙段的接头；结构接头是已竣工的地下连续墙在水平向与其他构件（地下连续墙内部结构的梁、柱、墙、板等）相连接的接头。常用的施工接头为接头管（又称锁口管）接头。这是当前地下连续墙应用最多的一种接头。施工时，一个单元槽段挖好后于槽段的端部用吊车放入接头管，然后吊放钢筋笼并浇筑混凝土，待混凝土浇筑后强度达到 0.05～0.20 MPa（一般在混凝土浇筑开始后 3～5 h，视气温而定）开始提拔接头管，提拔接头管可用液压顶升架或吊车。开始时约每隔 20～30 min 提拔一次，每次上拔 30～100 cm，上拔速度应与混凝土浇筑速度、混凝土强度增长速度相适应，一般为 2～4 m/h，应在混凝土浇筑结束后 8 h 以内将接头管全部拔出，具体施工过程如图 3-49 所示。

7）混凝土浇筑

（1）浇筑前的准备工作。

混凝土浇筑之前，需要做好混凝土制备、运输、浇筑、运输道路安排、劳动力配备等方面的准备工作。

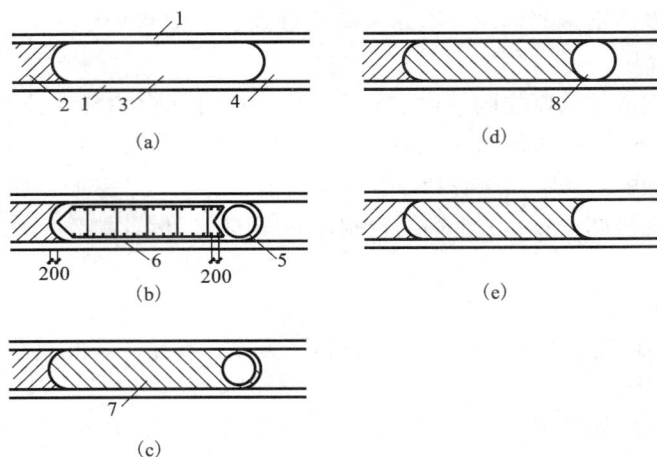

图3-50 接头管接头的施工程序

(a)开挖槽段；(b)吊放接头管和钢筋笼；(c)浇筑混凝土；(d)拔出接头管；(e)形成接头
1—导墙；2—已浇筑混凝土的单元槽段；3—开挖的槽段；4—未开挖的槽段；5—接头管；
6—钢筋笼；7—正浇筑混凝土的单元槽段；8—接头管拔出后的孔

（2）混凝土浇筑。

地下连续墙混凝土用导管法进行浇筑。由于导管内混凝土和槽内泥浆的压力不同，在导管下口处存在压力差，使混凝土可从导管内流出。

为便于混凝土向料斗供料和装卸导管，我国多用混凝土浇筑机架进行地下连续墙的混凝土浇筑。机架跨在导墙上沿轨道行驶。

在混凝土浇筑过程中，导管下口总是埋在混凝土内1.5 m以上，使从导管下口流出的混凝土将表层混凝土向上推动而避免与泥浆直接接触，否则混凝土流出时会把混凝土上升面附近的泥浆卷入混凝土内。但导管插入太深会使混凝土在导管内流动不畅，有时还可能产生钢筋笼上浮，因此无论何种情况下导管最大插入深度亦不宜超过9 m。当混凝土浇筑到地下连续墙顶部附近时，导管内混凝土不易流出，一方面要降低浇筑速度，另一方面可将导管的最小埋入深度减为1 m左右，如果混凝土还浇筑不下去，可将导管上下抽动，但上下抽动范围不得超过30 cm。

在浇筑过程中，导管不能作横向运动，导管横向运动会把沉渣和泥浆混入混凝土内。在混凝土浇筑过程中，不能使混凝土溢出料斗流入导沟，否则会使泥浆质量恶化，反过来又会给混凝土的浇筑带来不良影响。

在混凝土浇筑过程中，应随时掌握混凝土的浇筑量、混凝土上升高度和导管埋入深度，防止导管下口暴露在泥浆内，造成泥浆涌入导管。在浇筑过程中随时用测锤量测混凝土面的高程，应量测三点，取其平均值。

浇筑混凝土置换出来的泥浆，要送入沉淀池处理，勿使其溢出在地面上。

导管的间距一般为3～4 m，取决于导管直径。单元槽段端部易渗水，导管距离槽段端部的距离不宜超过2 m。如一个槽段内用两根或两根以上导管同时浇筑，应使各导管处的混凝土面大致处在同一水平上。宜尽量加快混凝土浇筑，一般槽内混凝土面上升速度不宜小于2

m/h。混凝土顶面存在一层浮浆层，需要凿去，为此混凝土需要超浇30～50 cm，以便将设计标高以上的浮浆层用风镐打去。

3.8.3　逆作(筑)法施工

1. 逆作(筑)法的工艺原理优点

对于深度大的多层地下室结构，传统的方法是开敞式自下而上施工，即放坡开挖或支护结构围护后垂直开挖，挖土至设计标高后，浇筑混凝土底板，然后自下而上逐层施工各层地下室结构，出地面后再逐层进行地上结构施工。

逆作(筑)法的工艺原理是：在土方开挖之前，先沿建筑物地下室轴线(适用于两墙合一情况)或建筑物周围(地下连续墙只用作支护结构)浇筑地下连续墙，作为地下室的边墙或基坑支护结构的围护墙，同时在建筑物内部的有关位置(多为地下室结构的柱子或隔墙处，根据需要经计算确定)浇筑或打下中间支承柱(亦称中柱桩)。然后开挖土方至地下一层顶面底标高处，浇筑该层的楼盖结构(留有部分工作孔)，这样已完成的地下一层顶面楼盖结构即用作周围地下连续墙刚度很大的支撑。然后人和设备通过工作孔下去逐层向下施工各层地下室结构。与此同时，由于地下负1层的顶面楼盖结构已完成，为进行上部结构施工创造了条件，所以在向下施工各层地下室结构时可同时向上逐层施工地上结构，这样上、下同时进行施工，直至工程结束。但是在地下室浇筑混凝土底板之前，上部结构允许施工的层数要经计算确定。

逆作法施工

"逆作法"施工根据地下一层的顶板结构封闭还是敞开，分为"封闭式逆作法"和"敞开式逆作法"。前者在地下一层的顶板结构完成后，上部结构和地下结构可以同时进行施工，有利于缩短总工期；后者上部结构和地下结构不能同时进行施工，只是地下结构自上而下地逆向逐层施工。上海电信大楼地下室和南京地下商场即采用这种方法施工。还有一种方法称为"半逆作法"，又称"局部逆作法"。其施工特点是：开挖基坑时，先放坡开挖基坑中心部位的土体，靠近围护墙处留土以平衡坑外的土压力，待基坑中心部位开挖至坑底后，由下而上顺作施工基坑中心部位地下结构至地下一层顶，然后同时浇筑留土处和基坑中心部位地下一层的顶板，用作围护墙的水平支撑，而后进行周边地下结构的逆作施工，上部结构亦可同时施工。深圳庐山大厦等工程即采用这种逆作形式进行施工。

2. "逆作法"的施工特点

(1)缩短工程施工的总工期。

具有多层地下室的高层建筑，如采用传统方法施工，其总工期为地下结构工期加地上结构工期，再加装修等所占之工期。而用"封闭式逆作法"施工，一般情况下只有地下一层占部分绝对工期，而其他各层地下室可与地上结构同时施工，不占绝对工期，因此可以缩短工程的总工期。地下结构层数愈多，工期缩短愈显著。

(2)基坑变形小，减少深基坑施工对周围环境的影响。

采用逆作法施工，是利用地下室的楼盖结构作为支护结构地下连续墙的水平支撑体系，其刚度比临时支撑的刚度大得多，而且没有拆撑、换撑工况，因而可减少围护墙在侧压力作用下的侧向变形。此外，挖土期间用作围护墙的地下连续墙，在地下结构逐层向下施工的过程中，成为地下结构的一部分，而且与柱(或隔墙)、楼盖结构共同作用，结果可减少地下连续墙的沉降，即减少了竖向变形。这一切都使逆作法施工可最大限度地减少对周围相邻建筑物、道路和地下管线的影响，在施工期间可保证其正常使用。

（3）简化基坑的支护结构，有明显的经济效益。

采用逆作法施工，一般地下室外墙与基坑围护墙采用两墙合一的形式，一方面省去了单独设立的围护墙，另一方面可在工程用地范围内最大限度扩大地下室面积，增加有效使用面积。此外，围护墙的支撑体系由地下室楼盖结构代替，省去大量支撑费用。而且楼盖结构即支撑体系，还可以解决特殊平面形状建筑或局部楼盖缺失所带来的布置支撑的困难，并使受力更加合理。由于上述原因，再加上总工期的缩短，因而在软土地区对于具有多层地下室的高层建筑，采用逆作法施工具有明显的经济效益。

（4）施工方案与工程设计密切有关。

按逆作法进行施工，中间支承柱位置及数量的确定、施工过程中结构受力状态、地下连续墙和中间支承柱的承载力以及结构节点构造、软土地区上部结构施工层数控制等，都与工程设计密切有关，需要施工单位与设计单位密切结合研究解决。

（5）底板设计更合理。

施工期间楼面恒载和施工荷载等通过中间支承柱传入基坑底部，压缩土体，可减少土方开挖后的基坑隆起。同时中间支承柱作为底板的支点，使底板内力减小，而且无抗浮问题存在，使底板设计更趋合理。

对于具有多层地下室的高层建筑采用逆作法施工虽有上述一系列优点，但逆作法施工和传统的顺作法相比，亦存在一些问题，主要表现在以下几方面：

（1）由于挖土是在顶部封闭状态下进行，基坑中还分布有一定数量的中间支承柱（亦称中柱桩）和降水用井点管，使挖土的难度增大，在目前尚缺乏小型、灵活、高效的小型挖土机械情况下，多利用人工开挖和运输，虽然费用并不高，但机械化程度较低。

（2）逆作法用地下室楼盖作为水平支撑，支撑位置受地下室层高的限制，无法调整。如遇较大层高的地下室，有时需另设临时水平支撑或加大围护墙的断面及配筋。

（3）逆作法施工需设中间支承柱，作为地下室楼盖的中间支承点，承受结构自重和施工荷载，如数量过多则施工不便。在软土地区由于单桩承载力低，数量少会使底板封底之前上部结构允许施工的高度受限制，不能有力地缩短总工期，如加设临时钢立柱，则会提高施工费用。

（4）对地下连续墙、中间支承柱与底板和楼盖的连接节点需进行特殊处理。在设计方面尚需研究减少地下连续墙（其下无桩）和底板（软土地区其下皆有桩）的沉降差异。

（5）在地下封闭的工作面内施工，安全上要求使用低于 36 V 的低电压，为此则需要特殊机械。有时还需增设一些垂直运输土方和材料设备的专用设备。还需增设地下施工需要的通风、照明设备。

3.9　大体积混凝土基础结构施工

3.9.1　混凝土裂缝

1. 大体积混凝土结构的特点

由于高层建筑荷载大，在高层建筑的基础工程中，常采用混凝土体积较大的箱形基础或筏式基础，桩基的上部也有厚度较大的承台。

　　这种大体积混凝土结构具有结构厚、体形大、钢筋密、混凝土数量多、工程条件复杂和施工技术要求高等特点。由于大体积混凝土结构的截面尺寸较大，所以由外荷载引起裂缝的可能性很小，但水泥在水化反应过程中释放的水化热所产生的温度变化和混凝土收缩的共同作用，会产生较大的温度应力和收缩应力，将成为大体积混凝土结构出现裂缝的主要因素。这些裂缝往往给工程带来不同程度的危害，如何进一步认识温度应力的重要作用，控制温度应力和温度变形裂缝的开展，是大体积混凝土结构施工中的一个重大课程。

　　关于大体积混凝土的定义，目前国内尚无一个确切的定义。日本建筑学会标准规定："结构断面最小尺寸在 80 cm 以上，水化热引起混凝土内的最高温度与外界气温之差，预计超过 25℃，应按大体积混凝土施工。"

　　由于大体积混凝土工程的条件比较复杂，施工情况各异，再加上混凝土原材料的材性差异较大，因此控制温度变形裂缝不是单纯的结构理论问题，而是涉及结构计算、构造设计、材料组成、物理力学性能及施工工艺等多学科的综合性问题。新的观点指出：所谓大体积混凝土，是指其结构尺寸已经大到必须采取相应技术措施，妥善处理温度差值、合理解决温度应力、并按裂缝开展控制的混凝土。

　　大体积混凝土施工过程中，从事施工的技术人员，首先应掌握混凝土的基本物理力学性能，了解大体积混凝土温度变化所引起的应力状态对结构的影响，认识混凝土的一系列特点，掌握温度应力的变化规律。为此，在结构设计上，为改善大体积混凝土的内外约束条件以及结构薄弱环节的补强，提出行之有效的措施；在施工技术上，从选料、配合比设计、施工方法、施工季节的选定和测温、养护等，采取一系列综合性措施，有效地克服大体积混凝土的裂缝，在施工组织上，编制切实可行的施工方案，采取全过程的温度监测，制订合理周密的技术措施。这样，才能防止产生温度裂缝，确保工程质量。

　　2.结构物裂缝的基本概念

　　混凝土是多种材料组成的非匀质材料，它具有较高的抗压强度、良好的耐久性及抗拉强度低、抗变形能力差、易开裂等特性。混凝土的破坏过程是非常复杂的，已有的唯象理论、统计理论、构造理论、分子理论和断裂理论等都不能全面、圆满地解释混凝土破裂时的复杂现象。近代混凝土的研究证明，在不同的受力状态下，混凝土的破裂过程，实际上是和"微观裂缝"的发现相关联的。

　　1）裂缝的种类

　　工程结构的裂缝问题是具有一定普遍性的技术问题。虽然结构物的设计是建立在极限承载力基础上，但有些工程的使用标准都是由裂缝控制的。因此，按裂缝的宽度不同，混凝土裂缝可分为"微观裂缝"和"宏观裂缝"两种。

　　（1）微观裂缝。20 世纪 60 年代以来，混凝土的现代试验研究设备（如各种实体显微镜、X 光照相设备等），可以证实的尚未承担荷载的混凝土结构中存在着肉眼看不见的微观裂缝，其宽度为 0.05 mm 以下，微观裂缝主要有三种：

　　①黏着裂缝，即沿着骨料周围出现的骨料与水泥黏结面上的裂缝。

　　②水泥石裂缝，即分布在骨料水泥浆中的裂缝。

　　③骨料裂缝，即存在于骨料本身的裂缝。

　　上述三种微观裂缝中，黏着裂缝和水泥石裂缝较多，而骨料裂缝较少。

　　微观裂缝在混凝土结构中的分布是不规则的，沿截面是不贯穿的。因此，微观裂缝的混凝土可以承受拉力，但结构物的某些受拉较大的薄弱环节，在微观裂缝的拉力作用下，很容易串联贯穿全截面，最终导致结构的断裂。

（2）宏观裂缝。宽度大于 0.05 mm 的裂缝是肉眼可见裂缝，亦称为宏观裂缝，是微观裂缝扩展的结果。

在建筑工程中，微观裂缝对防水、防腐、承重等不会引起危害，故具有微观裂缝结构则假定无裂缝结构，设计中所谓不允许出现裂缝，也是指宽度不大于 0.05 mm 的初始裂缝。因此，有裂缝的混凝土是绝对的，无裂缝的混凝土是相对的。

产生宏观裂缝一般有外荷载、次应力和变形变化三种原因，前两者引起裂缝的可能性较小，后者是导致混凝土产生宏观裂缝的主要原因，这种裂缝由温度、收缩、不均匀沉降、膨胀等变形变化引起，按其深度一般又可分为表面裂缝、深层裂缝和贯穿裂缝，如图 3－51 所示。

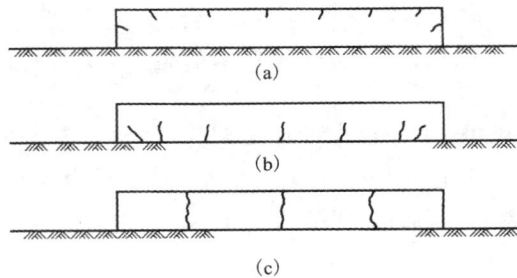

图 3－51　宏观裂缝
（a）表面裂缝；（b）深层裂缝；（c）贯穿裂缝

①表面裂缝。大体积混凝土浇筑初期，水泥水化热大量产生，使混凝土的温度迅速上升，但由于混凝土表面散热条件好，热量可向大气中散发，其温度上升较小；而混凝土内部由于散热条件较差，热量不易散发，其温度上升较多。混凝土内部温度高、表面温度低，则形成温度梯度，使混凝土内部产生压应力，表面产生拉应力，当拉应力超过混凝土的极限抗拉强度时，混凝土表面就产生裂缝。

表面裂缝虽不属于结构性裂缝，但在混凝土收缩时，由于表面裂缝处的断面已削弱，易产生应力集中现象，能促使裂缝进一步开展。国内外对裂缝宽度都有相应的规定，如我国的混凝土结构设计规范，对钢筋混凝土结构的最大允许裂缝宽度就有明确的规定：室内正常环境下一般构件为 0.3 mm；露天或室内高湿度环境下为 0.2 mm。

②深层裂缝。基础约束范围内的混凝土，处在大面积拉应力状态，在这种区域若产生了表面裂缝，则极有可能发展为深层裂缝，甚至发展成贯穿性裂缝。深层裂缝部分切断了结构断面，具有很大的危害性，施工中是不允许出现的。如何设法避免基础约束区的表面裂缝，且混凝土内外温差控制适当，则基本上可避免出现深层裂缝和贯穿裂缝。

③贯穿裂缝。大体积混凝土浇筑初期，混凝土处于升温阶段及塑性状态，弹性模量很小，变形变化所引起的应力很小，温度应力一般可忽略不计，混凝土浇筑一定时间后，水泥水化热基本已释放，混凝土从最高温逐渐降温，降温的结果是引起混凝土收缩，再加上混凝土多余水分蒸发等引起体积收缩变形，受到地基和结构边界条件的约束，不能自由变形，导致产生拉应力，当该拉应力超过混凝土极限抗拉强度时，混凝土整个截面就会产生贯穿裂缝。

贯穿裂缝切断了结构断面，破坏了结构整体性、稳定性、耐久性、防水性等，影响正常使用，所以，应当采取一切措施，坚决控制贯穿裂缝的开展。

2）裂缝产生的原因

大体积混凝土施工阶段产生的温度裂缝，是其内部矛盾发展的结果。一方面是混凝土由于内外温差产生应力和应变，另一方面是结构物的外约束和混凝土各质点的约束阻止了这种应变，一旦温度应力超过混凝土能承受的极限抗拉强度，就会产生不同程度的裂缝。总结大体积混凝土产生裂缝的工程实例，产生裂缝的主要原因如下：

（1）水泥水化热的影响。水泥在水化过程中产生大量的热量，这是大体积混凝土内部热量的主要来源，试验证明每克普通水泥放出的热量可达 500 J。由于大体积混凝土截面的厚度大，水化热聚集在结构内部不易散发，会引起混凝土内部急剧升温。水泥水化热引起的绝热温升，与混凝土厚度、单位体积水泥用量和水泥品种有关，混凝土厚度越大，水泥用量越多，水泥早期强度越高，混凝土内部的温升越快。大体积混凝土测温试验研究表明：水泥水化热在 1~3 d 放出的热量最多，占总热量的 50% 左右，混凝土浇筑后 3~5 d 内，混凝土内部的温度最高。

（2）内外约束条件影响。各种结构的变形变化中，必须受到一定的约束阻碍其自由变形，阻碍变形因素称为约束条件，结构又分为内约束与外约束。结构产生变形变化时，不同结构之间产生的约束称为外约束，结构内部各质点之间的约束为内约束，外约束分为自由体、全约束和弹性约束三种。建筑工程中的大体积混凝土，相对水利工程来说体积并不算很大，它承受的温差和收缩主要是均匀温差和均匀收缩，故外约束力占主要地位。

大体积混凝土与地基浇筑在一起，当温度变化时受到下部地基的限制，因而产生外部的约束应力。混凝土在早期温度上升时，产生的膨胀变形受到的约束而产生压应力。此时混凝土的弹性模量很小，徐变和压力松弛大，混凝土与基层连接不太牢固，因而压应力较小。但当温度下降时，则产生较大的拉应力，若超过混凝土的抗拉强度，混凝土将会出现垂直裂缝。

在全约束条件下，混凝土结构的变形应是温差和混凝土膨胀系列的乘积，即 $\varepsilon = \Delta T \cdot \alpha$，当 ε 超过混凝土的极限拉伸值 ε_P 时，结构便出现裂缝。由于结构不可能受到全约束，况且混凝土还有徐变变形，所以温度在 25~30℃ 情况下也可能不产生。由此可见，降低混凝土的内外温差和改善约束条件，是防止大体积混凝土产生裂缝的重要措施。

3. 外界气温变化的影响

大体积混凝土结构在施工期间，外界气温的变化对大体积混凝土开裂有重大影响。混凝土的内部温度是由浇筑温度、水泥水化热的绝热温升和结构的散热温度等各种温度的叠加之和。浇筑温度与外界气温有着直接关系，外界气温越高，混凝土的浇筑温度也越高；如外界温度下降，会增加混凝土的温度梯度，特别是气温骤降，会大大增加外层混凝土与内部混凝土的温度梯度，这对大体积混凝土极为不利。

大体积混凝土不易散热，其内部温度有的工程竟高达 80℃ 以上，而且持续时间较长。温度应力是由温差引起的变形所造成的。温差越大，温度应力也越大。因此，研究合理的温度控制措施，控制混凝土表面温度与外界气温的温差，是防止裂缝产生的重要措施。

4. 混凝土收缩变形影响

1）混凝土塑性收缩变形

在混凝土硬化之前，混凝土处于塑性状态，如果上部混凝土的均匀沉降受到限制，如遇到钢筋或大的混凝土骨料，或者平面面积较大的混凝土，其水平方向的减缩比垂直方向更难时，就容易形成一些不规则的混凝土塑性收缩性裂缝。这种裂缝通常是互相平行的，间距为 0.2 ~ 0.1 m，并且有一定的深度，它不仅可以发生在大体积混凝土中，而且可以发生在平面尺寸较大、厚度较薄结构中。

2）混凝土的体积变形

混凝土在水泥水化过程中要产生一定的体积变形，但多数是收缩变形，少数为膨胀变形。掺入混凝土中的拌合水，约有 20% 的水分是水泥水化所必需的，其余 80% 都要被蒸发，最初失去的自由水几乎不引起混凝土的收缩变形，随着混凝土的继续干燥而使多余的水逸出，就会出现干燥收缩。

混凝土干燥收缩的机理比较复杂，其主要原因是混凝土内部孔隙水蒸发引起的毛细管引力所致，这种干燥收缩在很大程度上是可逆的，即混凝土产生干燥收缩后，如再处于水饱和状态，混凝土还可以膨胀恢复到原有的体积。

除上述干燥收缩外，混凝土还会产生碳化收缩，即空气中的二氧化碳（CO_2）与混凝土中的氢氧化钙［$Ca(OH)_2$］反应生成碳酸钙和水，这些结合水会因蒸发而使混凝土产生收缩。

3）控制裂缝开展的基本方法

从控制裂缝的观点来讲，表面裂缝危害较小，而贯穿性危害很大，因此，在大体积混凝土施工中，重点是控制混凝土贯穿裂缝的开展，常采用的控制裂缝开展的基本方法有如下三种：

（1）"放"的方法。所谓"放"的方法，即减小约束体与被约束体之间的相互制约，以设置永久性伸缩缝的方法。也就是将超长的现浇混凝土结构分成若干段，以其释放大部分热量和变形，减小约束应力。

我国《混凝土结构设计规范》（GB 50010—2010）中规定，现浇混凝土框架结构，现浇混凝土剪力墙、装配式挂板结构，全现浇剪力墙结构，处于室内或土中条件下的伸缩缝间距，分别为 45 m、55 m 和 65 m。

目前，国外许多国家也将设置永久性的伸缩缝作为控制裂缝开展的一主要方法，其伸缩缝间距一般为 30 ~ 40 m，个别规定为 10 ~ 20 m。

（2）"抗"的方法。所谓"抗"的方法，即采取一定的技术措施，减小约束体与被约束体之间的相对温差，改善钢筋的配置，减少混凝土的收缩，提高混凝土的抗拉强度等，以抵抗温度收缩变形和约束应力。

（3）"放"、"抗"结合的方法。"放"、"抗"结合的方法，又可分为"后浇带"、"跳仓打"和"水平分层间歇"等方法。

①"后浇带"法。"后浇带"是指现浇整体混凝土的结构中，在施工期间保留临时性温度、收缩的变形缝方法。该缝是根据工程的具体条件，保留一定的时间，再用混凝土填筑密实后成为连续、整体、无伸缩缝的结构。

在施工期间设置做为临时伸缩缝的"后浇带"，将结构分成若干段，可有效地削减温度收缩应力；在施工的后期，再将若干段浇筑成整体，以承受约束应力。在正常的条件下，"后浇带"的间距一般为 20 ~ 30 m，后浇带宽为 1.0 m 左右，混凝土浇筑 30 ~ 40 d 后用混凝土封闭。高层施工中常待主体结顶，沉降均匀后再封闭。

②"跳仓打"法。"跳仓打"法，即将整体结构垂直施工缝分段，间隔一段，浇筑一段，经

过不少于 5 d 的间歇后再浇筑成整体,如果条件许可时,间歇时间可适当延长。采用此法时,每段的长度尽可能与施工缝结合起来,使之能有效地减小温度应力和收缩应力。

在施工后期将跳仓部分浇筑上混凝土,将这若干段浇筑成整体,再承受第二次浇筑的混凝土的温差和收缩,先浇与后浇混凝土两部分的温差和收缩应力叠合后应小于混凝土的设计抗拉强度,这就是利用"跳仓打"法控制裂缝,但不成为永久伸缩缝的目的。

③"水平分层间歇"法。"水平分层间歇"法,即以减少混凝土浇筑厚度的方法来增加散热机会,减小混凝土温度的上升,并使混凝土浇筑后的温度分布均匀。此法的实质是:当水化热大部分是从上层表面散热时,可以分为几个薄层进行浇筑。根据工程实践经验,水平分层厚度一般可控制在 0.2 ~ 0.6 m 范围内,相邻两浇筑层之间的间隔时间,应以既能散发大量热量,又不引起较大的约束应力为准,一般以 5 ~ 7 d 为宜。

3.9.2 混凝土温度应力的计算

1. 结构中的温度场

大体积混凝土中心部分的最高温度,在绝热条件下是混凝土浇筑温度与水泥水化热之和。但实际的施工条件表明,混凝土内部的温度与外界环境必然存在着温差,加上结构物的四周又具备一定的散热条件,因此,在新浇筑的混凝土与其周围环境之间必然会发生热能交换。故在体积混凝土内部的最高温度,是由浇筑温度、水泥和水化后产生的水化热量,全部转化为温升后的最后温度,称为绝热最高温升,一般用 T_{max} 表示,可按下式计算:

$$T_{max} = \frac{WQ}{C \cdot r} \tag{3-1}$$

式中:T_{max}——混凝土的绝热最高温升(℃);

W——每千克水泥的水化热(J/kg);

Q——每立方米混凝土中水泥用量(kg/m³);

C——混凝土的比热,一般可取 $0.96 \times 10^3 [J/(kg \cdot ℃)]$;

r——混凝土的容重(kg/m³),一般取 2400(kg/m³)。

不同龄期几种常用水泥在常温下释放的水化热见表 3-5,供计算时参考,从表中可以看出,水泥水化热量与水泥品种、水泥强度等级、施工气温和龄期等因素有关。

表 3-5 水泥水化热值(单位: kJ/kg)

水泥品种	水泥强度等级	混凝土龄期		
		3 d	7 d	28 d
普通硅酸盐水泥	42.5	314	354	375
	32.5	250	271	334
矿渣硅酸盐水泥	42.5	180	256	334

注:1.本表数值是按平均硬化温度15℃时编制的,当平均温度为7~10℃时,表中数值按60%~70%采用;

2.当采用粉煤灰硅酸盐水泥、火山灰质硅酸盐水泥时,其水化热量可参考矿渣硅酸盐水泥的数值。

2. 混凝土最高温升值计算

由于大体积混凝土结构都处于一定的散热条件下,故实际的最高温升一般都小于绝热温升。目前土建工程中的大体积混凝土内部最高温升的计算公式，尚无精确的资料可供借鉴。原来一直参照水利工程中混凝土大坝施工的有关资料，并按照热传导公式进行计算。但土建工程的大体积混凝土，由于其设计强度较高，单位体积水泥用量多，它与大坝施工的初始条件和边界条件有较大差异，所以借助大坝低热水泥的温升参数和自由状态下素混凝土的线膨胀系数进行计算，其结果与实际往往误差很大。同时，这种计算方法比较复杂，工作量也比较大，不便施工现场技术人员掌握。

1979 年以来，根据已施工的许多大体积混凝土结构的现场实测升温、降温数据资料，经过统计整理分析后得出：凡混凝土结构厚度在 1.8 m 以下，在计算最高温升值时，可以忽略水灰比、单位用水量、浇筑工艺及浇筑速度等次要因素的影响，而只考虑单位体积水泥用量及混凝土浇筑温度这两个主要影响因素，以简便的经验公式进行计算。工程实践证明，其精确程度完全可以满足指导施工的要求，其计算值与实测值相比误差较小。

土建工程大体积混凝土最高温升值，可按下式计算：

$$T'_{max} = T_0 + Q/10 \tag{3-2}$$
$$T'_{max} = T_0 + Q/10 + F/50 \tag{3-3}$$

式中：T'_{max}——混凝土内部的最高温升值（℃）；

$\qquad$ T_0——混凝土浇筑温度（℃），在计算时，在无气温和浇筑温度的关系值时，可采用计划浇筑日期的当地旬平均气温（℃）；

$\qquad$ Q——每立方米混凝土中水泥的用量（kg/m^2），上述两公式适用于 42.5 级矿渣硅酸盐水泥，如使用 32.5 级水泥时，建议用 $Q/10 \times (1.1 \sim 1.2)$；使用 52.5 级水泥时，建议采用 $Q/10 \times (0.90 \sim 0.95)$；

$\qquad$ F——每立方米混凝土中粉煤灰的用量（kg/m^3）。

3.9.3　控制温度裂缝的技术措施

防止产生温度裂缝是大体积混凝土研究的重点，我国自 20 世纪 60 年代开始研究，目前已积累了很多成功的经验。工程上常用的防止混凝土裂缝的措施主要有：①采用中低热的水泥品种；②降低水泥用量；③合理分缝分块；④掺加外加料；⑤选择适宜的骨料；⑥控制混凝土的出机温度和入模温度；⑦预埋水管、通水冷却、降低混凝土的最高温升；⑧表面保护、保温隔热不使表面温度散热太快，减少混凝土内外温差；⑨采取防止混凝土裂缝的结构措施等。

在结构工程的设计施工中，对于大体积混凝土结构，为防止其产生温度裂缝，除需在施工前进行认真计算外，还要做到施工过程中采取有效的技术措施，根据我国的施工经验应着重从控制混凝土温升、延缓混凝土降温速率、减少混凝土收缩、提高混凝土极限拉伸值、改善混凝土约束程度、完善构造设计和加强施工中的温度监测等方面采取技术措施。以上这些措施不是孤立的，而是相互联系、相互制约的，施工中必须结合实际、全面考虑、合理采用，才能收到良好的效果。

1. 水泥品种选择和用量控制

大体积混凝土结构引起裂缝的主要原因是：混凝土的导热性能较差，水泥水化热的大量积聚，使混凝土出现早期温升和后期降温现象。因此，控制水泥水化热引起的温升，即减小降温温差，对降低温度应力、防止产生温度裂缝能起到釜底抽薪的作用。

1）选用中热或低热的水泥品种

混凝土升温的热源是水泥水化热，选用中低热的水泥品种，是控制混凝土温升的最基本方法。如32.5级的矿渣硅酸盐水泥，其3 d的火山灰硅酸盐水泥，一般3 d内的水化热仅为同标号普通硅酸盐水泥的60%。根据某大型基础试验表明：选用32.5级硅酸盐水泥，比选用32.5级矿渣硅酸盐水泥，3 d内水化热平均升温高5～8℃。

2）充分利用混凝土的后期强度

根据大量的试验资料表明，每1 m³混凝土的水泥用量，每增减10 kg，其水化热将使混凝土的温度相应升降1℃。因此，为控制混凝土温升、降低温度应力、减少温度裂缝，一方面在满足混凝土强度和耐久性的前提下，尽量减少水泥用量，严格控制每立方米混凝土水泥用量不超过400 kg；另一方面可根据实际承受荷载的情况，对结构的强度和刚度进行复算，并取得设计单位、监理单位和质量检查部门的认可后，采用 f45、f60 或 f90 替代 f28 作为混凝土的设计强度，这样可使每立方米混凝土的水泥用量减少40～70 kg左右，混凝土的水化热温度相应降低4～7℃。

上海宝山钢铁总厂、亚洲宾馆、新锦江宾馆、浦东煤气厂筒仓等工程大型基础，都采用了 f45 或 f60 作为设计强度，C20～C40 的混凝土，其 f60 比 f28 平均增长 12%～26.2%。

2. 掺加外加料

在混凝土中掺入一些适宜的外加料，可以使混凝土获得所需要的特性，尤其在泵送混凝土中更为突出。泵送性能良好的混凝土拌合物应具备三种特性：①在输送管壁形成水泥浆或水泥砂浆的润滑层，使混凝土拌合物具有在管道中顺利滑动的流动性；②为了能在各种形状和尺寸的输送管内顺利输送，混凝土拌合物要具备适应输送管形状和尺寸的变化性；③为在泵送混凝土施工过程中不产生离析而造成堵塞，拌合物应具备压力变化和位置变动的抗分离性。

由于影响泵送混凝土性能的因素很多，如砂石的种类、品质和级配、用量、砂率、高层建筑施工坍落度、外掺料等。为了使混凝土具有良好的泵送性，在进行混凝土配合比的设计中，不能用单纯增加单位用水量方法，这样不仅会增加水泥用量，增大混凝土的收缩，而且还会使水化热升高，更容易引起裂缝。工程实践证明，在施工中优化混凝土级配，掺加适宜的外加料，以改善混凝土的特征，是大体积混凝土施工中的一项重要技术措施。混凝土中常用的外加料主要是外掺剂和外掺料。

1）掺加外掺剂

大体积混凝土中掺加的外掺剂主要是木质素磺酸钙（简称木钙）。木质素磺酸钙，属阴离子表面活性剂，它对水泥颗粒有明显的分散效应，并能使水的表现张力降低。因此，在泵送混凝土中掺入水泥重的 0.2%～0.3% 的木钙，不仅能使混凝土的和易性有明显的改善，而且可减少10%左右的拌和水，混凝土28 d的强度提高10%以上；若不减少拌和水，坍落度可提高10 cm左右，若保持强度不变，可节约水泥10%，从而降低水化热。

木钙由于原料为工业废料，资料丰富，生产工艺和设备简单，成本低廉，并能减少环境污染，故世界各国均大量生产，广为使用，尤其可适用泵送混凝土的浇筑。

2）掺加外掺料

大量试验资料表明，在混凝土中掺入一定量的粉煤灰后，除了粉煤灰本身的火山灰活性作用，在生成硅酸盐凝胶，作为胶凝材料的一部分增强作用外，在混凝土用水量不变的条件下，由于粉煤灰颗粒呈球性并具有"滚珠效应"，可以起到显著改善混凝土和易性的效能；若保持混凝土拌合物原有的流动性不变，则可减少用水量，起到减水的效果，从而可提高混凝土的密实性和强度；掺入适量的粉煤灰，还可大大改善混凝土的可泵性，降低混凝土的水化热。

大体积混凝土掺和粉煤灰分"等量取代法"和"超量取代法"两种，前者是用等体积的粉煤灰取代水泥的方法，但其早期强度（28 d 以内）也会随掺入量增加而下降，所以对早期抗裂要求较高的工程，取代量应非常慎重。后者是一部分粉煤灰取代等体积水泥，超量部分粉煤灰则取代等体积砂子，它不仅可以获得强度增加效应，而且可以补偿粉煤灰代水泥所降低的早期强度，从而保持粉煤灰掺入前后的混凝土强度等级。

3. 骨料的选择

大体积的混凝土砂石料重量约占混凝土总重量的85%左右，正确选用砂石料对保证混凝土质量、节约水泥用量、降低水化热数量、降低工程成本是非常重要的。骨料的选用应根据就地取材的原则，首先考虑选用生产成本低、质量优良的天然砂石料。根据国内外对人工砂石料的试验研究和生产实践，证明采用人工骨料也可以做到经济实用。

1）粗骨料的选择

为了达到预定的要求，同时又要发挥水泥最有效的作用，粗骨料有一个最佳的最大粒径。但对结构工程的大体积混凝土，粗骨料的规格往往与结构物的配筋间距、模板形状以及混凝土的浇筑工艺等因素有关。

结构工程的大体积混凝土，宜优先采用以自然连续级配的粗骨料配制，这种用连续级配粗骨料配制的混凝土，可根据施工条件，尽量选用粒径较大、级配良好的石子。根据有关试验结果证明，采用5～40 mm 石子比采用5～25 mm 石子，每立方米混凝土可减少水量 15 kg左右，在相同水灰比情况下，水泥用量可节约 20 kg 左右，混凝土温升可降低2℃。

选用较大骨料粒径，不仅可以减少用水量，使混凝土的收缩和泌水随之减少，也可减少水泥用量，从而使水泥的水化热减小，最终降低混凝土的温升。但是，骨料粒径增大后，容易引起混凝土的离析，影响混凝土的质量。因此，进行混凝土配合比设计时，不要盲目选用大粒径骨料，必须进行优化级配设计，施工时加强搅拌、浇筑和振捣等工作。

2）细骨料的选择

大体积混凝土中的细骨料，以采用中、粗砂为宜，细度模数宜在 2.6～2.9 范围内。根据有关试验资料证明，当采用细度模数为 2.79，平均粒径为 0.381 的中粗砂，比采用细度模数为 2.12、平均粒径为 0.336 的细砂，每立方米混凝土可减少水泥用量 28～35 kg，减少用水量 20～25 kg，这样就降低了混凝土的温升和减小了混凝土的收缩。

泵送混凝土的输送管形式较多，既有直管又有锥形管、弯管和软管。当通过锥形管和弯管时，混凝土颗粒间的相对位置就会发生变化，此时如果混凝土中的砂浆量不足，便会产生堵管现象。所以，在级配设计时可适当提高砂率；但若砂率过大，将对混凝土的强度产生不利影响。因此，在满足可泵性的前提下，应尽可能降低砂率。

3）骨料质量的要求

骨料的质量如何，直接关系到混凝土的质量，所以，骨料中不应含有超量的黏土、淤泥、粉屑、有机物及其他有害物质，其含量不能超过规定的数值。混凝土试验表明，骨料的含泥量是影响混凝土质量的最主要因素，它对混凝土的强度、干缩、徐变、抗渗、抗冻融、抗磨损及和易性等性能产生不利的影响，尤其会增加混凝土的收缩，引起混凝土的抗拉强度的降低，对混凝土的抗裂更是十分不利。因此，在大体积混凝土施工中，石子的含泥量控制在不大于1%，砂的含量控制在不大于2%。

4.控制混凝土出机温度和浇筑温度

1)控制混凝土的出机温度

为了降低大体积混凝土的总温升，减少结构物的内外温差，控制混凝土的出机温度与浇筑温度同样非常重要。在混凝土原材料中，砂石的比热比较小，但其在每立方米混凝土中所占的比例较大，水的比热最大，但它的重量在每立方米混凝土中只占一小部分。因此，对混凝土出现温度影响最大的是石子温度，砂的温度次之，水泥的温度影响最小。为了降低混凝土的出机温度，其最有效的办法就是降低石子的温度。降低石子温度的方法很多，如在气温较高时，为防止太阳的直接照射，可在砂、石堆场搭设简易的遮阳装置，温度可降低3～5℃，如大型水电工程葛洲坝工程，在拌和前用冷水冲洗粗骨料，在储料仓中通冷风预冷，使混凝土的出机温度达到7℃的要求。

2)控制混凝土浇筑温度

混凝土从搅拌机出料后，经搅拌车或其他工具运输、卸料、浇筑、振捣、平仓等工序后的混凝土温度称为混凝土浇筑温度。

关于混凝土浇筑温度的控制，各国都有明确的规定：我国有些规范提出混凝土浇筑混度应不超过25℃，否则必须采取特殊技术措施；美国ACI施工手册中规定不超过32℃；日本土木学会施工规程中规定不得超过30℃；日本建筑学会钢筋混凝土施工规程中规定不得超过35℃。在土建工程的大体积混凝土施工中，实践证明浇筑温度对结构物的内外温差影响不大，因此对主要受早期温度应力影响的结构物，没有必要对浇筑温度控制过严，如上海宝山钢铁总厂施工的七个大体积钢筋混凝土基础，其中有四个基础混凝土的浇筑温度为32～35℃，均未采取特殊的技术措施，经检查均未出现影响混凝土质量的问题。但是考虑到温度过高会引起混凝土较大的干缩及给浇筑带来不利影响，适当限制混凝土的浇筑温度还是必要的。根据工程经验总结，建议最高浇筑温度控制在35～40℃以下为宜，这就要求在常规施工情况下，应该合理选择浇筑时间，完善浇筑工艺及加强养护工作。

5.加强养护，延缓混凝土降温速率

大体积混凝土浇筑后，加强表面的保温、保湿养护，对防止混凝土产生裂缝具有重大作用。保温、保湿养护的目的有三个：第一是减少混凝土的内外温差，防止出现表面裂缝；第二是防止混凝土过冷，避免产生贯穿裂缝；第三是延缓混凝土的冷却速度，以减小新老混凝土的上下层约束。总之，在混凝土浇筑之后，尽量以适当的材料加以覆盖，采取保温和保湿措施，不仅可减少升温阶段的内外温差，防止产生表面裂缝，而且可以使水泥顺利水化，提高混凝土的极限拉伸值，防止产生过大的温度应力和温度裂缝。

混凝土终凝后，在其表面蓄存一定深度的水，采取蓄水养护是一种较好的方法，我国在一些工程中曾经采用，并取得良好效果。水的导热系数为0.58 W/(m·K)，具有一定的隔热保温效果，这样可以延缓混凝土内部水化热的降温速率，缩小混凝土中心和表面的温度差值，从而可控制混凝土的裂缝开展。

6.减少混凝土收缩，提高混凝土的极限拉伸值

混凝土的收缩值和极限拉伸值，除与水泥用量、骨料品种和级配、水灰比、骨料含泥量

等有关外，还与施工工艺和施工质量密切相关。因此，通过改善混凝土的配合比和施工工艺，可以在一定程度上减少混凝土的收缩和提高混凝土极限拉伸值 ε_p，这对防止产生温度裂缝也可起到一定的作用。

大量现场试验证明，对浇筑后的混凝土进行两次振捣，能排除混凝土因泌水在粗骨料、水平钢筋下部生成的水分空隙，提高混凝土与钢筋的握裹力，防止因混凝土沉落而出现的裂缝，减小混凝土内部微裂，增加混凝土的密实度，使混凝土的抗压强度提高 $10\% \sim 20\%$，从而可提高混凝土的抗裂性。

混凝土二次振捣的恰当时间是指混凝土振捣后尚能恢复到塑性状态的时间，这是二次振捣的关键，又称为振动界限。掌握二次振捣恰当时间的方法一般有以下两种：

（1）将运转着的振动棒以其自身的重力逐渐插入混凝土中进行振捣，混凝土在振动棒慢慢拔出时能自动闭合，不会在混凝土中留下孔穴，则可认为此时施加二次振捣是适宜的。

（2）为了准确地判定二次振捣的适宜时间，国外一般采用测定贯入阻力值的方法进行判定。当标准贯入阻力值在未达到 350 N/cm^2 以前，再进行二次振捣是有效的，不会损伤已成型的混凝土。根据有关试验结果，当标准贯入阻力值为 350 N/cm^2 时，对应的立方体式块强度为 25 N/cm^2，对应的压痕仪强度值为 27 N/cm^2。

由于采用二次振捣的最佳时间与水泥品种、水灰比、坍落度、气温和振捣条件等有关，因此，在实际工程正式采用必须经试验确定。同时，在最后确定二次振捣时间时，既要考虑技术上的合理性，又要满足分层浇筑、循环周期的安排，在操作时间上要留有余地，避免由于这些失误而造成"冷接头"等质量问题。

在传统混凝土搅拌工艺过程中，水分直接润湿石子的表面；在混凝土成型和静置过程中，自由水进一步向石子与水泥砂浆界面集中，形成了石子表面的水膜层，在混凝土硬化后，由于水膜的存在而使界面过渡层疏松多孔，削弱了石子与硬化水泥砂浆之间的黏结，形成混凝土中最薄弱的环节，从而对混凝土抗压强度和其他物理力学性能产生不良影响。

改进混凝土的搅拌工艺，可以提高混凝土的极限拉伸值，减少混凝土的收缩。为了进一步提高混凝土的质量，可采用二次投料的净浆裹石或砂浆裹石搅拌新工艺，这可以有效地防止水分向石子与水泥砂浆界面的集中，使硬化后的界面过渡层的结构致密，黏结强度增强，从而可使混凝土强度提高 10% 左右，相应地也提高了混凝土的抗拉强度和极限抗拉伸。当混凝土强度基本相同时，采用这种搅拌工艺可减少水泥用量 7% 左右，相应地也减少了水化热。

7. 改善边界约束和构造设计

防止大体积混凝土产生温度裂缝，除可采取以上施工技术措施外，在改善边界约束和构造设计方面也可采取一些技术措施，如合理分段浇筑，合理配筋设置滑动层，设置应力缓和沟，设置缓冲层，避免应力集中等。

1）合理分段浇筑

当大体积混凝土结构的尺寸过大，通过计算证明整体一次浇筑会产生较大温度应力，有可能产生温度裂缝时，则可与设计单位协商，采用合理的分段浇筑，即增设"后浇带"进行浇筑。

用"后浇带"分段施工时，其计算是将降低温差和收缩应力分为两部分，在第一部分内结构被分成若干段，使之能有效地减小温度和收缩应力；在施工后期再将这若干段浇筑成整体，继续承受第二次温差和收缩的影响。"后浇带"的间距，在正常情况下为 $20 \sim 30 \text{ m}$，保留时间一般不宜少于 40 d，其宽度可取 700～1000 mm，其混凝土强度等级比原结构提高 5～10 N/mm²，湿养护不少于 15 d，"后浇带"的构造，如图 3－52 所示。

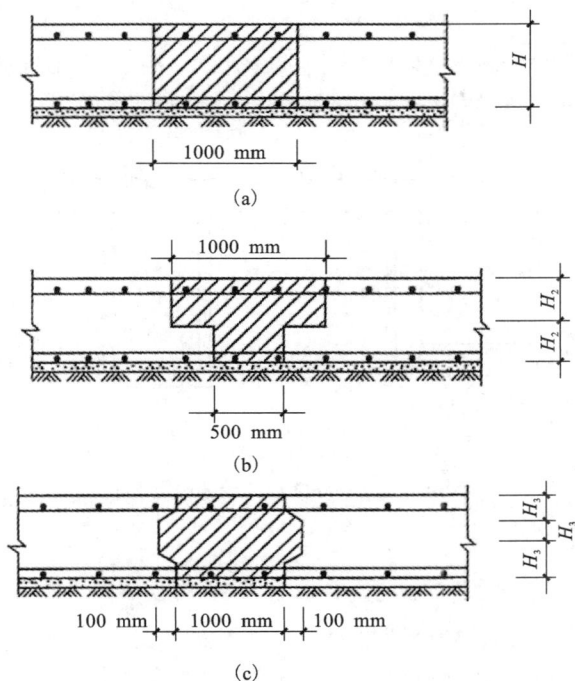

图 3－52　"后浇带"构造
（a）平接式；（b）T 字式；（c）企口式

2）合理配筋

在构造设计方面进行合理配筋，对混凝土结构的抗裂有很大作用。工程实践证明，当混凝土墙板的厚度为 400～600 mm 时，采取增加配置构造钢筋的方法，可使构造筋起到温度筋的作用，能有效提高混凝土的抗裂性能。

配置的构造筋应尽可能采用小直径、小间距。例如配置直径 6～14 mm、间距控制在 100～150 mm。按全截面对称配筋比较合理，这样可大大提高抵抗贯穿性开裂的能力。进行全截面配筋，含筋率应控制在 0.3%～0.5% 之间为好。

对于大体积混凝土结构，构造筋对控制贯穿性裂缝作用不太明显，但沿混凝土表面配置钢筋，可提高面层表面降温的影响和干缩。

3）设置滑动层

由于边界存在约束才会产生温度应力，如在与外约束的接触面上全部设置滑动层，则可大大减弱外约束。如在外约束的两端 1/4～1/5 的范围内设置滑动层，则结构的计算长度可折减约一半，为此，遇有约束强的岩石类地基、较厚的混凝土垫层等时，可在接触面上设置滑动层，对减少温度应力将起到显著作用。

滑动层的做法有：涂刷两道热沥青加铺一层沥青油毡，或铺设 10～20 mm 厚的沥青砂，或铺设 50 mm 厚的砂或石屑层等。

4）设置应力缓和沟

设置应力缓和沟，即在结构的表面，每隔一定距离（一般约为结构厚度的 1/5）设一条沟，设置应力缓和沟后，可将结构表面的拉应力减少 20%～50%，可有效地防止表面裂缝。

5）设置缓冲层

设置缓冲层，即在高、低板交接处，底板地梁处等，用 30～50 mm 厚的聚苯乙烯泡板作垂直隔离，以缓冲基础收缩时的侧向压力，如图 3 - 53 所示。

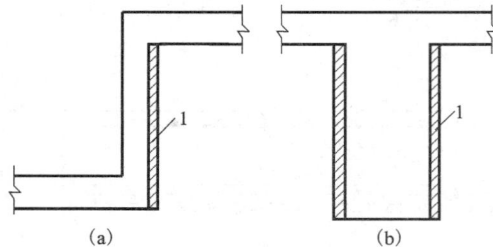

图 3 - 53　缓冲层示意图

（a）高、低底板交接处；（b）底板地梁处

1—聚苯乙烯泡沫塑料

6）避免应力集中

在孔洞周围、变断面转角部位、转角处等，由于温度变化和混凝土收缩，会产生应力集中而导致混凝土裂缝。为此，可在孔洞四周增配斜向钢筋、钢筋网片；在变断面处避免断面突变，可作局部处理使断面逐渐过渡，同时增配一定量的抗裂钢筋，这对防止裂缝产生是有很大作用的。

8. 加强施工监测工作

在大体积混凝土的凝结硬化过程中，应随时摸清大体积混凝土不同深度处温度场升或降的变化规律，及时监测混凝土内部的温度情况，对于有的放矢地采取相应的技术措施，确保混凝土不产生过大的温度应力，具有非常重要的作用。

监测混凝土内部的温度，可在混凝土内不同部位埋设铜热传感器，用混凝土温度测定记录仪进行施工全过程的跟踪和监测，混凝土温度测定记录仪，是以 XQC - 300 大型长图自动平衡记录仪表和 WZG - 010 铜热电阻温度传感器作为基本测温单元，并加装"临时全自动扩展"装置组成，原来的 12 个点测温能力提高到 108 个点，能做到全面、均匀地控制大体积混凝土温度情况。

混凝土温度测定记录仪，是以测定电阻变化来显示温度的仪器，其基本原理是电桥平衡方式。记录仪连接着打印系统，将各测点温度场的分布情况，除需要按设计要求布置一定数量的传感器外，还要确保埋入混凝土中的每个传感器具有较高的可靠性。因此，必须对传感器进行封装，封装的工序一般包括：初筛→热老化处理→绝缘试验→馈线焊接和密封。

初筛、热老化处理和绝缘试验的目的，是确保铜热传感器的可靠性、准确性和密封性，剔除不合格的传感器，限定混凝土碱性腐蚀对测试工作的影响。馈线焊接和密封，是保证传感器正常工作必不可少的关键工序，将馈线与传感器接线头焊接后，再用环氧树脂密封后就可供现场布置。

布置应将铜热传感器用绝缘胶布绑扎于预定测点位置处的钢筋上。如预定位置处无钢筋，可另外设置钢筋。由于钢筋的导热系数大，传感器直接接触钢筋会使该部位的温度值失真，所以，要用绝缘胶布绑扎，待各铜热传感器绑扎完毕后，应将馈线收成一束，固定在横向钢筋下沿引出，以避免在浇筑混凝土时馈线受到损伤。

待馈线与测定记录仪接好后，须再次对传感器进行试测检查，以试测完全合格后，混凝土测试的准备工作即将结束。

混凝土温度测定记录仪，不仅可显示读数，而且还可自动记录各测点的温度，能及时绘制出混凝土内部温度变化曲线，随时对照理论计算值，可有的放矢地采取相应的技术措施。这样在施工过程中，可以做到大体积混凝土内部的温度变化进行跟踪监测，实现信息化施工，确保工程质量。

有时测温也可以采用较简便的方法，如上海静安希尔顿酒店工程塔楼承台基础。

选用直径 4″黑铁管，测温管布置如图 3 - 54 所示，分为竖向管和侧向管两种，测定承台不同深度的温度以及侧面温度。测温计先用 SU，QING，YI，85 - G 温度计，刻度 0 ~ 150°，长度 150 mm，直径 8 mm，温度计顶端有圆环，便于穿绳线，温度计性能与体温表相似，随所测定的温度升高，待读数后，甩动温度计，水银柱才下降。测温方法：拔出塞在测温管上口的回丝，将温度计慢慢放入管内测定深度，即用回丝封住上口，待 3 min 后取下温度计，记下测温值。

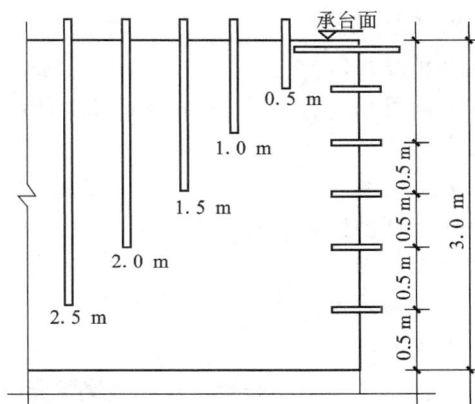

图 3 - 54　测点布置剖面图

本模块小·结

高层建筑施工中基础工程占据重要的地位，尤其是在一些软土地区更是关键。在施工中往往是技术上最难处理的部分。如何根据地质、水文、周围环境、施工条件选择合理的施工方案（降水、支护、相应结构施工等），对施工的进度、质量、安全和成本起到至关重要的作用。本章系统地介绍了降低地下水、基坑开挖、桩基施工工艺、地下连续墙、深基坑支护等几种常见的方式和大体积混凝土的施工等。

课后习题

一、单项选择题

1. 下列属于重力排水法的是( )。

A. 集水井降水　　　　B. 轻型井点降水　　　　C. 管井井点降水　　　　D. 电渗井点降水

2. 下列属于强制排水法的是( )。

A. 集水井降水　　　　B. 明沟排水　　　　C. 暗沟及管沟排水　　　　D. 喷射井点

3. 电渗井点中能够作为阴极的是( )。

A. 轻型井点管　　　　B. 钢筋　　　　C. 钢管　　　　D. 型钢

4. 下列哪一项跟降水方法的选择没有关系( )。

A. 降水深度　　　　B. 基础的情况　　　　C. 经济比较　　　　D. 土的渗透系数

5. 下列关于电渗井点的说法错误的是( )。

A. 钢筋可以作为阳极

B. 电泳现象使土体固结

C. 地下水自阳极向阴极移动，称为电渗现象，易于排水

D. 以井点管为阴极，金属棒为阳极，通入交流电

6. 下列哪种机械不适用于土的含水量较小且基坑较浅的基坑工程( )。

A. 推土机　　　　B. 正铲挖土机　　　　C. 铲运机　　　　D. 抓铲挖土机

7. 下列哪种属于悬臂式支护结构( )。

A. 水泥搅拌桩　　　　B. 旋喷桩　　　　C. 地下连续墙　　　　D. 钢管支撑

8. 下列哪种属于重力式支护结构( )。

A. 水泥搅拌桩　　　　B. 木板桩　　　　C. 地下连续墙　　　　D. 钢管支撑

9. 下列关于悬臂式支护结构说法错误的是( )。

A. 地下连续墙是悬臂式支护结构

B. 悬臂式支护结构对开挖深度很敏感

C. 悬臂式支护结构不容易产生较大变形

D. 悬臂式支护结构适用于土质条件好、开挖深度较浅的基坑工程

10. 下列关于钢筋混凝土支撑体系优点的说法错误的是( )。

A. 施工速度快　　　　B. 刚度大　　　　C. 变形小　　　　D. 布置灵活

11. 下列关于钢支撑体系优点的说法错误的是( )。

A. 施工速度快　　　　B. 可重复使用　　　　C. 变形小　　　　D. 可施加预压力

12. 下列哪种不是灌注桩的施工方法( )。

A. 静力压桩　　　　B. 旋挖桩　　　　C. 沉管灌注桩　　　　D. 人工挖孔桩

13. 下列不属于灌注桩优点的是( )。

A. 造价低　　　　　　　　　　　　B. 省钢筋

C. 成桩速度比预制桩快　　　　　　D. 无须接桩和截桩

14. 下列关于预制桩施工的说法不正确的是( )。

A. 柴油打桩机噪声影响大

B. 水冲法是静力压桩的一种辅助方法

C. 振动法对钢管桩沉桩效果较好

D. 静力压桩可消除噪声和振动的公害

15. 要增大单根土层锚杆的承载能力，以下办法可以采用的是(　　　　)。

A. 增大锚固体的直径　　　　　　　　　B. 增加锚固体的长度

C. 增加自由段的长度　　　　　　　　　D. 给土层锚杆施加预应力

16. 关于土层锚杆，下列说法错误的是(　　　　)。

A. 最上层锚杆上面要有必要的覆土厚度

B. 锚杆的倾角可以自由确定

C. 成孔方式对土层锚杆的承载能力有一定的影响

D. 采用二次灌浆可以增大土层锚杆的承载能力

17. 湿作业时，用下列哪种做冲洗液，可以提高土层锚杆的锚固力(　　　　)。

A. 清水　　　　　　B. 泥浆　　　　　　C. 水泥浆　　　　　　D. 淡盐水

18. 土层锚杆钢拉杆的自由段要做好(　　　　)处理。

A. 冷拉　　　　　　B. 打磨光滑　　　　C. 防腐和隔离　　　　D. 冷压

19. 下列选项中不属于土层锚杆施工中灌浆的作用的是(　　　　)。

A. 形成锚固段，将锚杆锚固在土层中　　　B. 保护钢拉杆

C. 填充土层中的孔隙和裂缝　　　　　　　D. 增加土层锚杆的重量

20. 土层锚杆灌浆后，待锚固体强度达到(　　　　)设计强度以上，便可以对锚杆进行张拉和锚固。

A. 60%　　　　　　B. 70%　　　　　　C. 75%　　　　　　D. 80%

21. 下列选项中，不是土钉支护的优点的是(　　　　)。

A. 施工设备轻便，操作方法简单　　　　　B. 结构轻巧，柔性大，有很好的延性

C. 主动约束土体变形和位移　　　　　　　D. 经济

22. 以下几种土钉中，最常用的是(　　　　)。

A. 钻孔注浆钉　　　B. 击入钉　　　　　C. 注浆击入钉　　　　D. 气动射击钉

23. 一般来说，土钉的间距不宜超过(　　　　)m。

A. 1　　　　　　　　B. 1.5　　　　　　C. 2　　　　　　　　D. 2.5

24. 对直立的支护，土钉倾角一般在(　　　　)之间。

A. 0°~20°　　　　　B. 5°~20°　　　　　C. 15°~35°　　　　　D. 10°~25°

25. 土钉支护中受力最大的筋体位于(　　　　)。

A. 底部　　　　　　　　　　　　　　　　B. 中部

C. 顶部　　　　　　　　　　　　　　　　D. 距离坑底 1/3 高度处

26. 土钉支护中，土钉所受的拉力沿其整个长度的分布一般是(　　　　)。

A. 两头大，中间小　　　　　　　　　　　B. 两头小，中间大

C. 均匀分布　　　　　　　　　　　　　　D. 从一头向另一头逐渐减小

27. 下列不适用于土钉墙的是(　　　　)。

A. 基坑安全等级为二三级　　　　　　　　B. 基坑周围不具备放坡条件

C. 邻近有重要建筑或地下管线　　　　　　D. 地下水位较低或坑外有降水条件

28. 当基坑开挖面上方的锚杆、土钉未达到设计要求时，（   ）向下开挖土方。

A. 不宜   B. 不可   C. 不应   D. 严禁

29. 土层锚杆的倾角，一般宜取（   ）。

A. 5°~20°   B. 10°~25°   C. 15°~30°   D. 15°~35°

30. 下列不属于地下连续墙优点的是（   ）。

A. 适用于各种土质   B. 可在各种复杂条件下施工

C. 综合经济效果较好   D. 只作临时挡土结构很经济

31. 下列关于地下连续墙说法不正确的是（   ）。

A. 属于悬臂式支护结构   B. 单体造价稍高

C. 施工现场潮湿泥泞   D. 墙面作为永久性结构无须进一步处理

32. 在地下连续墙施工中，关于泥浆的说法不正确的是（   ）。

A. 泥浆可以防止槽壁坍塌

B. 泥浆有携渣作用

C. 不同土层护壁泥浆性质的控制指标都相同

D. 泥浆有冷却润滑作用

33. 在地下连续墙施工中，关于单元槽段的说法正确的是（   ）。

A. 单元槽段的长度可以小于一个挖槽段

B. 从理论上讲单元槽段长度越长越好

C. 地质条件不会影响单元槽段的划分

D. 一个单元槽段内的全部混凝土，可以分多次浇筑完毕

34. 在地下连续墙施工中，关于清底的说法不正确的是（   ）。

A. 沉渣不会影响混凝土的强度和质量   B. 沉淀法是一种清底的方法

C. 置换法是在挖槽之后立即进行   D. 沉渣多会影响钢筋笼插入位置

35. 深层裂缝部分切断了结构断面，具有很大的危害性，施工中（   ）。

A. 不允许出现   B. 允许出现，但要控制它的宽度

C. 允许出现，但要控制它的长度   D. 可以随意出现

36. 混凝土出现裂缝的根本原因是（   ）。

A. 混凝土内外存在温度差   B. 混凝土收缩变形

C. 混凝土内拉应力超过其极限抗拉强度   D. 混凝土内外存在约束

37. 设置后浇带是属于下列哪种方法（   ）。

A. "放"的方法   B. "抗"的方法

C. "放"、"抗"结合的方法   D. "防"的方法

38. 为了控制大体积混凝土裂缝的开展，可以采取增配构造钢筋的方法，配置的构造钢筋应尽可能采用（   ）。

A. 大直径、小间距   B. 大直径、大间距

C. 小直径、大间距   D. 小直径、小间距

39. 为了控制大体积混凝土裂缝开展，可在孔洞四周增配斜向钢筋、钢筋网片；在变断面处避免断面突变，可作局部处理使断面逐渐过渡，同时增配一定量的抗裂钢筋，这种方法属于（   ）。

118

A.设置滑动层　　　　B.合理配筋　　　　C.避免应力集中　　　　D.设置缓冲层

40.充分利用混凝土的后期强度，就是（　　　）。

A.用龄期大于 28 d 的混凝土代替龄期为 28 d 的混凝土

B.用龄期小于 28 d 的混凝土代替龄期为 28 d 的混凝土

C.用强度高的混凝土代替强度低的混凝土

D.用矿渣硅酸盐水泥代替普通硅酸盐水泥

41.对混凝土出机温度影响最大的是（　　　）。

A.砂的温度　　　　B.水的温度　　　　C.水泥温度　　　　D.石子温度

42.添加以下哪种外掺剂，对防止大体积混凝土温度裂缝有效（　　　）。

A.碳酸钙　　　　B.三氧化二铁　　　　C.木质素磺酸钙　　　　D.氢氧化钙

43.下列哪项不是大体积混凝土的特点（　　　）。

A.体积大　　　　B.钢筋密　　　　C.水灰比大　　　　D.结构厚

44.混凝土产生宏观裂缝一般有外荷载、次应力和（　　　）三种原因。

A.徐变　　　　B.变形变化　　　　C.施加预应力　　　　D.骨料本身有裂缝

二、多项选择题

1.下列属于重力式排水法的是（　　　）。

A.轻型井点　　　　B.明沟排水　　　　C.集水井降水　　　　D.管井井点

2.下列属于强制式排水法的是（　　　）。

A.电渗井点　　　　B.明沟排水　　　　C.集水井降水　　　　D.喷射井点

3.下列关于电渗井点说法正确的是（　　　）。

A.可以采用轻型井点管作为阳极　　　　B.可以采用喷射井点管作为阴极

C.可以采用钢筋作为阴极　　　　D.可以采用钢管作为阳极

4.下列关于电渗井点说法不正确的是（　　　）。

A.工作电压不宜大于 60 V

B.适用于土体渗透系数小于 0.1 m/d 的土层

C.电渗现象使土体固结

D.地下水自阳极向阴极移动称为电泳现象

5.选择降水方法时，需要考虑的因素有（　　　）。

A.土的渗透系数　　　　B.地基土的承载力　　　　C.设备条件　　　　D.降水深度

6.下列关于基坑土方开挖正确的是（　　　）。

A.一般基坑开挖均优先采用机械开挖方案

B.分层分区开挖是常见的开挖方式之一

C.正铲挖土机适用于土的含水量较小且基坑较浅的基坑工程

D.反铲挖土机适用于土的含水量较小且基坑较浅的基坑工程

7.下列属于重力式支护结构的是（　　　）。

A.水泥搅拌桩　　　　B.钢板桩　　　　C.旋喷桩　　　　D.钢筋混凝土排桩

8.下列关于水泥搅拌桩说法正确的是（　　　）。

A.属于悬臂式支护结构　　　　B.平面布置时常采用格构式

C. 属于重力式支护结构

D. 水泥土抗拉强度高

9. 下列关于悬臂式支护结构说法正确的是(　　　)。

A. 旋喷桩属于悬臂式支护结构

B. 水泥搅拌桩不是悬臂式支护结构

C. 地下连续墙属于悬臂式支护结构

D. 钢板桩不是悬臂式支护结构

10. 下列关于重力式支护结构说法正确的是(　　　)。

A. 旋喷桩属于重力式支护结构

B. 水泥搅拌桩不是重力式支护结构

C. 钢筋混凝土排桩墙属于重力式支护结构

D. 地下连续墙桩不是重力式支护结构

11. 下列关于内支撑说法不正确的是(　　　)。

A. 钢筋混凝土支撑变形小

B. 钢支撑可重复使用

C. 钢筋混凝土支撑施工速度快

D. 钢支撑刚度大

12. 下列关于预制桩施工方法说法不正确的是(　　　)。

A. 静力压桩可消除噪声和振动的公害

B. 水冲法是锤击法的一种辅助方法

C. 振动法对钢管桩的沉桩效果不好

D. 锤击沉桩没有噪声

13. 下列关于预制桩施工说法正确的是(　　　)。

A. 预制桩需要接桩和截桩

B. 振动法对钢管桩沉桩效果较好

C. 静力压桩适用于软弱土层

D. 柴油锤桩机打桩没有噪声

14. 下列关于灌注桩施工说法正确的是(　　　)。

A. 螺旋钻孔灌注桩适用于地下水位以上成孔施工

B. 灌注桩无须接桩和截桩

C. 灌注桩成桩速度比预制打入桩快

D. 灌注桩的成桩质量与施工没有影响

15. 下列关于灌注桩施工说法不正确的是(　　　)。

A. 灌注桩无须接桩

B. 螺旋钻孔灌注桩适用于地下水位以下成孔施工

C. 套管成孔灌注桩不能使用锤击沉管

D. 泥浆护壁成孔有沉渣问题

16. 下列关于护筒说法正确的是(　　　)。

A. 护筒保护孔口不发生坍塌

B. 护筒可以用于储浆

C. 护筒可使泥浆处于高液位状态

D. 护筒可以排除沉渣

17. 下列属于提高桩端承载力方法的是(　　　)。

A. 静力压桩　　　　　B. 桩端压力注浆　　　　C. 泥浆护壁成孔　　　　D. 钻孔扩底

18. 以下哪几项属于土层锚杆灌浆的作用(　　　)。

A. 形成锚固段,将锚杆锚固在土层中

B. 防止钢拉杆腐蚀

C. 填充土层中的孔隙和裂缝

D. 保护周围土壤

19. 下列可以作为土层锚杆灌浆浆液的是(　　　)。

A. 素混凝土　　　　　B. 水泥砂浆　　　　C. 泥浆　　　　D. 水泥浆

20. 土层锚杆施工,常用的钻孔方法有(　　　)。

A. 螺旋钻孔干作业法   B. 压水钻进成孔法

C. 洛阳铲钻孔法   D. 潜钻成孔法

21. 以下常用来作为土层锚杆拉杆的是( )。

A. 铜棒   B. 粗钢筋   C. 钢丝束   D. 钢管

22. 土钉支护的局限性包括( )。

A. 现场需有允许设置土钉的地下空间

B. 在松散砂土、软塑、流塑黏性土以及有丰富地下水源的情况下不能单独使用

C. 施工所需的场地较小

D. 个别土钉出现质量问题或失效对整体影响不大

23. 下列哪几项是土钉支护的特点( )。

A. 可以施加预应力   B. 沿通长与周围土体接触

C. 以群体起作用   D. 主要是受压

24. 下列有关地下连续墙说法正确的是( )。

A. 可以实现二墙合一   B. 可在各种复杂条件下施工

C. 施工现场干净   D. 综合经济效果好

25. 下列有关地下连续墙说法错误的是( )。

A. 只作临时性挡土结构不够经济

B. 墙面无须进一步处理,可以直接作为永久性结构使用

C. 对邻近的结构物和地下设施有影响

D. 施工现场需要对废泥浆进行处理

26. 下列有关地下连续墙导墙说法正确的是( )。

A. 导墙起挡土墙作用   B. 导墙应具有必要的强度、刚度和精度

C. 在确定导墙形式时,应考虑地下水的状况   D. 导墙不能防止泥浆漏失

27. 下列有关泥浆说法正确的是( )。

A. 泥浆的主导作用是护壁

B. 泥浆具有携渣作用

C. 泥浆呈碱性,其 pH 可以大于 11

D. 不同土层护壁泥浆性质的控制指标不相同

28. 下列有关地下连续墙施工说法正确的是( )。

A. 单元槽段的长度不得小于一个挖槽段

B. 泥浆的黏度是泥浆的控制指标之一

C. 钢筋笼进入槽内时,吊点中心无须对准槽段中心

D. 单元槽段的长度受到起重机起重能力的影响

29. 下列施工措施中,有利于大体积混凝土裂缝控制的是( )。

A. 选用低水化热的水泥   B. 提高水灰比

C. 提高混凝土的入模温度   D. 及时对混凝土进行保温、保湿养护

30. 混凝土中,微观裂缝主要有( )。

A. 黏着裂缝   B. 水泥石裂   C. 砂浆裂缝   D. 骨料裂缝

31. 混凝土中,宏观裂缝主要有( )。

A. 表面裂缝　　　　　　B. 横向裂缝　　　　　　C. 深层裂缝　　　　　　D. 贯穿裂缝

32. 下列选项中，是大体积混凝土产生裂缝的主要原因的是(　　　　)。

A. 混凝土强度太高　　　　　　　　　　B. 内外约束条件影响

C. 水泥水化热的影响　　　　　　　　　D. 施工机械的影响

33. 下列选项中，属于"放"、"抗"结合的方法的是(　　　　)。

A. 设置永久性伸缩缝　　　　　　　　　B. "跳仓打"法

C. 提高混凝土的抗拉强度　　　　　　　D. "水平分层间歇"法

34. 土钉支护的施工工艺包括(　　　　)。

A. 土方开挖　　　　　　　　　　　　　B. 钻孔、置钉、注浆

C. 喷混凝土　　　　　　　　　　　　　D. 锚固

35. 关于土钉施工中的安放土钉，以下说法正确的是(　　　　)。

A. 钢筋置入孔中前，应先装上对中用定位支架

B. 钢筋表面应包裹 20 mm 厚保护膜

C. 应保证钢筋处于钻孔的中心部位

D. 定位支架在孔底部和孔口处分别放一个就可以

36. 土层锚杆的布置，需要确定(　　　　)。

A. 锚杆层数　　　　　　　　　　　　　B. 锚杆的垂直间距和水平间距

C. 锚杆的倾角　　　　　　　　　　　　D. 锚杆的钻孔方法

三、复习思考题

1. 在深基坑开挖中，常见的强制排水方法有哪些？各适用于哪些土质情况？

2. 为减少井点降水对相邻的影响和危害，主要有哪些对策？

3. 深基坑开挖施工组织设计一般应包括哪些主要内容？

4. 深基坑挡土、支撑、开挖常见有哪些组合？

5. 采用钻打法施土预制桩时，设计和施工单位应考虑哪些主要问题？

6. 谈谈你对提高高层建筑钻孔灌注桩桩端承载力的一些设想。

7. 地下连续墙为什么要进行清底？

8. 简述土层锚杆工作特性。

9. 简述土钉支护与锚杆的主要区别。

10. 简述常见土钉类型。

11. 简述大体积混凝土的概念。

12. 大体积混凝土产生温度裂缝的主要原因有哪些？

13. 控制大体积混凝土裂缝开展的基本方法有哪些？

14. 控制大体积混凝土温度裂缝的主要技术措施有哪些？

模块四　主体结构工程施工

【知识目标】

1. 掌握模板、钢筋、混凝土的施工方法和技术控制措施。
2. 理解高层建筑钢结构的连接和安装方法。
3. 了解高层建筑钢结构的防火及防腐施工方法。
4. 掌握竖向施工测量控制方法。

【能力目标】

能够理解模板、钢筋、混凝土的施工方法和技术控制措施。

房屋建筑承受的各种荷载，是通过横向和竖向结构（主体结构）传到地基基础。建筑结构包括柱、墙、梁、桁架、板及筒体等。

高层建筑主体结构体系的三个要素是结构材料、设计构造（结构类型）及其相应的施工方法。结构材料不同，设计构造不同，相应的施工方法也不同。我国的高层建筑在相当长的时期内，仍然将以钢筋混凝土结构为主，因此，钢筋混凝土结构高层建筑的施工方法是本模块学习的重点。

钢筋混凝土结构的施工，关键是钢筋混凝土的成型方法。成型方法的不同，机具选择、施工组织和技术经济效果也有区别，因此成为设计、施工和建设单位共同关心的问题。常用的成型施工方法有：预制装配式施工方法、现浇与预制相结合的施工方法、全现浇的施工方法等。

预制装配式施工方法的优点是：施工工业化、节省现场施工人力；各种构件的成批预制可以保证较好的施工质量；不依赖于气候情况，工期短。预制装配式施工方法可分为大板建筑和盒子结构（把整个房间作为一个构件，在工厂预制后送到工地进行整体安装的一种施工方法）。这种预制装配结构，通常由机械施工专业队来完成。安装的节点有两种形式：一种是构件通过预埋件焊接的柔性节点连成整体，完成速度快；另一种是现浇混凝土刚性节点，所连成的结构整体性能好，但因混凝土强度的发展，需要一定的养护时间。

现浇与预制相结合施工方法，在结构的刚度方面，取现浇结构的优点弥补预制装配结构的不足；在施工速度方面，取预制装配结构的方便，弥补现浇结构复杂的缺点。此法一般对承重柱和剪力墙采用现浇，其余梁、板、梯等均为预制，这样建造的房屋，结构刚度比较大，整体性好，施工速度也比较快。

一般地，16 层（50 m 以下）的高层建筑，根据施工条件，可以有多种施工体系的选择；超过 50 m 的高层建筑，基本上采用以现浇为主的剪力墙和筒体体系。

4.1 高层建筑施工测量

本节考虑另有"建筑工程测量"课，故只着重讲高层建筑竖向控制方法。在高层建筑工程施工测量中，由于层数多、高度高，要求竖向偏差控制精度高；由于结构复杂、装修现代化和高速电梯的安装等，要求测量精度至毫米级；由于平面、立面造型多样化，要求测量放线方法灵活多变；由于工程量大、工期长，要求主要轴线和标高控制桩点能长期牢固地保留；又由于施工测量工作项目多、工作量大，与设计、施工各方面的关系密切，要求事先做好充分的准备工作。在整个工程的进行中做好各个环节的测量验线工作是至关重要的，因此在高层建筑工程施工组织设计中，应有切实可行的施工测量方案。

4.1.1 精度要求

有关规范对于不同结构的高层建筑施工的竖向精度有不同的要求，见表 4 – 1（H 为建筑总高度）。为了保证总的竖向施工误差不超限，层间垂直度测量偏差不应超过 3 mm，建筑全高垂直度测量偏差不应超过 $3H/10000$，且不应大于：

30 m ＜ H ≤ 60 m 时，±10 mm；

60 m ＜ H ≤ 90 m 时，±15 mm；

90 m ＜ H 时，±20 mm。

表 4 – 1 高层建筑竖向及标高施工偏差限差

结构类型	竖向施工偏差限差/mm		标高偏差限差/mm	
	每 层	全 高	每 层	全 高
现浇混凝土	8	$H/1000$（最大 30）	±10	±30
装配式框架	5	$H/1000$（最大 20）	±5	±30
大模板施工	5	$H/1000$（最大 30）	±10	±30
滑模施工	5	$H/1000$（最大 50）	±10	±30

为了满足上述测量精度要求，常采用下列两类方法进行高层建筑轴线的竖向投测。无论使用哪类方法向上投测轴线，都必须在基础工程完成后，根据建筑场地平面控制网，校测建筑物轴线控制桩后，将建筑四廓和各细部轴线精确地弹测到 ±0.000 首层平面上，作为向上投测轴线的依据。

4.1.2 外控法

当施工场地比较宽阔时，多使用此法。施测时主要是将经纬仪安置在高层建筑物附近进行竖向投测，故此法也叫经纬仪竖向投测法。由于场地情况的不同，安置仪器的位置不同，又分为以下三种投测方法。

1. 延长轴线法

当场地四周宽阔，可将高层建筑四廓轴线延长到建筑物的总高度以外或附近的多层建筑物顶面上时,可在轴线的延长线上安置经纬仪,以首层轴线为准,向上逐层投测。如图 4 - 1 中的甲仪器安置在轴线的控制桩上,后视首层轴后,抬起远镜将轴线直接投测在施工层上。如 110.75 m 高的南京金陵饭店主楼和 103.4 m 高的北京中央彩电中心大楼均使用此法作竖向控制。这种投测方法在建筑物全高 $H \leqslant 90$ m 时,能满足精度要求。

2. 侧向借线法

当场地四周窄小、高层建筑四廓轴线无法延长时,可将轴线向建筑物外侧平行移出(俗称借线),移出的尺寸应视外脚手架的情况而定,尽量不超过 2 m。如图 4 - 1 中的乙仪器和乙'仪器是先、后安置在借线上,以首层的借线点为后视,向上投测并指挥施工层上的人员、垂直视线横向移动水平尺,以视线为准向内测出借线尺寸,就可在施工层上定出轴线位置,此法的精度和延长直线法相同,能满足前述要求。在施测中由于仪器距建筑物较近,要特别注意安全,防止落物砸伤人员或仪器。

3. 正倒镜挑直法

图 4 - 1 中的丙仪器安置在施工层 8_A 上点,向下后视地面上的轴线点 8_s 后、纵转远镜定出 8_H 上点,然后将仪器移到 8_H 上点上,后视 8_A 上点后纵转远镜,若前视正照准地面上的轴线点 8_N,则两次安置仪器的位置就都正在 $8_s 8_N$ 轴线上。

图 4 - 2 所示为图 4 - 1 的侧面图和平面图,用正倒镜挑直法在施工层上投测⑧轴,施测时是先在施工层面上估计 8_A 点向上投测的点位,如 8_A 上在其上安置经纬仪后视 8_s 用正倒镜延长直线取分中定出 8_H 上,然后移仪器到 8_H 上上后视 8_A 上,仍用正倒镜延长直线取分中定出 8_N、实量出 $8_N 8_N$ 间距后,根据相似三角形相应边成正比的原理,计算两次镜位偏离⑧轴的垂距。

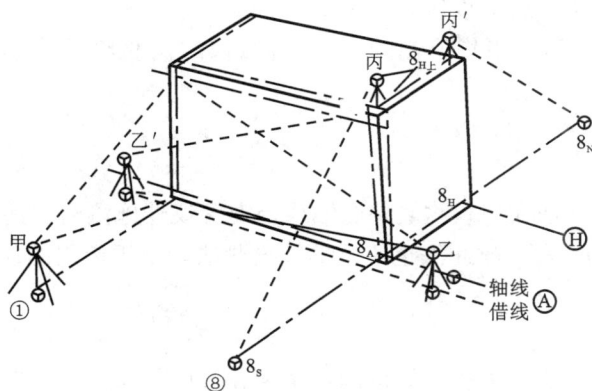

图 4 - 1　外控法三种投测方法示意图

上述垂距算出后,即可在施工层上由 8_A 上和 8_H 上定出⑧轴上的方向点 8_A 上、8_H 上。再将经纬仪依次安置在 8_H 上及 8_A 上点上,仍用正倒镜延长直线法检测 8_N、8_H 上、8_A 及 8_s 四点应同在一直线上。若在 8_s 点出现误差,8_A 上、8_H 上二次点位的分中位置,作为最后结果。

此法比前两种要精确得多。

在施测中,当用前两法投测轴线时,应每隔 5 层用挑直法校测一次,以提高精度,减少

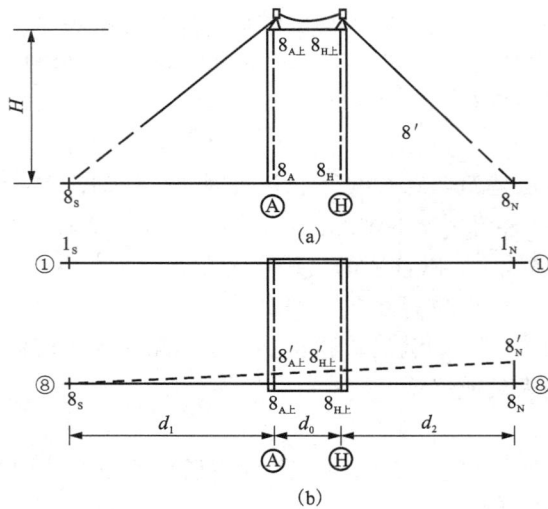

图 4 – 2   正倒镜挑直法侧、平面图

(a)侧面图;(b)平面图

竖向偏差的累积。无论采取以上哪种测法,为保证精度均应注意以下几点:

(1)测前要对经纬仪的轴线关系进行严格的检校,观测时要精密定平水平度盘水准管,以减少竖轴不铅直的误差。

(2)轴线的延长桩点要准确,标志要显明,并妥善保护好。向上投测轴线时,应尽量以首层轴线位置为准,避免逐层上投误差的累积。

(3)取正倒镜向上投测的平均位置,以抵消经纬仪的视准轴不垂直横轴和横轴不垂直竖轴的误差影响。

4.1.3　内控法

当施工场地窄小,无法在建筑物之外的轴线上安置仪器施测时,就在建筑物之内或近旁用垂准线原理进行竖向投测,故此法也叫垂准线投测法。由于使用的仪器不同,又分为以下三种投测方法。

1.吊线坠法

在高层建筑施工中,要使用较重的特制线坠悬吊,以首层 ±0.000 地面上、靠近建筑物四廓的轴线交点为准,直接向各施工层悬吊引测轴线。施测中只要采取措施得当,使用线坠引测铅直线是既经济简单又直观准确的方法。一般在 3~4 m 层高的情况下,只要认真操作,由下一层向上一层悬吊铅直线的误差不会大于 ±2~3 mm。若采取依次逐层悬吊 16 层,从偶然误差的理论上讲,其总误差不会大于 $±(2~3)\sqrt{16}$ mm = ±8~12 mm,这精度是能满足工程要求的。

在使用吊坠法向上引测轴线中,要注意以下几点:

(1)线坠的几何形体要规正、不偏斜,一般的重量约为 1~5 kg 重;

(2)吊线使用编织的或没有扭曲的细钢丝,以使线坠稳定、不旋转,吊线本身平顺;

（3）悬吊时要特别注意风吹而使吊线本身偏斜或不稳定；

（4）在每次投测中，上下两人要配合默契，取线左、线右投测的平均位置；

（5）在逐层引测中，要用更大的线坠（如5 kg重的），每隔3～5层放一次通线，由下面直接向上校测一次，这样16层的建筑分4～5次校测效果会更好。

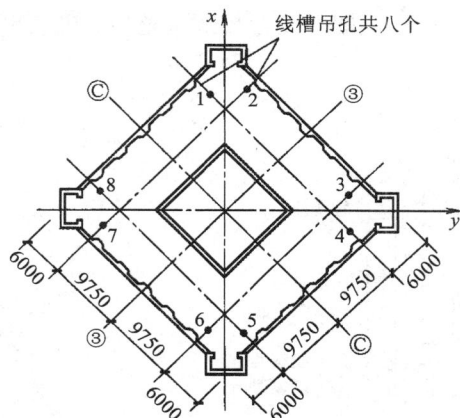

图4－3 南京金陵饭店主楼竖向控制（单位为：mm）

南京金陵饭店主楼37层，高110.75 m，就是采用吊线坠法做竖向偏差检测的。图4－3为其首层平面图，在距中心线③轴和⑥轴两侧各9.750 m、距边梁0.300 m处，1、2、…点，精确地测出标志，作为向上引测的依据，以后每层楼板在此相应位置处均预留孔洞，用15 kg重的线锤、直径1 mm的钢丝向上引测轴线。为减少风吹的影响，在首层使用风挡，人在其中用步话机指挥上层移动钢线进行对点、引测。为检查轴线竖向精度，每隔五层（13.50 m）与用经纬仪投测的轴线相比较，最大差值仅为4 mm，说明此法精度较高。北京中央彩电中心大楼26层、高103.40 m，也是采用此法检测的，效果良好。施测中若用铅直的塑料管套着吊线，并采用专用观测设备，精度还能提高。

2. 天顶准直法（仰视法）

天顶方向是指测点正上方，铅垂指向天空的方向。使用能测设天顶方向的仪器，进行竖向投测，称为天顶准直法。

基本原理：应用经纬仪望远镜进行天顶观测时，经纬仪轴线间必须满足3个条件：①水准管轴应垂直于竖轴；②视准轴应垂直于横轴；③横轴应垂直于竖轴。所以视准轴与竖轴是在同一方向轴上。当望远镜指向天顶时，水平旋转仪器，利用视准线，可以在天顶目标上与仪器的空间划出一个倒锥形轨迹。然后调动望远镜微动手轮，逐步归化，往复多次，直到倒锥形轨迹的半径达到最小，近似铅垂。

常用测设天顶方向的仪器有以下五种：

1）配有90°弯管目镜的经纬仪

上海宾馆因场地限制而使用了此法，就是在J2经纬仪上安装了90°弯管目镜，实测结果在65 m高度上，误差为±2 mm，即竖向误差为±6″。

使用此法只需配90°弯管目镜即可，投资少，精度满足工程要求，这是测设天顶方向最经济、最简便的仪器。

2）激光经纬仪

图 4 - 4 所示为装有激光器的苏州光学仪器厂生产的 J2 激光经纬仪。

图 4 - 5 所示为 31 层高的上海虹桥宾馆主楼的平面图，工程为现浇钢筋混凝土结构。由于平面为带弧度的三角风车形，且受施工场地限制，故使用 J2 激光经纬仪在 1、2、3 及 O 点由首层向上铅直投测到施工层后，经图形闭合校对调整后，再放出各细部，效果良好。

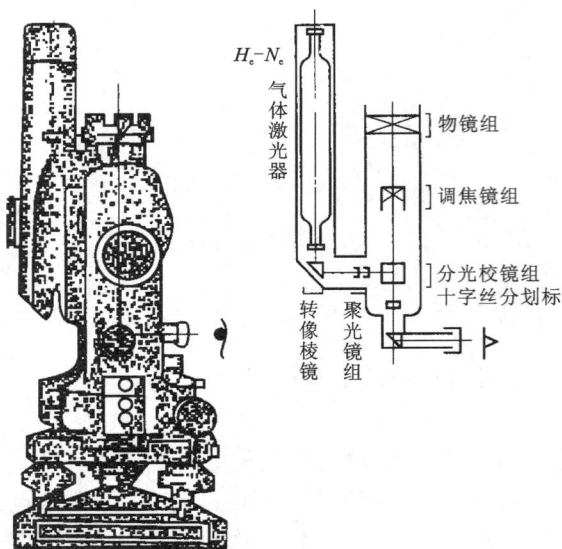

图 4 - 4　激光经纬仪

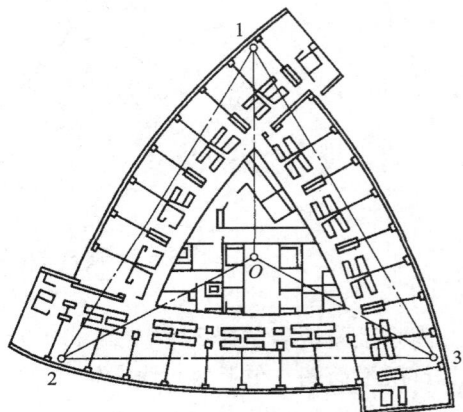

图 4 - 5　上海虹桥宾馆主楼竖向控制

激光经纬仪可用激光施测，也可用人眼观测，这是它的优点，但价格较贵。可当一般经纬仪使用，但较笨重。

3）激光铅直仪

随着高层建筑、高烟囱、电视塔等工程建筑总高度的不断增高，激光铅直仪是能保证精度、操作简便并能构成自动控制竖直偏差的理想仪器。深圳国际贸易中心主楼 50 层、160 m 高，北京中央电视塔 386.5 m 高均采用内外筒整体滑模施工工艺，用四台激光铅直仪控制扭偏，不但保证了竖直偏差精度，还为高速优质的滑模施工创造了条件。

为了进行检校，可在仪器的正上方高处，水平设置白纸板作为接收靶，点燃激光器后，将仪器水平旋转一周，若光斑在白纸板上的轨迹为一闭合环时，说明需要调节套筒上固定激光管的校正螺丝，使其轨迹趋于一点为止。大量的实测结果说明，该仪器的竖直精度能达到中误差 ±10″，即在 150 m 高度上平面误差为 ±7.5 mm。

4）自动天顶准直仪

图 4 - 6 所示为瑞士威特厂生产的 ZL 型自动天顶准直仪。安置后只要定平圆水准盒，仪器就可自动给出天顶方向，精度为 ±1″（ ±1:200000 ）。若配上激光目镜，则可给出同样精度的铅直激光束。这种仪器最适用于高层钢结构安装，如 43 层、高 150.00 m 的上海锦江饭店分馆和 53 层、高 208.00 m 的北京京广大厦等高层钢结构安装均使用 ZL 自动天顶准直仪，取

得良好的安装精度。

5）自动天顶－天底准直仪

图 4－7 为瑞士威特厂生产的 ZNL 型自动天顶—天底准直仪。使用时仪器上部可由基座上取出，上下调转。当物镜向上安置时，目镜就可看出天顶方向；当物镜向下安置时，目镜就可看出天底方向，精度均为±6″（±1:30000）。

图 4－6　自动天顶准直仪

图 4－7　自动天顶－天底准直仪

总之，从上述五种仪器的使用情况看，天顶准直法最适宜高层钢结构的安装，若装有激光则适用于高层滑模施工的工程。无论在哪种工程中使用，仪器均安置在施工层的下面，因此施测中要注意对仪器采取安全保护措施，防止落物击伤，并经常对光束的竖直方向进行检校。观测时间最好选在阴天又无风的时候，以保证精度。

3. 天底准直法（俯视法）

天底方向是过测点铅垂向下所指的方向。使用能测设天底方向的仪器，进行竖向投测，称为天底准直法。天底准直法的基本原理如图 4－8 所示。

1）施测程序及操作方法

（1）依据工程的外形特点及现场情况，拟订出测量方案，并做好观测前的准备工作，定出建筑物底层俯视法专用控制目标的位置以及在相应各楼层面留设俯视孔，俯视孔可留设在建筑物设计轴线上或留设在设计轴线外的假设轴线上。俯视孔的直径和位置应考虑混凝土楼板不同施工方法及设计上是否允许等方面原因来确定。一般孔径以 120～150 mm 为宜。各层俯视孔的偏差≤8 mm。有的工程也可用挑臂法测设轴线，则不必留孔。底层控制点目标分划板的埋设方法，是在定好位置的基础上把 200 mm×200 mm×5 mm 的铁板底焊 4φ12，长 100～120 mm 的钢筋，用 C15 混凝土埋设在铁板上或底层地坪上。

（2）把目标分划板放置在底层控制点，使目标分划板中心与控制点上标志的中心重合。

（3）开启目标分划板附属照明设备。

（4）在俯视孔位置上安置仪器。

（5）基准点对中。

（6）当垂准点标定在所测楼层面十字丝目标上后，用墨斗线弹在俯视孔边上。

（7）利用标定出来的楼层十字丝作为测站，就可以测角放样，测设高层建筑物的轴线。

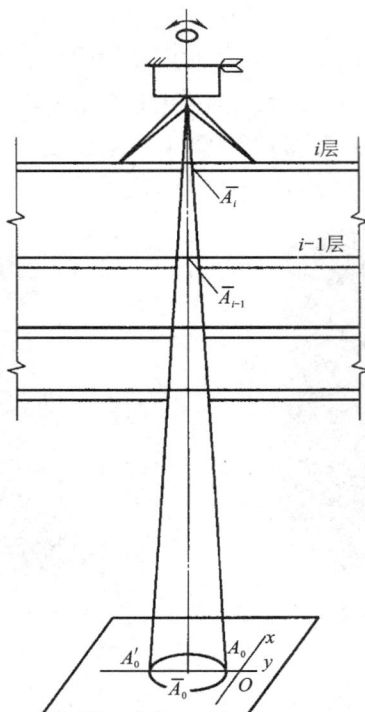

图4－8　天底准直法原理

A_0—确定的仪器中心；O—基准点

数据处理和精度评定与天顶法相同。

2）垂准经纬仪

图4－9所示为上海第三光仪器厂生产的6″级 DJ6－C6 垂准经纬仪，配有90°弯管目镜。该仪器既能使远镜仰视向上指向天顶，又能使远镜俯视向下，使视线通过直径20 mm的空心竖轴指向天底，一测回（即正倒镜各观测一次取平均位置）垂准观测中误差不大于 ±6″，即100 m高度上平面误差为 ±3 mm（约 ±1：30000）。

图4－10为30层、高126.6 m的华东电管局大楼的平面图。该大楼地处上海市中心南京东路南侧，场地非常狭小，又是现浇钢筋混凝土结构，故选用 DJ6－C6 垂准经纬仪以内控法投测轴线。测法是先在首层地面上精确地测定了 19.000×19.000 的方形控制网，如图中1、2、3和4四个基准点，各点用100 mm×100 mm预埋铁板，板上面高出地面20 mm，以防积水，测设后板面上画线并用红漆标记。在开始的几层施工中，使用天顶准直法由首层直接向各施工层上投测方形网的四个基准点。每次投测后，用经纬仪和钢尺检测该方形，再根据误差情况进行适当调整后，作为该层放线的依据。随着建筑物的升高，为了投测的安全，把仪器安置在浇筑后的施工层上，用天底准直法将首层方形网的四个基准点位引测到施工层。为了投测的需要，每层楼面在方形网基准点处，均预留300 mm×300 mm的孔洞（洞口处用砂浆做成20 mm高的防水斜坡）。为了投测的方便，先后将首层的四个基准点，准确地移到第7层和第13层，作为向上投测的依据。为了校核垂准经纬仪的精度，分别在第7、13、18、22

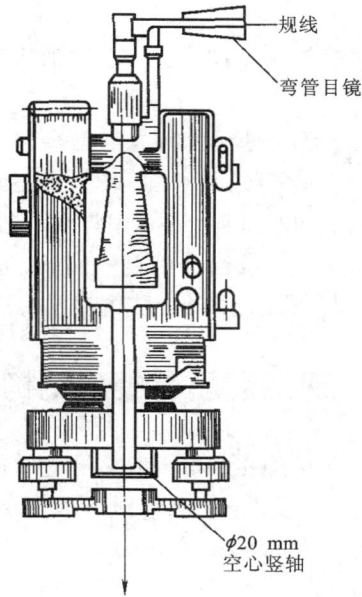

规线

弯管目镜

ϕ20 mm
空心竖轴

图 4 – 9 垂准经纬仪

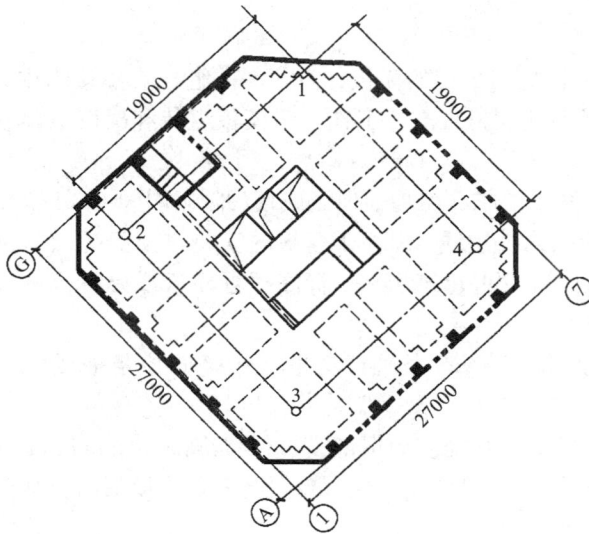

图 4 – 10 华东电管局大楼平面图

层和 25 层用大线坠挂线与垂准仪观测结果相比较,最大误差不超过 ±3 mm。

3)自动天底准直仪

瑞士威特厂生产的 NL 型自动天底准直仪与 ZL 自动天顶准直仪外形和精度基本一样。

安置仪器定平圆水准盒后，通过目镜即可自动给出天底方向。此类仪器精度高、价格昂贵，适用于精密工程中。

由于天底准直法是将仪器安置在施工层上，将底层轴线竖直投测上来，故用于现浇混凝土工程中，既安全也能保证精度。

在高层建筑轴线竖向投测中，无论使用哪种方法都会遇到阳光照射，使被晒的一面建筑物温度升高，因而使整个建筑物向背阳光的侧面倾斜，即上午向西、中午向北、下午向东。倾斜的程度与阳光的强度、建筑结构的材料、高度和平面形状有关，这些在每个具体工程中均有不同，施测中无论选用哪种方法，均会遇到这一问题，应注意摸索具体规律，采取措施以减少其影响，这要在投测中采取预留变形的办法解决。

4.2　现浇钢筋混凝土结构施工

现浇钢筋混凝土结构高层建筑的施工，与一般多层建筑施工近似一样，即涉及模板、钢筋和混凝土三个部分。在《建筑施工技术》中已经对一般多层建筑的现浇钢筋混凝土结构进行了介绍，本节只介绍一些特殊的施工方法。

4.2.1　现浇框架结构施工

全现浇框架结构(包括框架－剪力墙)具有结构整体性好、抗震能力强、结构用钢量省等特点，因此是目前高层建筑中采用较多的一种结构形式，但其模板技术较为复杂，现场用工也较多。

1. 模板工程施工

全现浇框架结构工程施工采用的模板，多以各种组合式模板为主，其中以组合钢模板采用最多。其主要工艺流程为：施工准备工作→钢模板组装和架设→模板的拆除。

1)施工准备工作

(1)放线。据施工图纸要求，在基础顶面或楼(地)面上弹出柱模板的内边线和十字中心线，墙模板要弹出模板的内外边线，以便于模板的安装与校正；

(2)标高量测。用水准仪把建筑物水平标高根据模板实际标高的要求，引测到安装模板的位置，以控制支模高度；

(3)轴线竖向投测；每隔3~5条轴线选取一条竖向控制轴线，用以控制模板的竖向垂直度；

(4)找平和设置模板定位基准。为保证模板位置准确和防止模板底部漏浆，模板安装前，常用1:3水泥砂浆沿模板内边找平。外柱、墙在继续安装模板时，可在下层结构上设置模板承垫条带，并用仪器校正其平直。

2)模板的支设

模板的支设方法基本上有两种：即单块就位组拼和预组拼，其中预组拼又可分为分片组拼和整体组拼两种。采用预组拼方法，可以加快施工速度，提高模板的安装质量。但必须具备相适应的吊装设备，有较大的拼装场地，场地平整、坚实。

根据施工位置的不同可以有：①柱模板；②梁模板；③墙模板；④楼板模板；⑤楼梯模板。安装模板时要特别注意斜向支柱(斜撑)的固定，防止浇筑混凝土时模板移动。

3）模板安装质量要求

组合钢模板安装完毕后，应按现行《混凝土结构工程施工及验收规范》和《组合钢模板技术规范》的有关规定，进行全面检查，合格验收后方能进行下一道工序。其质量要求如下：

（1）组装的模板必须符合施工设计的要求。

（2）各种连接件、支承件、加固配件必须安装牢固，无松动现象。模板拼缝要严密。各种预埋件、预留孔洞位置要准确，固定要牢固。

（3）预组拼的模板必须符合表 4 - 2 的要求。

表 4 - 2　预组拼模板允许偏差

项　目	允许偏差/mm	项　目	允许偏差/mm
两块模板之间拼接缝隙	≤2.0	组装模板板面的长宽尺寸	+4　-5
相邻模板面的高低差	≤2.0	组装模板对角线长度差值	≤7.0（≤对角线长度的 1/1000）
组装模板板面平整度	≤0.4（用 2 m 直尺检查）		

4）模板的拆除

模板的拆除，除了非承重侧模应以能保证混凝土表面及棱角不受损坏时（大于 $1 N/mm^2$）可拆除外，承重模板应按现行《混凝土结构工程施工及验收规范》的有关规定执行。

模板拆除的顺序和方法，应按照配板设计的规定进行，遵循先支后拆、后支先拆、先非承重部位和后承重部位以及自上而下的原则。拆模时，严禁用大锤和撬棍硬砸硬撬。

多层楼板模板支架的拆除，应按下列要求进行：上层楼板正在浇筑混凝土时，下层楼板模板的支架不得拆除，再下一层楼板模板的支架，可拆除一部分；跨度大于 4 m 的梁下均应保留支架，其间距不得大于 3 m。

2. 钢筋和混凝土工程施工

全现浇高层框架结构施工中的钢筋工程，是现浇框架结构施工的关键分项工程，必须严格按照现行《混凝土结构工程施工及验收规范》和有关高层建筑结构设计与施工规程的规定执行。钢筋连接，特别是竖向粗钢筋的连接，应采用电渣压力焊、气压焊和各种机械连接方法。

混凝土工程也是现浇高层框架结构施工的重要分部工程。在施工前，首先要做好以下工作：

（1）对已经全部安装完毕的模板、钢筋和预埋件、预埋管线、预留孔洞等进行交接检查和隐蔽验收。

（2）浇筑混凝土所用的机具设备、脚手架和马道等的布置及支搭情况，亦需进行检查，合格后方可运行使用。

（3）混凝土的配制，除应严格执行施工配合比外，配制前，还应对水泥、砂、石及外加剂等进行检验；对计量设备进行检定。

（4）混凝土的浇筑工艺和质量要求，应按《混凝土结构工程施工及验收规范》及有关高层建筑结构设计与施工规程执行，其中施工缝的留置应设在结构受力小且便于施工的位置，并应符合以下要求：

梁：主梁不宜留设施工缝，次梁的施工缝可留在跨中 1/3 区段；悬臂梁应与其相连接的结构整体浇筑，必须留设施工缝时，应取得设计单位的同意，并采取有效措施。

板：单向板施工缝可留设在与主筋平行的任何位置或受力主筋垂直方向的跨度 1/3 处，双向板施工缝位置应按设计要求留设。

柱：宜留设在梁底标高以下 20 ~ 30 mm，或梁、板面标高处。

墙：宜留设在门洞口连梁跨中 1/3 区段，也可留在纵横剪力墙的交接处。

大截面梁、厚板和高度超过 6 m 的柱，应按设计要求留设施工缝。

采用内爬升塔式起重机时，支承塔式起重机的框架梁，以及附着式塔式起重机附着部位的框架柱，应经设计核算，并采取加固措施。

4.2.2　现浇剪力墙结构施工

现浇剪力墙结构高层建筑的主体结构的施工有多种方法，根据竖向模板体系的不同，常用的有大模板、爬模、滑模等施工工艺。

1. 大模板施工

大模板（即大面积模板、大块模板）是一种工具式大型模板，工艺特点是：以建筑物的开间、进深、层高的标准化为基础，以大型工业化模板为主要施工手段，以现浇钢筋混凝土墙体为主导工序，组织有节奏的均衡施工。采用这种方法，施工工艺简单，施工速度快，结构整体性好，抗震性能强，装修湿作业少，机械化施工程度高，故具有良好的技术经济效果。

大模板区别于其他模板的主要标志是：内模高度相当于楼层的净高，并减去可能的施工误差 20 mm；外模高度相当于楼层的层高，宽度根据建筑平面、模板类型和起重能力而定，小开间内模宽度一般相当于房间的净宽。

对大模板的基本要求是：具有足够的强度和刚度，周转次数多，维护费少；板面光滑平整，拆模后可以不抹灰或少抹灰，减少装修工作量；板面自重较轻，支模、拆模、运输、堆放能做到安全方便；尺寸构造尽可能做到标准化、通用化；一次投资较省，摊销费用较少。

1）大模板的组成

大模板主要由面板系统、支撑系统、操作平台和附件组成（图 4 - 11）。

（1）面板系统。面板系统包括面板、横肋和竖肋。面板作用是使混凝土墙面具有设计要求的外观。因此，要求其表面平整、拼缝严密，具有足够的刚度。

（2）支撑系统。支撑系统包括支撑架和地脚螺栓，其作用是传递水平荷载，防止模板倾覆。

（3）操作平台。包括平台架、脚手平台和防护栏杆。它是施工人员操作的平台和运行的通道。平台架插放在焊于竖肋上的平台套管内，脚手板铺在平台架上。防护栏杆可上下伸缩。

（4）附件。穿墙螺栓、上口卡子是模板最重要的附件。穿墙螺栓的作用是加强模板刚度，以承受新浇混凝土侧压力。墙体的厚度由两块模板之间套在穿墙螺栓上的硬塑料管来控制，塑料管长度等于墙的厚度，拆模后可敲出重复使用。穿墙螺栓一般设在大模板的上、中、下三个部位。上穿墙管距模板顶部 250 mm 左右，下穿墙螺栓距模板底部 200 mm 左右。

模板上口卡子是用来控制墙体厚度并承受一部分混凝土侧压力。

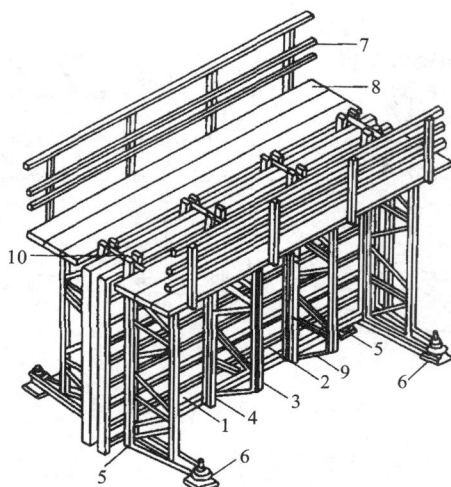

图4-11 大模板组成构造示意图

1—面板;2—水平加劲肋;3—支撑桁架;4—竖楞;5—调
整水平度的螺旋千斤顶;6—调整垂直度的螺旋千斤顶;
7—栏杆;8—脚手板;9—穿墙螺栓;10—上口卡具

2)模板的构造及布置方案

(1)平模。平模尺寸相当于房间每面墙的大小。按拼装的方式分为整体式、组合式、装拆式三种(图4-12)。整体式平模的板面、骨架、支撑系统和操作平台、爬梯等组焊接成整体。模板的整体性好,但通用性差,适用于大面积标准住宅施工。组合式平模将面板和骨架、支撑系统、操作平台三部分用螺栓连接而成。不用时可以解体,以便运输和堆放。装拆式平模不仅支撑系统和操作平台与竖肋用螺栓连接,而且板面与钢边框、横肋、竖肋之间也用螺栓连接,其灵活性更强。

平模方案能够较好地保证墙面的平整度,所有模板接缝均在纵横墙交接的阴角处,便于接缝处理,减少修理用工,模板加工量较少,周转次数多,适用性强,模板组装和拆卸方便,模板不落地或少落地。但由于纵横墙要分开浇筑,竖向施工缝多,影响房屋整体性,并且组织施工比较麻烦。

(2)小角模。小角模是为适应纵横墙一起浇筑而在纵横墙相交处附加的一种模板,通常用100 mm×100 mm的角钢制成。它设置在平模转角处,从而使每个房间的内模形成封闭支撑体系(图4-13)。

小角模布置方案使纵横墙可以一起浇筑混凝土,模板整体性好,组拆方便,墙面平整。但墙面接缝多,修理工作量大,角模加工精度要求也比较高。

(3)大角模。大角模系由上下四个大合页连接起来的两块平模、三道活动支撑和地脚螺栓等组成,大角模方案,使房间的纵横墙体混凝土可以同时浇筑,故结构整体性好。它还具有稳定、拆装方便、墙体阴角方整、施工质量好等特点,但是大角模也存在加工要求精细、运转麻烦、墙面平整度较差、接缝在墙中部等缺点。

(4)筒子模。筒子模是指一个房间三面现浇墙体的模板,通过挂轴悬挂在同一钢架上,

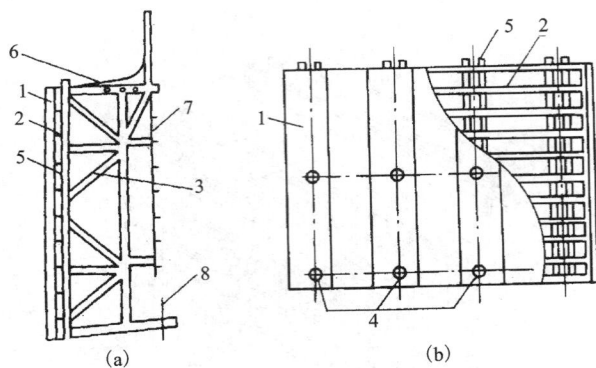

图 4 – 12　平模构造示意图

(a)整体式平模；(b)组合式平模

1—面板；2—横肋；3—支架；4—穿墙螺栓；

5—竖向主肋；6—操作平台；7—铁爬梯；8—地脚螺栓

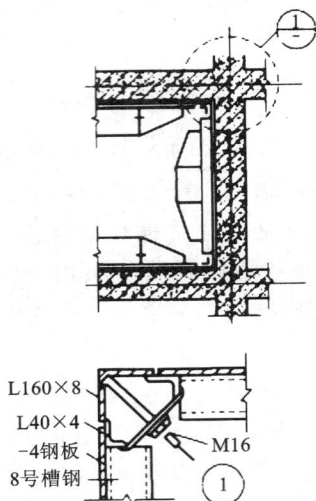

图 4 – 13　小角模

墙角用小角模封闭而构成的一个筒形单元体(图 4 – 14)。

采用筒子模方案，由于模板的稳定性好，纵横墙体混凝土同时浇筑，故结构整体性好，施工简单。同时减少了模板的吊装次数，操作安全，劳动条件好。缺点是模板每次都要落地，且模板自重大，需要大吨位起重设备，加工精度要求高，灵活性差，安装时必须按房间弹出十字中线就位，比较麻烦。

3)施工工艺

(1)内墙现浇外墙预制的大模板建筑施工。这种大模板建筑的施工有三类做法：预制承重外墙板，现浇内墙；预制非承重外墙板，现浇内墙；预制承重外墙板和非承重内纵墙板，现

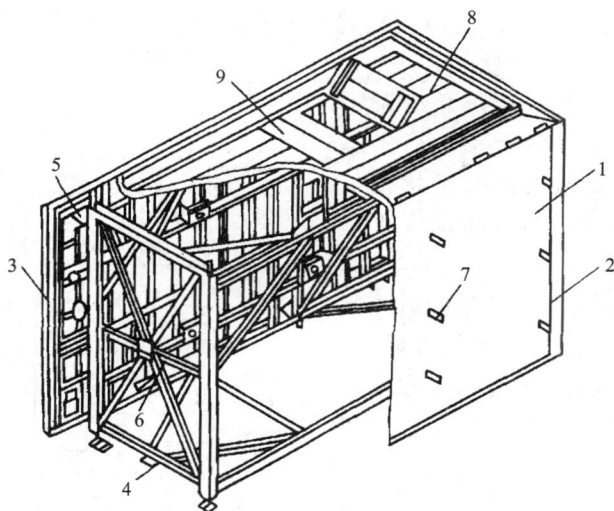

图 4 – 14　筒子模

1—模板；2—内角模；3—外角模；4—钢架；5—挂轴；6—支杆；7—穿墙螺栓；8—操作平台；9—出入孔

浇内横墙。

其工艺为：抄平放线（包括弹轴线、墙身线、门口、隔墙等）、敷设钢筋、安装模板、墙体混凝土浇筑、拆模与养护。

在常温条件下，墙体混凝土强度达到 1.2 MPa 时方准拆模。拆模的顺序是：首先拆除全部穿墙螺栓、拉杆及花篮卡具，再拆除补缝钢管或木方，卸掉埋设件的定位螺栓和其他附件，然后将每块模板的底脚螺栓稍稍升起，使模板在脱离墙面之前应有少许的平行下滑量，随后再升起后面的两个底脚螺栓，使模板自动倾斜脱离墙面，然后将模板吊起。在任何情况下，不得在墙上口晃动、撬动或敲砸模板。模板拆除后，应及时清理干净。

（2）内外墙全现浇大模板建筑施工。内外墙均为现浇混凝土的大模板体系，以现浇外墙代替预制外墙板，提高了整体刚度。由于减少了外墙的加工环节，造价较便宜，但增加了现场工作量。要解决好现浇外墙材料的保温隔热、支模及混凝土的收缩等问题。

（3）内浇外砌大模板建筑施工。为了增强砖砌体与现浇内墙的整体性，外墙转角及内外墙的节点，以及沿砖高度方向，均应设钢筋拉结（图 4 – 15）。墙体砌筑技术要求与一般砌筑工程相同。

2.爬升模板施工

爬升模板（简称爬模）施工工艺，是在综合大模板施工和滑模施工原理的基础上改进和发展起来的一项施工工艺。

1）爬模施工的特点

（1）模板的爬升依靠自身系统的设备，不需要塔吊或其他垂直运输机械。避免用塔吊施工常受大风影响的弊病。

（2）爬模施工中模板不用落地，不占用施工场地，特别适用于狭小场地的

爬模施工案例

爬模施工1

施工。

（3）爬模施工中模板固定在已浇筑的墙上，并附有操作平台和栏杆，施工安全，操作方便。

（4）爬模工艺每层模板可作一次调整，垂直度容易控制，施工误差小。

（5）爬模工艺受其他条件的干扰较少，每层的工作内容和穿插时间基本不变，施工进度平稳而有保证。

（6）爬模对墙面的形式有较强的适应性。它不只是用于施工高层建筑的外墙，还可用来施工现浇钢筋混凝土芯筒和桥墩，以及冷却塔等。尤其在现浇艺术混凝土施工中，更具有优越性。

2）爬升原理及布置原则

爬模（图4-17）主要包括：爬升模板、爬升支架和爬升设备三部分。

图4-15 外墙砖与现浇内墙连接节点

1—外墙砖垛；2—现浇混凝土内墙；3—水平拉结筋

（1）爬升原理。爬模的大模板依靠固定于钢筋混凝土墙身上的爬架和安装在爬架上的提升设备上升、下降，以及进行脱模、就位、校正、固定等作业。爬架则借助于安装在大模板上的提升设备进行升降、校正、固定等作业。大模板和爬架相互作支承并交替工作，来完成结构施工（图4-16）。

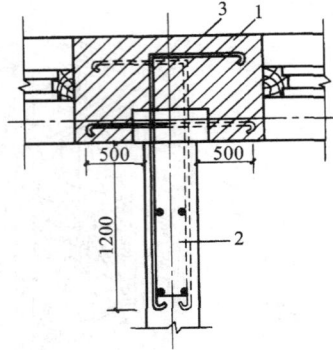

（a）   （b）   （c）   （d）   （e）

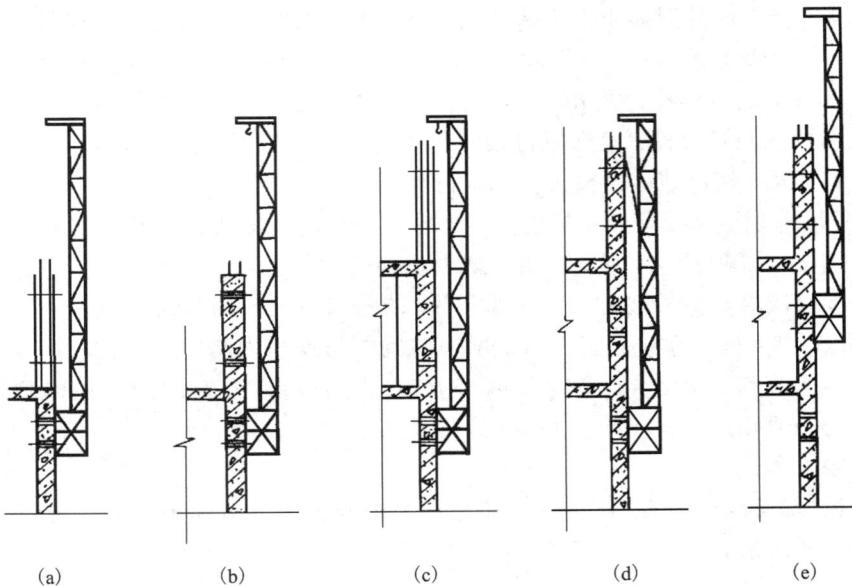

图4-16 爬升原理示意图

（a）固定爬架，支上层墙大模板；（b）浇上层墙混凝土；
（c）提升爬模，浇筑上层楼面混凝土；（d）浇墙身混凝土；（e）提升爬架

（2）爬模模板布置原则。外墙模板可以采用每片墙一整块模板，一次安装。这样可减少起模和爬升后分块模板装拆的误差。但模板的尺寸受到制作、运输和吊装条件等限制，不可能做得过大。往往分成几块制作，在爬架和爬升设备安装后，再将各分块模板拼成整块模板。

（3）爬架布置原则。爬架间距要根据爬架的承载能力和重量综合考虑。由于每个爬架装 2 只液压千斤顶或 2 只环链手动葫芦，每只爬升设备的起重能力为 10~15 kN。因此，每个爬架的承载能力为 20~30 kN，再加模板连同悬挂脚手架重 3.5~4.5 kN/m，故爬架间距一般为 4~5 m。

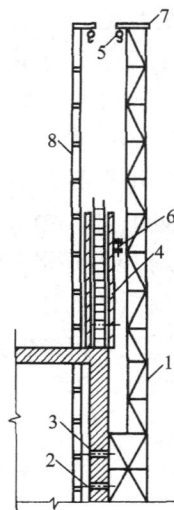

图 4－17　爬模构造示意图

1—爬架；2—穿墙螺栓；3—预留爬架孔；
4—爬模；5—爬模提升装置；6—爬架提
升装置；7—爬架挑横梁；8—内爬架

3）爬模施工工艺

（1）施工程序。由于爬模的附墙架需安装在混凝土墙面上，故采用爬模施工时，底层结构施工仍须用大模板或者一般支模的方法。当底层混凝土墙拆除模板后，方可进行爬架的安装。爬架安装好以后，就可以利用爬架上的提升设备，将二层墙面的大模板提升到三层墙面的位置就位，届时完成了爬模的组装工作，可进行结构标准层爬模施工。

（2）爬架组装。爬架的支承架和附墙架是横卧在平整的地面上拼装的。经过质量检查合格后再用起重机安装到墙上。

将被安装爬架的墙面需预留安装附墙架的螺栓孔，孔的位置要与上面各层的附墙螺栓孔位置处于同一垂直线上。墙上留孔的位置越精确，爬架安装的垂直度越容易保证，安装好爬架后要校正垂直度，其偏差值宜控制在 $h/1000$ 以内。

（3）模板组装。高层建筑钢筋混凝土外墙采用爬模施工，当底层墙施工时爬架无处安装，可在半地下室或基础顶部设置"牛腿"支座，大模板搁置在"牛腿"支座上组装。

爬架安装

（4）爬架爬升。爬架在爬升之前必须将外模与爬架间的校正支撑拆去，检查附墙连接螺栓是否都已抽除，清除爬模爬升过程中可能遇到的障碍，还应确定固定附墙架的墙体混凝土强度已不小于 10 N/mm²，爬升过程中操作工人不得站在爬架内，可站在模板的外附脚手架上操作。

爬模施工2

爬架爬升到位时要逐个及时插入附墙螺栓，校正好爬架垂直度后拧紧附墙螺栓的螺母，使得附墙架与混凝土的摩擦力足够平衡爬架的垂直荷载。

（5）模板爬升。模板的爬升须待模板内的墙身混凝土强度达 1.2~3.0 N/mm² 后方可进行。

首先要拆除模板的对销螺栓、固定模板的支撑以及不同时爬升的相邻模板间的连接件，然后起模。起模时可用撬棒或千斤顶使模板与墙面脱离，接着就可以用提升爬架的同样方法和程序将模板提升到新的安装位置。

模板到位后要进行校正。此时不仅要校正模板的垂直度，还要校正它的水平位置，特别是拼成角模的两块模板间的拼接处,其高度一定要相同,以便连接。

3.滑升模板施工

液压滑升模板(简称"滑模")施工工艺,是一种机械化程度较高的施工方法。它只需要一套 1 m 多高的模板及液压提升设备,按照工程设计的平面尺寸组装成滑模装置,就可以绑扎钢筋,浇筑混凝土,连续不断地施工,直至结构完成。

滑模施工工艺具有机械化程度高、施工速度快、整体性强、结构抗震性能好的优点,还能获得没有施工缝的混凝土构筑物。与传统的结构施工方法比较,滑模可缩短工期 50% 以上,提高工效 60% 左右,还可以改善劳动条件,减少用工量。

滑模工艺用在剪力墙高层建筑结构施工中,按楼板的施工方法不同可分为:逐层空滑,楼板并进施工工艺;先滑墙体、楼板跟进施工工艺和先滑墙体、楼板降模等施工工艺。这些工艺各有特点,可按不同施工条件和工程情况采用。

1)滑升模板的构造

滑模装置主要包括模板系统、操作平台系统和提升机具系统三部分。由模板、围圈、提升架、操作平台、内外吊脚手架、支承杆及千斤顶等组成(图 4 - 18)。

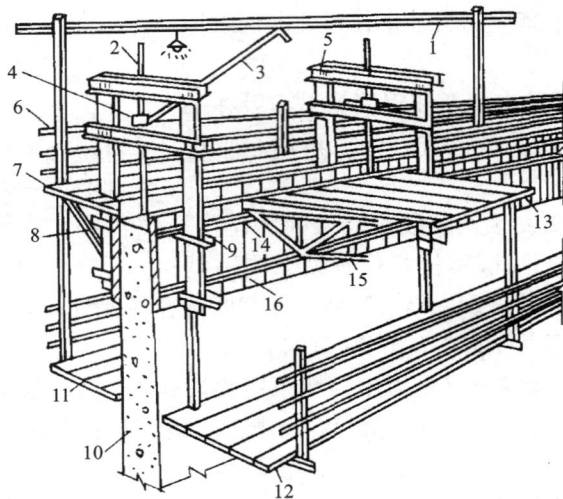

图 4 - 18 滑升模板的组成

1—支架;2—支承杆;3—油管;4—千斤顶;5—提升架;6—栏杆;
7—外平台;8—外挑架;9—收分装置;10—混凝土墙;11—外吊平台;
12—内吊平台;13—内平台;14—上围圈;15—桁架;16—模板

(1)模板系统。模板系统主要包括模板、围圈、提升架等基本构件。

①模板。模板的作用主要是承受混凝土的侧压力、冲击力和滑升时混凝土与模板之间的摩阻力,并使混凝土按设计要求的截面形状成型。

模板的高度主要取决于滑升速度和混凝土达到出模强度所需的时间,一般采用 900 ~ 1200 mm。为防止混凝土浇筑时向外溅出,外模上端可以比内模高 100 ~ 200 mm。模板的宽度可设计成几种不同的尺寸。考虑组装及拆卸方便,一般宜采用 150 ~ 500 mm。当所施工的墙体尺寸变化不大时,也可根据实际情况适当加宽模板,以节约装卸用工。

②围圈(围檩)。围圈的作用主要是使模板保持组装好的平面形状，并将模板与提升架连成一个整体。围圈工作时，承担水平荷载和竖向荷载，并将它们传递到提升架上。

③提升架(千斤顶架、门架)。提升架的作用主要是控制模板和围圈由于混凝土侧压力和冲击力而产生的向外变形，同时承受作用在整个模板和操作平台上的全部荷载，并将荷载传递给千斤顶。其次，提升架又是安装千斤顶，连接模板、围圈以及操作平台成整体的主要构件。图4-19为目前使用较广的钳形提升架。

提升架的布置应与千斤顶的位置相适应。当均匀布置时，间距不宜超过2 m，当非均匀布置或集中布置时，可根据结构部位的实际情况确定。

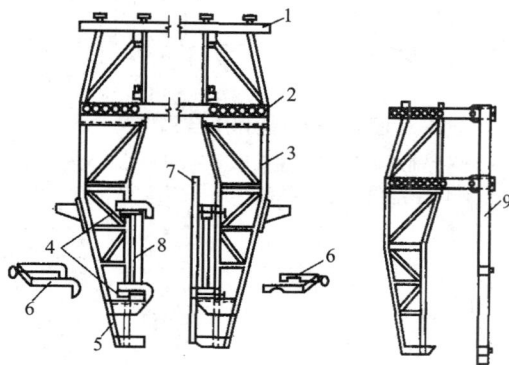

图4-19　钳形提升构造示意图

1—上横梁；2—下横梁；3—立杆；4—顶紧螺栓；5—接长脚；
6—扣件；7—滑模模板；8—围圈；9—直腿方钢

(2)操作平台系统。操作平台系统是指操作平台、内外吊脚手架以及某些增设的辅助平台(图4-20)。

①操作平台(工作台)。操作平台按其搭设部位分内操作平台和外操作平台两部分。操作平台是施工人员绑扎钢筋、浇筑混凝土、提升模板等的操作场所。也是混凝土中转、存放钢筋等材料以及放置振捣器、液压控制台、电焊机等机械设备的场地。

②内外吊脚手架(吊架)。内外吊脚手架主要用于检查混凝土的质量、表面装饰以及模板的检修和拆卸等工作。由吊杆、横梁、脚手板防护栏杆等构件组成，吊杆上端通过螺栓悬吊于三角挑架或提升架的立柱上，下端与横梁连接。

(3)提升机具系统。提升机具系统包括支承杆、液压千斤顶、针形阀、油管系统、液压控制台、分油器、油液、阀门等。

①支承杆(爬杆)。支承杆是千斤顶向上爬升的轨道，也是滑模的承重支柱。它承受滑模施工中的全部荷载。支承杆的直径与数量根据提升荷载的大小通过计算确定。

②液压千斤顶。千斤顶是带动整个滑模系统沿支承杆上爬的机械设备。常用的油压千斤顶有GYD-35型和QYD-35型等。

③提升操作装置。提升操作装置是液压控制台和油路系统的总称。它就像滑模系统的"头脑"和"血管"，操纵模板提升并供给千斤顶油压。液压控制台主要由电动机、油泵、换向阀、溢流阀、液压分配器和油箱等组成。

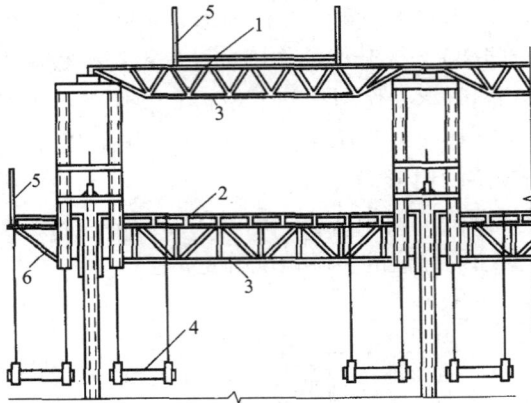

图 4 – 20　操作平台构造

1—上辅助平台；2—主操作平台；3—承重桁架；
4—吊脚手架；5—防护栏杆；6—三角挑架

2）滑模施工程序

滑模施工程序如图 4 – 21 所示。

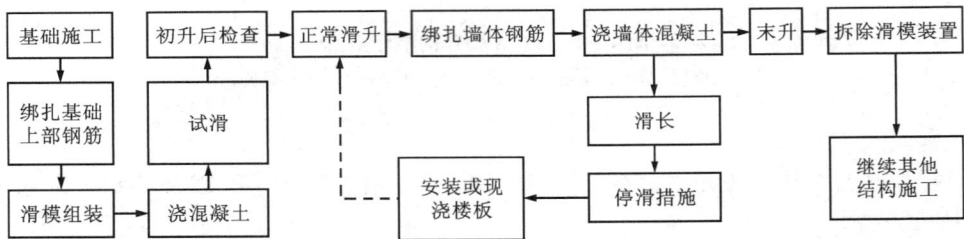

图 4 – 21　滑模施工程序

3）滑模组装

滑模施工的特点之一，是将模板一次组装完，一直使用到结构施工完毕，中途一般不再变化。

（1）组装前的准备工作。滑模组装工作应在建筑物的基础顶板或楼板混凝土浇筑并达到一定强度后进行。组装前必须清理场地，设置运输道路和施工用水、用电线路。同时将基础回填平整。按图纸设计要求，在底板上弹出建筑物各部位的中心线及模板、围圈、提升架、平台构架等构件的位置线。对各种模板部件、设备等进行检查，核对数量、规格以备使用。

进行钢筋绑扎，柱子的钢筋较粗，可先绑扎钢筋骨架；对于直径较小的墙板钢筋，可待安装好一面侧模板后进行绑扎。

（2）组装。组装的顺序是安装提升架→安装围圈→安装模板→安装操作平台→安装液压设备→安装支承杆。

滑模安装完毕，必须按规范要求的质量标准进行检查。

142

4)墙体滑模施工

(1)准备工作。滑模施工要求连续性,机械化程度较高。为保证工程质量,发挥滑模的优越性,必须根据工程实际情况和滑模施工特点,周密细致地做好各项施工组织设计和现场准备工作。

(2)钢筋绑扎。钢筋绑扎要与混凝土浇筑及模板的滑升速度相配合。事先根据工程结构每个平面浇筑层钢筋量的大小,划分操作区段,合理安排绑扎人员,使每个区段的绑扎工作能够基本同时完成,尽量缩短绑扎时间。

钢筋的加工长度,应根据工程对象和使用部位来确定,水平钢筋长度一般不宜大于 7 m,垂直钢筋一般与楼层高度一致。绑扎截面较高的大梁,其水平钢筋亦采取边滑升边绑扎的方法。为便于绑扎,可将箍筋做成上口开放的形式,待水平钢筋穿入就位后,再将上部绑扎闭合。

(3)混凝土配制。为滑模施工配制的混凝土,除须满足设计强度要求之外,还应满足模板滑升的特殊工艺要求。为提高混凝土的和易性,减少滑模时的摩阻力,在颗粒级配中可适当加大细骨料用量,粒径在 7 mm 以下的细骨料可达 50%～55%,粒径在 0.2 mm 以下的砂子宜在 5% 以上,配制混凝土的水泥品种,根据施工时的气温,模板提升速度及施工对象而选用。夏季宜选用矿渣水泥,气温较低时宜选用普通硅酸盐水泥或早强水泥,水泥用量不应少于 250 kg/m³。

(4)混凝土浇筑。混凝土的浇筑必须严格执行分层交圈均匀浇筑的制度。浇筑时间不宜过长,过长会影响各层间的黏结,分层厚度,一般墙板结构以 200 mm 左右为宜,框架结构及面积较小的筒壁结构以 300 mm 左右为宜。混凝土应有计划地、匀称地变换浇筑方向,防止结构的倾斜或扭转。

混凝土的施工和滑模模板提升是反复交替进行的,整个施工过程及相应的模板提升可分为以下三个施工阶段:

①初浇阶段——这个施工阶段是从滑模组装并检查结束后,开始浇筑混凝土至模板开始提升为止,此阶段混凝土浇筑高度一般只有 600～700 mm,分 2～3 个浇筑层。

②随浇随升阶段——滑模模板初升后即开始随浇随升施工阶段。这个阶段中,混凝土浇筑与钢筋绑扎、模板提升相互交替进行,紧密衔接。每次模板提升前,混凝土宜浇筑到距模板上口以下 50～100 mm 处,并应将最上一道水平钢筋留置在混凝土外,作为绑扎上一层水平钢筋的标志。

③末浇阶段——混凝土浇筑至与设计标高相差 1 m 左右时,即进入末浇施工阶段。此时,混凝土的浇筑速度应逐渐放慢。

(5)模板的滑升

模板的滑升可分为以下三个施工阶段:

①初升阶段——模板的初升应在混凝土达到出模强度,浇筑高度为 700 mm 左右时进行。开始初升前,为了实际观察混凝土的凝结情况,必须先进行试滑升,滑升过程必须尽量缓慢平稳。

②正常滑升阶段——模板经初升调整后,即可按原计划进行混凝土和模板的随浇随升。正常滑升时,每次提升的总高度应与混凝土分层浇筑的厚度相配合,两次滑升的间隔停歇时间,一般不宜超过 1 h,在常温下施工,滑升速度为 150～350 mm/h,最慢不应少于 100 mm/h。

③末升阶段——当模板升至距建筑物顶部标高 1 m 左右时，即进入末升阶段，此时应放慢滑升速度，进行准确的抄平和找正工作。混凝土末浇结束后，模板仍应继续滑升，直至与混凝土脱离为止。

（6）预埋件和预留孔的留设。滑模施工中，预埋铁件、预埋钢筋及水电管线等是随模板滑升而逐步安设的。

5）楼板施工工艺

滑模施工中，楼板与墙体的连接，一般分为预制安装与现浇两大类。预制楼板的施工又分为滑空安装法、牛腿安装法和平接法。由于高层建筑结构抗震要求，50 m 以上的高层建筑宜采用现浇结构，故高层建筑不采用预制安装方法。采用现浇楼板的施工方法，可提高建筑物的整体性，加快施工进度，并且安全。属于此类方法的现有"滑一浇一"逐层支模现浇法，"滑三浇一"支模现浇法和降模施工法等。

（1）"滑三浇一"支模现浇法。这种方法是墙体不断向上滑，预留出楼板插筋及梁端孔洞。在内吊脚手架下面，加吊一层满堂铺板及安全网。当墙面滑出一层后，扳出墙内插筋，利用梁、柱及墙体预留洞或设置一些临时牛腿、插筋及挂钩，作为支设模板的支承点，在其上开始搭设楼板模板、铺设钢筋等。当墙体滑升到三层时，浇捣第一层楼板混凝土。这样墙体滑升速度快。

（2）降模施工法。降模施工是当墙体连续滑升到顶或滑到 10 层左右高度后，利用滑模操作平台改装成为楼板底模板，在四个角及适当位置布设吊点，吊点应符合降模要求。把楼板模板降至要求高度，即可进行该层楼板施工（图 4 - 22）。当该层楼板混凝土达到拆模强度要求时，可将模板降至下一层楼板位置，进行下一层楼板的施工。此时，悬吊模板的吊杆也随之接长。这样依次逐层下降，直至最后在底层将模板拆除。

（3）"滑一浇一"逐层支模法。"滑一浇一"又称逐层空滑现浇楼板法，它是高层建筑采用滑模时，楼盖施工应用较多的一种施工工艺。采用这种工艺，就是在墙体混凝土滑升一层，紧跟着支模现浇一层楼板，每层结构按滑一层浇一层的工序进行，由此将原来的滑模连续施工改变为分层间断的周期性施工。

楼板混凝土浇筑完毕后，楼板上表面与滑模模板下皮一般存在 50～100 mm 的水平缝隙，处理方法可用木板封口，继续浇筑混凝土。

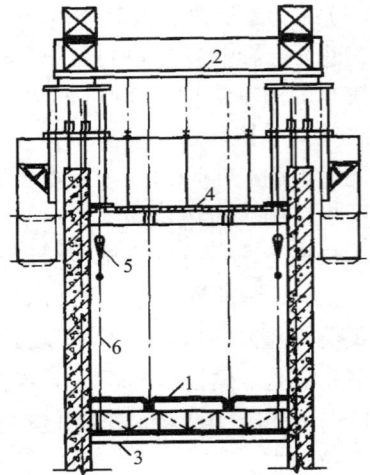

图 4 - 22　降模法

1—操作平台改装降模模板；2—上钢梁；3—下钢梁；4—屋面板；5—起重机械；6—吊索

4.3　预制装配结构施工

在高层建筑主体结构施工中，采取预制构、配件，现场机械化装配的施工模式，具有以下特点：

(1)梁、柱、楼板等构件采用工厂化生产,节省了现场施工模板的支设、拆卸工作;

(2)施工速度快,可以充分利用施工空间进行平行流水立体交叉作业;

(3)施工需要配有相适应的起重、运输和吊装设备;

(4)结构用钢量比现浇结构多,工程造价也比现浇结构高。

4.3.1 装配式预制框架结构施工

1.构造要求

高层建筑中装配式预制框架结构的节点,多采用装配整体式。这种结构体系按地震烈度8度设防,建筑总高度可达 50 m。

1)构件体系

由柱、横梁、纵梁、走道梁,以及楼板(通常为预应力空心板)组成。

2)节点处理

梁、柱节点构造如图 4-23 所示。为了增加建筑的抗震性能和保证楼盖的整体刚度,一般在预制板上和梁叠合层上,设 40 mm 厚度现浇混凝土层,并配置双向 $\phi4 \sim \phi6$ 钢筋,间距 250 mm。这种节点处理,不仅抗震性能好,而且由于柱的安装无须临时支撑,接缝混凝土密实,焊接量少,并且解决了节点核心不便设置箍筋的问题,是较好的节点做法。

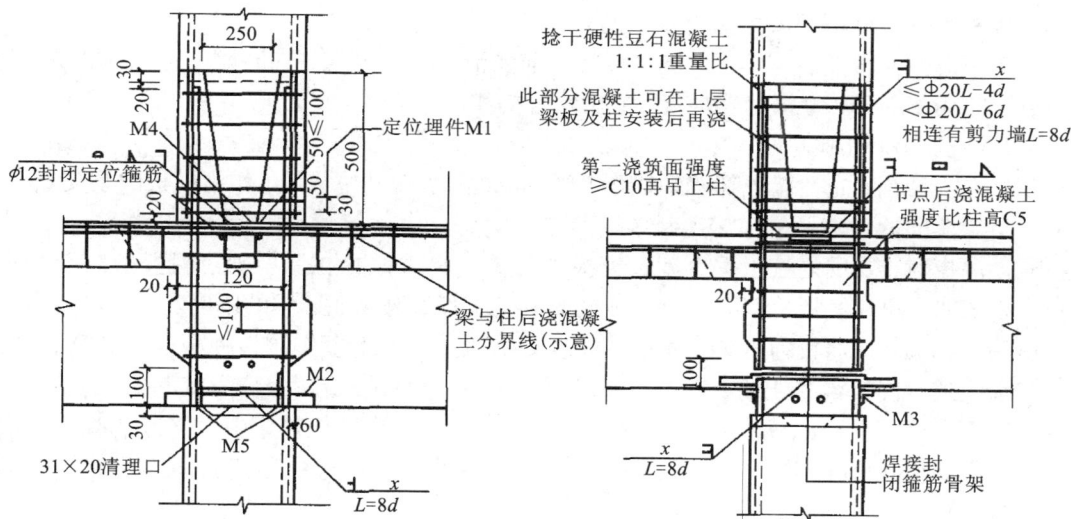

图 4-23 梁、柱节点

2.施工工艺

1)工艺流程

首先进行施工准备工作,重点是抄平、放线以及验线工作;无误后即可吊装框架柱,焊接柱根钢筋;支设柱根模板,浇筑柱根混凝土。接下来吊装框架梁,焊接框架梁钢筋;同时绑扎剪力墙钢筋和吊装预制板,剪力墙支设模板,浇筑剪力墙混凝土,养护墙体混凝土后,吊装剪力墙上的预制板;支设叠合梁、柱头模板,支设板缝模板,绑扎叠合梁、叠台板钢筋;

浇筑柱头混凝土，浇筑板缝、叠合梁、叠合板混凝土；柱头预埋钢板并找中找平。

2）结构吊装

（1）吊装准备。

吊装前应按结构安装工程的要求进行构件的检查和弹线。

为了防止柱子翻身起吊小柱头触地而产生裂缝和外露钢筋弯折，可采用安全支腿，这种安全支腿在柱子起吊后，即可自动脱落；也可用钢管三角架套在柱端钢筋处或撑垫木。

（2）吊装。

一般采用分层、分段流水吊装方法。

吊装过程的质量控制：对柱子控制平面位置和垂直度，对预制梁，重点控制伸入柱内的有效尺寸和顶面标高；对楼板，重点控制顶面标高。

3. 施工注意事项

1）梁、柱节点处理

浇筑节点混凝土时，外露柱子的主筋要用塑料套包好，以防黏结灰浆。节点混凝土浇筑及振捣，宜由一人负责一个节点，采用高频振捣棒，分层浇捣。要加强节点部位混凝土的湿润养护，养护时间不少于 7 d。

2）叠合层混凝土的浇筑

浇筑前，要将叠合梁上被踏歪斜的外露箍筋扶正，确保负弯矩筋位置正确，并注意钢筋网片的接头和抗震墙下部要甩出连接钢筋。

预制板缝的模板要支撑牢固，浇筑混凝土前要清理湿润基层，同时刷一遍素水泥浆。板缝混凝土宜用 HZ6P30 型振捣器振捣，或用钢钎捣实。

3）现浇剪力墙的施工

模板在安装前，先在墙下部按轴线作 100 mm 高的水泥砂浆导墙，作为模板的下支点，模板下口与导墙间的缝隙要用泡沫塑料条堵严。

支设墙模时，要反复校正垂直度。模板中部要用穿墙螺栓拉紧，或用钢板条拉带拉紧，防止模板鼓胀，两片模板之间要用钢管或硬塑料管支撑，以保证墙体的厚度。

门洞口四周，钢筋较为密集，绑扎时可错位排列。如用木模作洞口模板，在浇筑混凝土前应浇水湿透。浇筑混凝土前，宜先浇一遍素水泥浆，然后按墙高分步浇筑混凝土。第一步浇筑高度不大于 500 mm。浇筑时要采取人工送料的方法，严禁从料斗中直接卸混凝土入模。电梯井四面墙体在浇筑时，不可先浇满一面，再浇捣另一面，这样会使墙体模板整体变形、移位。应四面同时分层浇筑。

预制装配式框架结构的质量标准和检验方法按现行《混凝土结构工程施工质量验收规范》（GB 50204—2002）执行。

4.3.2 装配整体式框架结构工程施工

装配整体式框架结构，一般是指预制梁、板，现浇柱的框架结构（包括框架 - 剪力墙，剪力墙为现浇），是高层建筑中应用较多的一种工业化建筑体系。这种结构工艺体系，综合了全现浇和预制框架体系的优点，解决了预制梁、柱接头焊接量大和工序复杂的问题，增强了结构节点的整体性，可适用于有抗震设防要求的高层建筑。

1. 梁、柱节点的构造

现浇柱预制梁板框架结构的梁、柱节点构造如图 4-24 所示，它具有以下特点：

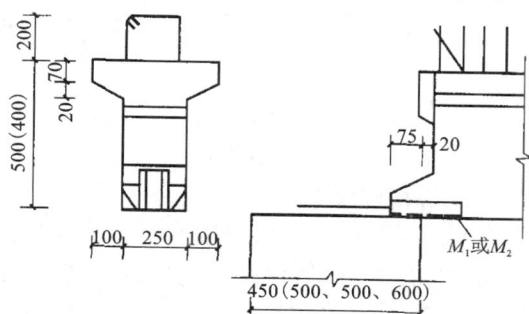

图 4-24　梁、柱节点构造（单位：mm）

（1）梁端部留有剪力槽，与现浇混凝土咬合后形成剪力键。梁端下部伸入柱内 95 mm，梁端下部预留出钢筋，与节点混凝土形成一体，增加梁、柱节点的整体性。

（2）梁端主筋用角钢加强，并扩大了梁端的承压面。梁节点在二次浇筑后，使混凝土能充满梁底与柱面的空隙，使梁体早期将部分荷载传递给柱。

2. 施工方法

现浇柱预制梁板框架结构的施工特点在于梁、板先预制成型，在施工现场拼装；梁、柱交接处节点与现浇柱同时浇筑混凝土。常见的施工方法有两种：即先浇筑柱子混凝土，后吊装预制梁、板；先吊装预制梁、板，后浇筑柱子混凝土。

1）先浇筑柱子混凝土，后吊装预制梁、板

这种施工方法是首先绑扎柱子钢筋，然后支设柱模板。再浇筑柱子混凝土到梁底标高，待柱子混凝土强度大于 5 N/mm² 时，拆除柱模板，然后吊装预制梁、板，再浇筑梁、柱接头混凝土以及叠合层混凝土。预制梁吊装就位后的支托方法通常有以下两种：

（1）临时支柱法。在横梁两端轴线上，分别支设临时支柱，用以支承横梁、楼板构件自重及施工荷载。然后校正支柱的轴线位置和梁顶标高，并在支柱底部用木楔顶紧，再把支柱上端与梁支撑夹紧固定，同时将支柱上、下端用连接件与混凝土柱子连接固定，以保证支柱的稳定性。

（2）木夹板承托法。木夹板承托法是指在柱模板拆模后，当混凝土强度不低于 7.5 N/mm² 时，在柱顶、梁底标高处安装木夹板，利用木夹板与混凝土柱子接触面间的摩擦力来支承框架横梁。

2）先吊装梁、板，后浇筑柱子混凝土

这种施工方法是利用承重柱模板支承安装预制梁、板，然后浇筑柱子混凝土以及梁、柱接头，最后再浇筑叠合层混凝土。

（1）承重钢柱模板的构造。

承重钢柱模板由柱模、梁支承柱、柱顶小耳模和斜支撑等组成。

柱模是由 4 块侧模组成，其平面尺寸根据柱子尺寸和主、次梁的标高决定。柱体侧模可用 3 mm 厚钢板，四周用 L50×5 角钢，横肋用 5 号槽钢，其间距为 600 mm。

梁支承柱一般用 10 号槽钢加固而成，上部焊上支承框架梁的托梁，下部焊上 $\phi38$ 长 250 mm 的可调节高低的顶丝。

斜支撑的作用是用于调节柱模的垂直度，防止柱模受荷载后产生倾斜和位移。

小耳模是梁的定位模，四框由角钢组成，中间用 3 mm 厚钢板，两边对称设置。

（2）施工工艺。

①安装钢柱模。钢柱模可采用先拼装、后安装就位的方法。钢柱模就位后，用扣件将梁支承柱与柱体侧模连接起来，并用梁支承柱的顶丝调节其高度。梁支承柱的托板应高出钢柱模 10 mm，以防止预制混凝土梁压在柱模上。

②安装预制梁板 吊装预制梁、板时，应先吊主梁，后吊次梁，从一端向另一端推进，并逐间封闭。预制混凝土楼板吊装前，应先铺好找平层砂浆。楼板在梁上的搁置长度应按设计要求严格掌握。预制混凝土梁安装后，在其下部应设临时支撑，待叠合层混凝土浇筑养护后，满足规范要求的强度，方可拆除。

③柱子混凝土浇筑 浇筑柱子混凝土时，应按中、边、角的顺序依次施工，这样有利整体结构的稳定，可防止因浇筑混凝土产生的侧压力而引起梁、柱的倾斜、偏移。

④钢柱模板的拆除 钢柱模板拆除时，柱子混凝土强度不应小于 10 N/mm²。

4.3.3　装配式大板剪力墙结构工程施工

装配式大板剪力墙结构，是我国发展较早的一种工业化建筑体系，这种结构体系的特点是：除基础工程外，结构的内、外墙和楼板全部采用整间大型板材进行预制装配（图 4－25），楼梯、阳台、垃圾和通风道等，也都采用预制装配。构配件全部由加工厂生产供应，或有一部分在施工现场预制，在施工现场进行吊装组合成建筑。在北京地区目前已建成的装配式大板剪力墙结构高层建筑为 10～18 层，结构按 8 度抗震设防。

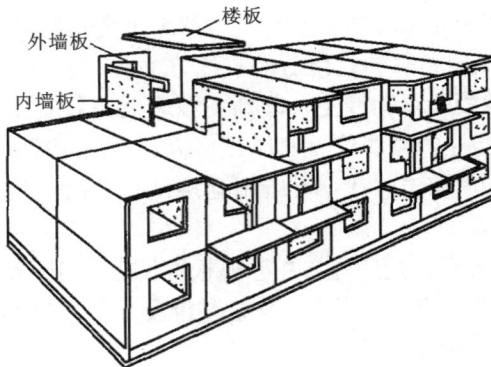

图 4－25　装配式大板建筑示意图

1. 构件类型和节点构造

1）构件类型

（1）内墙板。内墙板包括内横墙和内纵墙，是建筑物的主要承重构件，均为整间大型墙板，厚度均为 180 mm，采用普通钢筋混凝土，其强度等级为 C20。墙板内结构受力钢筋采用

HRB335 级钢。

（2）外墙板。高层装配式大板建筑的外墙板，既是承重构件，又要能满足隔热、保温、防止雨水渗透等围护功能的要求，并应起到立面装饰的作用，因此构造比较复杂，一般采用由结构层、保温隔热层和面层组合而成的复合外墙板。

（3）大楼板。大楼板常为整间大型实心板材，厚110 mm。根据平面组合，其支承方式与配筋可分为双向预应力板、单向预应力板、单向非预应力板和带悬挑阳台的非预应力板。

（4）隔断墙。隔断墙主要用于分室的墙体，如壁橱隔断、厕所和厨房间隔断等，采用的材料一般有加气混凝土条板、石膏板以及厚度较薄的（60 mm）的普通混凝土板等。

2）节点构造

高层装配式大板建筑的结构整体性，主要是靠预制构件间现浇钢筋混凝土的整体连接来实现。外墙节点除了要保证结构的整体连接外，还要做好板缝防水和保温、隔热的处理。因此，高层装配式大板建筑的节点构造，是确保建筑物功能的关键。

2. 施工工艺

1）施工准备

高层装配式大板建筑结构施工是以塔式起重机为中心，在塔臂工作半径范围内，组织多工种流水作业的机械化施工过程。由于建筑物的构、配件全部采用了装配式，所以它与全现浇结构、现浇与预制相结合结构具有明显的不同特点，即结构施工工序明确，吊次比较均衡，一般采用的流水作业方式是工序流水而不是通常在建筑施工中采用的区域流水，作业施工节奏快而紧凑，构件必须配套保证正常供应。

2）施工要点

高层装配式大板建筑的结构安装施工，一般采用"储存吊装法"，分两班施工。白班按工艺流程进行结构安装施工；夜班按计划要求进行墙板等构件进场卸板储存工作及提升安全网等作业。

结构安装采用"逐间封闭法"施工。即以每一结构间为单元，先吊装内墙板，然后吊装外墙板。每一楼层的安装作业从标准间开始。标准间的设置，一般板式建筑选择在拟建建筑物中部靠楼梯（电梯）的房间。塔式建筑则视具体情况而定。

高层装配式大板建筑的结构节点，是确保建筑物整体性的关键。每层楼板安装完毕后，即可进行该层的节点施工，包括节点钢筋的焊接、支设节点现浇混凝土模板、浇筑节点混凝土、拆模等工序。

要注意的是，在设计有上、下、左、右墙、楼板全方位整体"剪力块"的节点部位，应采取一次支模、一次浇筑的施工工艺，而不允许下层墙板顶部节点构造、上层墙板底部节点构造随墙板安装分成两次支模、两次浇筑的做法，以确保其抵抗水平推力的能力。

3）外墙节点防水施工

外墙节点防水主要有三类方案，即：构造防水方案、材料防水方案和综合防水方案。

构造防水方案主要是通过在外墙板四周，即板的边缘部位和板的侧面考虑一些构造形式来达到节点防水抗渗的目的。

材料防水方案是在外墙板四周板边没有特殊防水构造的情况下，主要依靠采用防水嵌缝材料对板缝节点进行黏结、填塞，阻断水流通路，达到防水的目的。

综合防水方案是一种综合了构造防水和材料防水各自优点的防水方案。综合防水方案一般以构造防水为主，在外墙板四周采取一定的防水构造措施，又辅之以性能可靠的嵌缝防水材料，从而避免了单一防水方案的局限性。国内大板建筑多采用综合防水方案。

4.3.4 高层预制盒子结构施工

盒子结构是把整个房间(一个房间或一个单元)作为一个构件，在工厂预制后运送到工地进行整体安装的一种房屋结构。每一个盒子构件本身就是一个预制好的，带有采暖、上下水道及照明等所有管线的，装修完备的房间或单元。它是装配化程度最高的一种建筑形式，比大板建筑装配化程度更高、更为先进。

但是，由于盒子结构建筑的大量作业转移到了工厂，因而预制工厂的投资较高，一般比大板厂高8%～10%，而且运输和吊装也需要一些配套的机械。

1. 盒子种类

盒子构件按大小分，有单间盒子和单元盒子。

盒子构件按材料分，有钢、钢筋混凝土、铝、木、塑料等盒子。

盒子构件按功能分，有设备盒子(如卫生间、厨房、楼梯间盒子)和普通居室盒子。

盒子构件按制造工艺分，有装配式盒子和整体式盒子。

装配式盒子是在工厂制作墙板、顶板和底板，经装配后用焊接或螺栓组装成盒子。整体式盒子是在工厂用模板或专门设备制成钢筋混凝土的四面或五面体，然后再用焊接或销键把其余构件(底板、顶板或墙板)与其连接起来。整体式盒子节省钢材，缝隙的修饰工作量减少。

2. 盒子结构体系

盒子结构体系常用的有以下几种：

1) 全盒子体系[图4-26(a)]

全盒子体系是完全由承重盒子或承重盒子与一部分外墙板组成。这种体系的装配化程度高，刚度好，室内装修基本上在预制厂内完成，但是在拼接处出现双层楼板和双层墙，构造比较复杂。

2) 板材盒子体系[图4-26(b)]

这种结构体系是将设备复杂的且小开间的厨房、卫生间、楼梯间等做成承重盒子，在两个承重盒子之间架设大跨度的楼板，另用隔墙板分隔房间。这种体系可用于住宅和公共建筑，虽然装配化程度较低，但能使建筑的布局灵活。

3) 骨架盒子体系[图4-26(c)]

这种结构体系是由钢筋混凝土或钢骨架承重，盒子结构只承受自重，因此可用轻质材料制作，使运输、吊装和结构的重量大大减轻，它宜于建造高层建筑。如日本用以建造高层住宅的CUPS体系即属此类，它由钢框架承重，盒子镶嵌于构架中。

盒子结构房屋的施工速度较快，国外一幢9层的盒子结构房屋，仅用3个月就完工。美国21层的圣安东尼奥饭店，中间16层由496个盒子组成，工期为9个月，平均每天安装16个盒子，最多时可达22个盒子。安装一个钢筋混凝土盒子约需20分钟至半小时。至于金属盒子或钢木盒子，最快时一个机械台班可以安装50个。

盒子结构在国外有不同程度的发展，我国对于盒子结构虽然进行了一些有益的探索，但尚未形成生产能力。

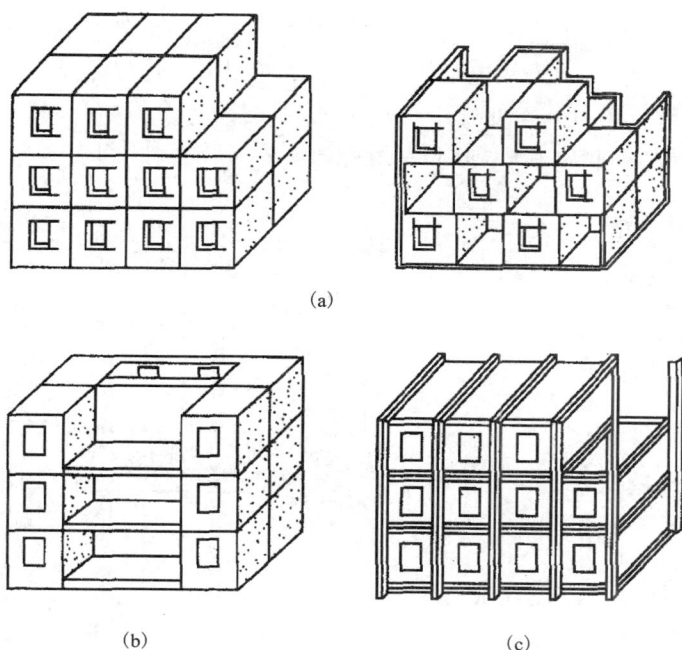

图 4-26 盒子结构体系

（a）全盒子体系；（b）板材盒子体系；（c）骨架盒子体系

4.3.5 高层升板法施工

升板法结构施工是介于混凝土现浇与构件预制装配之间的一种施工方法。这种施工方法是在施工现场就地重叠制作各层楼板及顶层板，然后利用安装在柱子上的提升机械，通过吊杆将已达到设计强度的顶层板及各层楼板，按照提升程序逐层提升到设计位置，并将板和柱连接，形成结构体系。

升板法施工可以节约大量模板，减少高空作业，有利安全施工，可以缩小施工用地，对周围干扰影响小，特别适用于现场狭窄的工程。

高层建筑升板法施工，主要是柱子接长问题。因受起重机械和施工条件限制，一般不能采用预制钢筋混凝土柱和整根柱吊装就位的方法，通常采用现浇钢筋混凝土柱法。施工时，可利用升板设备逐层制作，无须大型起重设备，也可以采用预制柱和现浇柱结合施工的方法，先预制一段钢筋混凝土柱，再采用现浇混凝土柱接高。

1. 升板设备

高层升板施工的关键设备是升板机，主要分电动和液压两大类。

1）电动升板机

电动升板机是国内应用最多的升板机（图 4-27）。一般以 1 台 3 kW 电动机为动力，带动 2 台升板机，安全荷载约 300 kN，单机负荷 150 kN，提升速度约 1.9 m/h。电动升板机构造较简单，使用管理方便，造价较低。

电动升板机的工作原理为：当提升楼板时，升板机悬挂在上面一个承重销上。电动机驱动，通过链轮和蜗轮蜗杆传动机构，使螺杆上升，从而带动吊杆和楼板上升，当楼板升过下面的销孔后，插上承重销，将楼板搁置其上，并将提升架下端的四个支撑放下顶住楼板。将悬挂升板机的承重销取下，再开动电动机反转，使螺母反转，此时螺杆被楼板顶住不能下降，只能迫使升板机沿螺杆上升，待机组升到螺杆顶部，过上一个停歇孔时，停止电机，装入承重销，将升板机挂上。如此反复，使楼板与升板机不断交替上升(图 4 – 28)。

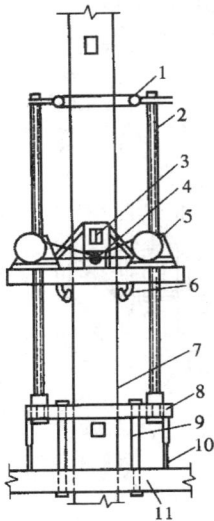

图 4 – 27　电动升板机构造

1—螺杆固定架；2—螺杆；3—承重锁；4—电动螺杆千斤顶；5—提升机组底盘；6—导向轮；7—柱子；8—提升架；9—吊杆；10—提升架支撑；11—楼板

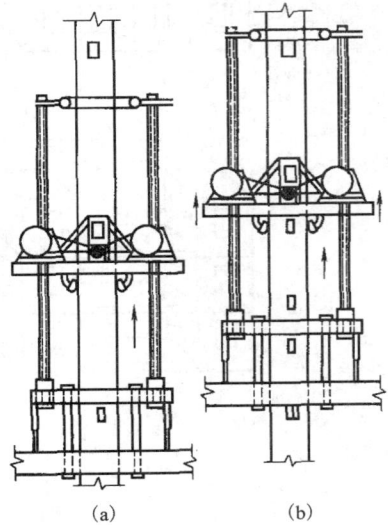

图 4 – 28　提升原理

(a)楼板提升；(b)提升机自升

2）液压升板机

液压升板机可以提供较大的提升能力，目前我国的液压升板机单机提升能力已达 500 ～ 750 kN，但设备一次投资大，加工精度和使用保养管理要求高。液压升板机一般由液压系统、电控系统、提升工作机构和自升式机架组成(图 4 – 29)。

2. 施工前期工作

1）基础施工

预制柱基础一般为钢筋混凝土杯形基础。施工中必须严格控制轴线位置和杯底标高，因为轴线偏移会影响提升环位置的准确性；杯底标高的误差会导致楼板位置差异。

2）预制柱

预制柱一般在现场浇筑。当采用叠层制作时不宜超过三层。柱上要留设就位孔(当板升到设计标高时作为板的固定支承)和停歇孔(在升板过程中悬挂提升机和楼板中途停歇时做为临时支承)。就位孔的位置根据楼板设计标高确定，偏差不应超过 ±5 mm，孔的大小尺寸偏差不应超过 10 mm，孔的轴线偏差不应超过 5 mm。停歇孔的位置根据提升程度确定。如果就位孔与停歇孔位置重叠，则就位孔兼作停歇孔。柱子上下两孔之间的净距一般不宜小于

300 mm。预留孔的尺寸应根据承重销来确定。承重销常用 10、12、14 号工字钢，则孔的宽度为 100 mm，高度为 160～180 mm。

柱上预埋件的位置要正确。对于剪力块承重的埋设件，中线偏移不应超过 5 mm，标高偏差不应超过 ±3 mm。预埋铁件表面应平整，不允许有扭曲变形。承剪埋设件的楔口面应与柱面相平，不得凹进，凸出柱面不应超过 2 mm。

3. 楼层板的制作

板的制作分胎模、提升环放置和板混凝土浇筑三个步骤。

1）胎模

胎模就是为了楼板和顶层板制作而铺设的混凝土地坪。要做到地基密实，防止不均匀沉降。面层平整光滑，提升环处标高偏差不应超过 ±2 mm。胎模设伸缩缝时，伸缩缝与楼板接触处应采取特殊隔离措施，防止板受温度影响而开裂。

胎模表面以及板与板之间应设置隔离层。它不仅要防止板相互之间产生黏结，还应具有耐磨、防水和易于清除等特点。

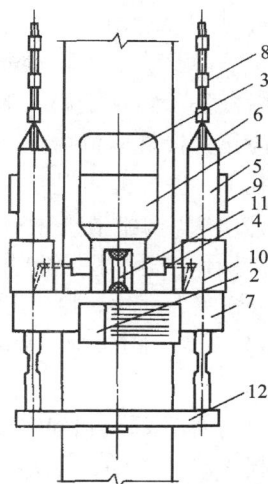

图 4-29 液压升板机构造简图

1—油箱；2—油泵；3—配油体；4—随动阀；5—油缸；6—上棘爪；7—下棘爪；8—竹节杆；9—液压锁；10—机架；11—停机销；12—自升随动架

2）提升环放置

提升环是配置在楼板上柱孔四周的构件。它既抗剪又抗弯，故又称剪力环，是升板结构的特有组成部分，也是主要受力构件。提升时，提升环引导楼板沿柱子提升，板的重量由提升环传给吊杆。使用时，提升环把楼板自重和承受的荷载传递给柱。并且，对因开孔而被削弱的楼板强度起到了加强作用。常用的提升环有型钢提升环和无型钢提升环两种。

3）板混凝土浇筑

浇筑混凝土前，应对板柱间空隙和板（包括胎模）的预留孔进行填塞。每个提升单元的每块板应一次浇筑完成，不留施工缝。当下层板混凝土强度达到设计强度的 30% 时，方可浇筑上层板。

密肋板浇筑时，先在底模上弹线，安放好提升环，再砌置填充材料或采用塑料、金属等工具式模壳或混凝土芯模，然后绑扎钢筋及网片，最后浇筑混凝土。密肋板在柱帽区宜做成实心板。这样，不但能增强抗剪抗弯能力，而且适合用无型钢提升环。格梁楼板的制作要点与密肋板相同。预应力平板制作要求同预应力预制构件。

4. 升板施工

升板施工阶段主要包括现浇柱的施工，板的提升就位以及板柱节点的处理等。

1）现浇柱的施工

现浇柱有劲性配筋柱和柔性配筋柱两种。

（1）劲性配筋柱。劲性配筋柱是由四根角钢及腹板组焊而成的钢构架，也作为柱中的钢筋骨架，可采用升滑法或升提法进行施工。

（2）柔性配筋柱。采用劲性配筋柱的缺点是柱子的用钢量大，为此，可改用柔性配筋柱，即常规配筋骨架，由于柔性钢筋骨架不能架设升板机，必须先浇筑有停歇孔的现浇混凝土柱，其方法有滑模法和升模法两种。

①滑模法。柔性配筋柱滑模方法施工时，在顶层板上组装浇筑柱子的滑模系统，先用滑模方法浇筑一段柱子混凝土，当所浇柱子的混凝土强度≥15 MPa 时，再将升板机固定到柱子的停歇孔上，进行板的提升。依次交替，循序施工。

②升模法。柔性配筋柱用逐层升模方法施工时，需在顶层板上搭设操作平台，安装柱模和井架。操作平台、柱模和井架都随顶层板的逐层提升而上升。每当顶层板提升一个层高后，及时施工上层柱，并利用柱子浇筑后的养护期，提升下面各层楼板。当所浇筑柱子的混凝土的强度≥15 MPa 时，才可作为支承用来悬挂提升设备继续板的提升，依次交替，循序施工。

2）划分提升单元和确定提升程序

升板工程施工中，一次提升的板面过大，提升差异不容易消除，板面也容易出现裂缝，同时还要考虑提升设备的数量，电力供应情况和经济效益。因此要根据结构的平面布置和提升设备的数量，将板划分为若干块，每一板块为一提升单元。提升单元的划分，要使每个板块的两个方向尺寸大致相等，不宜划成狭长形；要避免出现阴角，提升阴角处易出现裂缝。为便于控制提升差异，提升单元以不超过 24 根柱子为宜。各单元间留设的后浇板带位置必须在跨中。

3）板的提升

板正式提升前应根据实际情况，可按角、边、中柱的次序或由边向里逐排进行脱模。每次脱模提升高度不宜大于 5 mm，使板顺利脱开。

板脱模后，启动全部提升设备，提升到 30 mm 左右停止。调整各点提升高度，使板保持水平，并将各观察提升点上升高度的标尺定为零点，同时检查各提升设备的工作情况。

提升时，板在相邻柱间的提升差异不应超过 10 mm，搁置差异不应超过 5 mm。承重销必须放平，两端外伸长度一致。在提升过程中，应经常检查提升设备的运转情况、磨损程度以及吊杆套筒的可靠性，观察竖向偏移情况，板搁置停歇的平面位移不应超过 30 mm。板在提升过程中，升板结构不允许作为其他设施的支承点或缆索的支点。

4）板的就位

升板到位后，用承重销临时搁置，再做板柱节点固定。板的就位差异：一般提升不应超过 5 mm，平面位移不应超过 25 mm。板就位时，板底与承重销（或剪力块）间应平整严密。

5）板的最后固定

提升到设计标高的板，要进行最后固定。板在永久性固定前，应尽量消除搁置差异，以消除永久性的变形应力。

板的固定方法一般可采用后浇柱帽节点和无柱帽节点两类。后浇柱帽节点能提高板柱连接的整体性，减少板的计算跨度，降低节点耗钢量，是目前升板结构中常用的节点形式。无柱帽节点有剪力块节点、承重销节点、齿槽式节点、预应力节点及暗销节点等。

5. 其他高层升板方法

1）升层法

升层法是在升板法的基础上发展起来的，是在准备提升的板面上，先进行内外墙和其他竖向构件的施工,还可以包括门窗和一部分装修设备工程的施工,然后整层向上提升,自上而下,逐层进行,直至最下一层就位。升层法的墙体可以采用装配式大板,也可以采用轻质砌块或其他材料、制品。

升层结构在提升过程中重心提高,形成头重脚轻,迎风面大,必须采取措施解决稳定问题。

2)分段升板法

分段升板法是为适应高层及超高层建筑而发展起来的一种新升板技术。它是将高层建筑从垂直方向分成若干段,每段的最下一层楼板采用箱形结构,作为承重层,在各承重层上浇筑该段的各层楼板,达到规定强度后进行提升,这样,就将高层建筑的许多层楼板分成若干承重层同时进行施工,比通常采用的全部楼板在地面浇筑和提升要快得多。

4.4　钢结构高层建筑施工

钢材属于轻质高强材料,匀质体,力学性能好,因而用于高层建筑时具有以下特点:

(1)结构重量轻。据统计,高层建筑采用钢结构时,结构的重量约为 1 t/m²,而采用钢筋混凝土结构时,为 1.3～1.8 t/m²(都不包括基础)。因而采用钢结构时节省了运输和吊装费用,减轻了基础受力,节省了基础造价,同时还减小了地震反应,相当于设防烈度降低 1 度。

(2)结构尺寸小。由于钢结构的截面尺寸小,可以增加建筑物的有效使用面积3%~6%。

(3)施工速度快、周期短。一般 30 层左右高层建筑的建筑面积为 5～6 万 m²,采用钢结构时的施工周期与采用钢筋混凝土结构相比,可以缩短工期半年甚至更多。

(4)大跨度、大空间。采用钢梁钢柱结构时,可以采用大柱距,梁的跨度达 12～18 m(甚至更大),使建筑物内部为大空间,使用灵活方便。

(5)便于管线设置。现代建筑不断向信息化、电子化、网络化、智能化的方向发展,各种管道和线路也愈来愈多,且更新周期缩短。在钢结构建筑中,这些管道和线路可方便地穿越钢梁和钢柱,施工方便,更新也方便。

按结构材料及其组合分类,高层钢结构可分为全钢结构、钢－混凝土混合结构、型钢混凝土结构和钢管混凝土结构四大类。

全钢结构有钢接框架结构、框架－支撑结构、错列桁架结构、半筒体结构、筒体结构等几种。

钢－混凝土混合结构,是指在同一结构物中既有钢构件,也有钢筋混凝土构件。它们在结构物中分别承受水平荷载和重力荷载,最大限度地发挥不同结构材料的效能。钢－混凝土混合结构有:钢筋混凝土框架－筒体－钢框架结构,混凝土筒中筒－钢楼盖结构和钢框架－混凝土核心筒结构。

型钢混凝土结构,日本又称 SRC 结构,即在型钢外包裹混凝土形成结构构件。这种结构比钢筋混凝土结构延性增大,抗震性能提高,在有限截面中可配置大量钢材,承载力提高,截面减小,超前施工的钢框架作为施工作业支架,可扩大施工流水层次,简化支模作业,甚至可不用模板。与钢结构比较,它的耐火性能优异,外包混凝土参与承受荷载,刚度加强,抗屈曲能力提高,减震阻尼性能提高。

钢管混凝土结构是介于钢结构和钢筋混凝土结构之间的又一种复合结构。钢管和混凝土这两种结构材料在受力过程中相互制约：内填充混凝土可增强钢管壁的抗屈曲稳定性；而钢管对内填混凝土的紧箍约束作用，又使其处于三向受压状态，可提高其抗压强度即抗变形能力。这两种材料采取这种复合方式，使钢管混凝土柱的承载力比钢管和混凝土柱芯的各自承载力之总和提高约 40%。

4.4.1 钢结构材料和结构构件

1. 钢的种类

高层建筑钢结构用钢有普通碳素钢、普通低合金钢和热处理低合金钢三大类。大量使用的仍以普通碳素钢为主。我国目前在建筑钢结构中应用最普遍的是 Q235 和 16Mn。屈服点分别为 235 N/mm^2 和 345 N/mm^2，可用于抗震结构。

国外有些钢材的性能与我国钢材类似。类似我国 Q235 钢的有美国的 A36、日本的 SM41、德国的 ST37 以及前苏联的 CT3，类似我国 16 锰钢的有美国的 A440、日本的 SS50 和 SS51、德国的 ST52 等。采用国外进口钢材时，一定要进行化学成分和机械性能的分析和试验。

2. 钢材品种

在现代高层钢结构中，广泛采用经济合理的钢材截面，例如热轧 H 型钢、热轧圆钢管、异形钢管，以及用钢板组焊而成的各种截面，尤以后者为最多。这样，可充分利用结构的截面特征值，发挥最大的承载能力。传统的工、槽、角、扁形钢有时仍有使用，但由于其截面力学性能欠佳，已渐趋淘汰。

1）热轧 H 型钢

欧美国家称宽翼缘工字钢，日本称 H 型钢。与普通工字钢不同，它沿两轴方向惯性矩比较接近，截面合理，翼缘板内外侧相互平行，连接施工方便。

2）焊接工字截面

在高层钢结构中，用三块板焊接而成的工字形截面是应用广泛的截面形式。它在设计上有更大的灵活性，可按照设计条件选择最经济的截面尺寸，使结构性能改善。

3）热轧方钢管

这种型材用热挤压法生产，价格比较昂贵，但施工时二次加工容易，外形美观。

4）离心圆钢管

离心圆钢管是离心浇铸法生产的钢管，其化学成分和机械性能与卷板自动焊接钢管相同，专用于钢管混凝土结构。

5）热轧 T 型钢

这种型材一般用热轧 H 型钢沿腹板中线割开而成，最适用于桁架上下弦，比双角钢弦杆节省节点板，回转半径增大，桁架自重减小。有时也用于支撑结构的斜撑杆件。

6）热轧厚钢板

热轧厚钢板在高层钢结构中应用极广。按我国标准，厚钢板厚度为 4～60 mm，大于 60 mm 的为特厚钢板。

3. 钢结构构件

1）柱子

高层钢结构钢柱的主要截面形式，有箱形断面、H 型断面和十字形断面，一般都是焊接截面，热轧型钢用得不多。就结构体系而言，筒中筒结构、钢－混凝土混合结构和型钢混凝土结构多采用 H 型柱，其他多采用箱形柱；十字形柱则用于框架结构底部的型钢混凝土框架部分。

（1）H 型截面。柱子 H 型截面，可为热轧 H 型钢，也可为焊接截面。柱用热轧 H 型钢通常为宽翼缘（如 $400\ mm \times 100\ mm$），它在两个轴线方向上都有相当大的抗压屈强度。

（2）实心和空心截面。如图 4-30 所示。这类截面有实心方柱、焊接箱形柱、钢管柱和异形钢管柱。

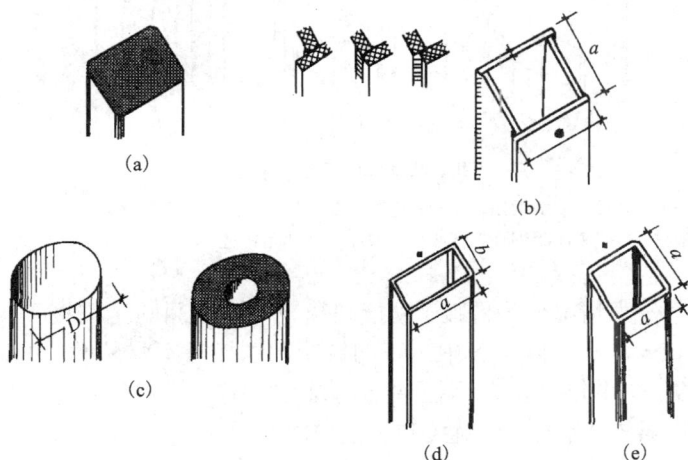

图 4-30　实心和空心截面钢柱

（a）实心方钢柱；（b）焊接箱形柱；（c）钢管柱；（d），（e）异形钢管柱

（3）组合截面。如图 4-31 所示，这类截面形式较多，一般地说，这种截面并不经济，但它非常适合于做内隔断交叉点钢柱。

2）梁和桁架

高层钢结构的梁的用钢量约占结构总用钢量的 65%，其中主梁约占 35%～40%。因此梁的布置力求合理，连接简单，规格少，以利于简化施工和节省钢材。采用最多的梁是工字截面，受力小时也可采用槽钢，受力很大时则采用箱形截面，但其连接非常复杂。

把桁架用于高层钢结构楼盖水平构件，可做到大跨度小净空，工程管线安装方便。平行弦桁架是用钢量最小的一种水平构件，但制造比较费工费事。楼盖钢桁架一般由平行的上下弦杆和腹杆（斜撑和竖撑或只用斜撑）组成。弦杆和腹杆可采用角钢、槽钢、T 型钢、H 型钢、矩形和正方形截面钢管等钢材。

4. 连接节点

连接节点是钢结构中极其重要的结构部位，它把梁柱等构件连接成整体结构系统，使其获得空间刚度和稳定性，并通过它把一切荷载传递给基础。

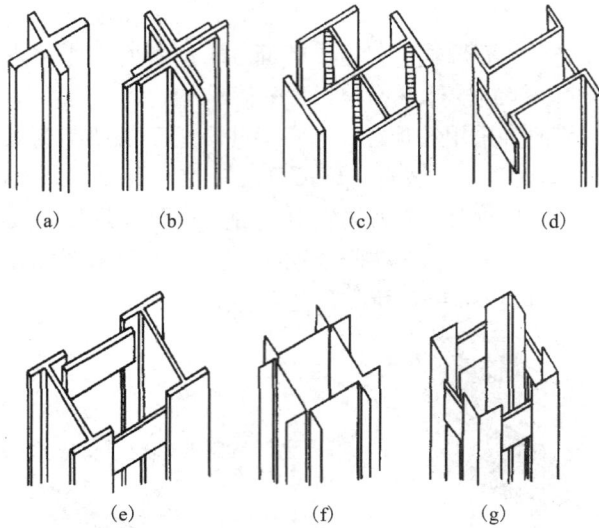

图 4 – 31　柱子组合截面

（a)角钢组焊十字钢柱；(b)夹焊钢板的十字钢柱；(c)十字形柱；(d)双槽
钢柱；(e)双 H 型钢柱；(f)四槽钢柱；(g)四角钢柱

连接节点，按其传力情况分为铰接、刚接和介于两者之间的半刚接。设计中主要采用前两者，半刚接采用较少。在实际工程中真正的铰接和刚接是不容易做到的，只能是接近于铰接或刚接。按连接的构件分主要有钢柱柱脚与基础的连接、柱—柱连接、柱—梁连接、柱梁—支撑连接、梁—梁连接(梁与梁对接和主梁与次梁连接)、梁—混凝土筒连接等。

1)钢柱柱脚与基础的连接

对于不传递弯矩的铰接柱，柱脚与基础的连接是用地脚螺栓。如果柱子要传递轴力和弯矩给基础，则需有可靠的锚固措施，此时地脚螺栓则需用角钢、槽钢等锚固(图 4 – 32)。

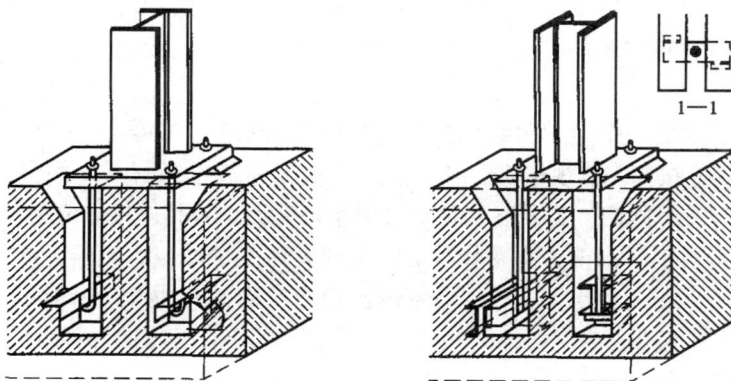

图 4 – 32　钢柱脚与基础的连接

2) 柱 - 柱连接

在高层钢结构中，柱子通常从下到上是贯通的。柱 - 柱连接即是把预制柱段(2~4 个楼层高度)在现场垂直地对接起来。可采取螺栓连接(图 4 - 33)，也可采用焊接连接。当柱 - 柱为焊接连接时，需预先在柱端焊上安装耳板(图 4 - 34)，用作撤去吊钩后的临时固定，节点焊缝焊到其 1/3 厚度时，用火焰把耳板割掉。对于 H 型钢柱，耳板应焊在翼缘两侧的边缘上，既有利于提高临时固定的稳定性，又有利于施焊。十字形柱与箱形柱的焊接连接如图 4 - 35 所示。

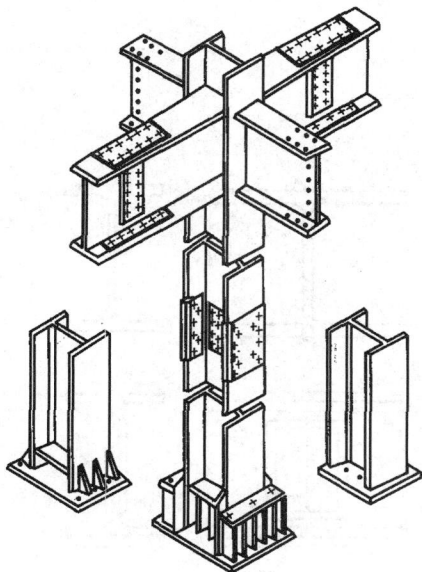

图 4 - 33 采用 H 型钢柱的全螺栓连接

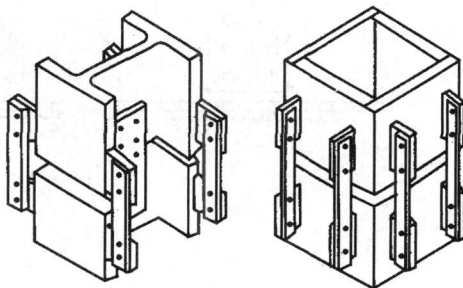

图 4 - 34 柱段用耳板临时固定焊接连接

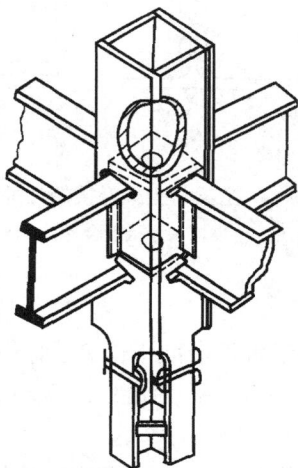

图 4 - 35 十字形柱与箱形柱的焊接连接

3）柱 – 梁连接

在框架结构中，柱 – 梁连接十分关键，它是结构性能的主要决定因素。其现场连接方式分为全螺栓连接和焊接 – 螺栓混合连接两种。

4）梁 – 梁连接

图 4 – 36 所示为主梁与主梁对接的三种节点形式，图 4 – 37 所示为主梁与次梁连接的几种节点形式。图 4 – 38 所示为主梁与次梁连接的立体视图，其中图（a）、（b）所示连接只传递剪力，图（c）、（d）所示连接不仅传递剪力，还同时传递弯矩。

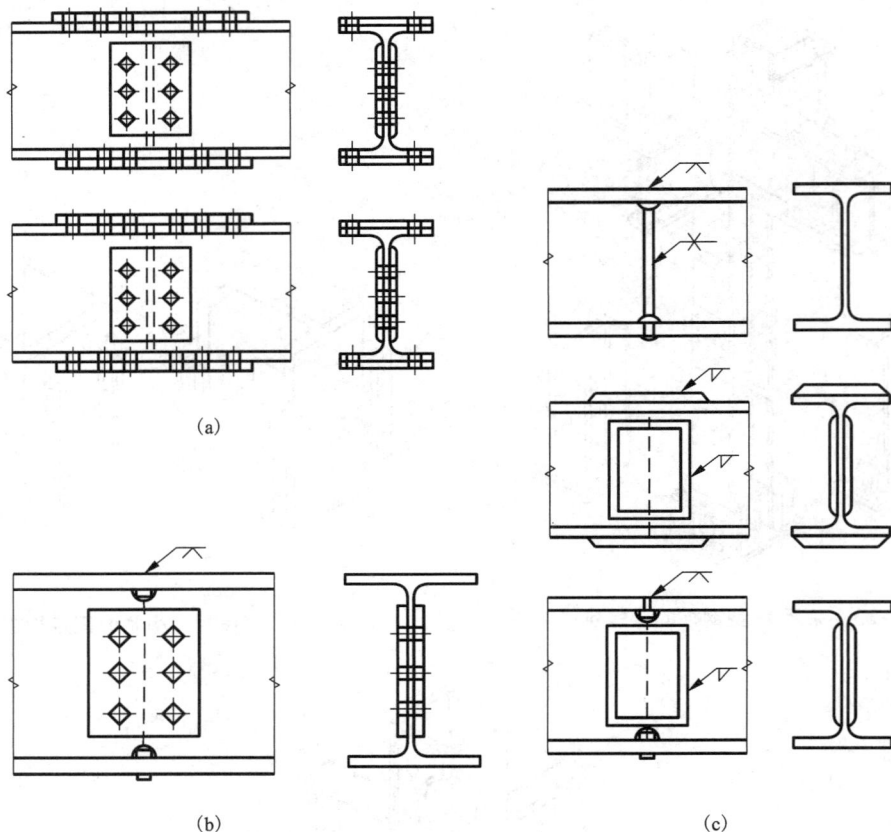

(a)

(b)

(c)

图 4 – 36　主梁与主梁对接的几种节点

（a）全螺栓连接；（b）螺栓 – 焊接混合连接；（c）全焊接连接

5）梁 – 混凝土筒连接

这种连接，通常为铰接。预埋钢板可借助于栓钉、弯钩钢筋、钢筋环、角钢等，埋设锚固于混凝土筒壁之中，钢板应与筒壁表面齐平，如图 4 – 39 所示。常采用的栓钉锚固件可用作受弯受剪连接件。

值得注意的是，在筒壁混凝土浇筑过程中，预埋钢板在三个方向上都会产生位移，误差较大。因此，除了在设计上充分考虑施工因素外，施工时应在模板技术、混凝土浇捣技术方面高度重视。

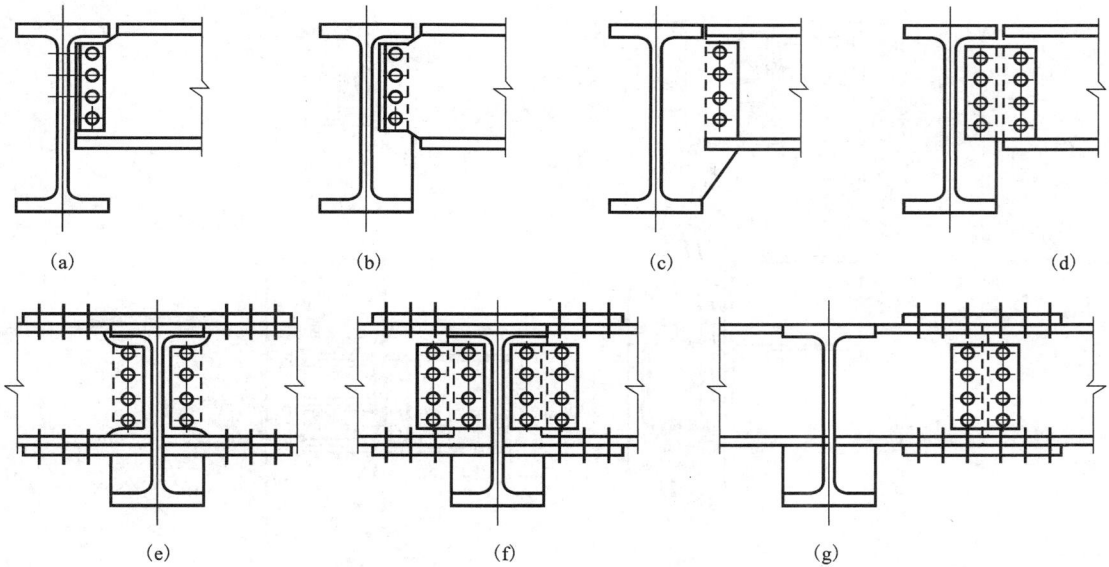

图 4 - 37 主梁与次梁连接节点

（a）借助于角钢连接件；（b）、（c）、（e）直接与肋板连接，不用连接板；

（d）、（f）直接与肋板连接，用连接板；（g）与次梁梁头

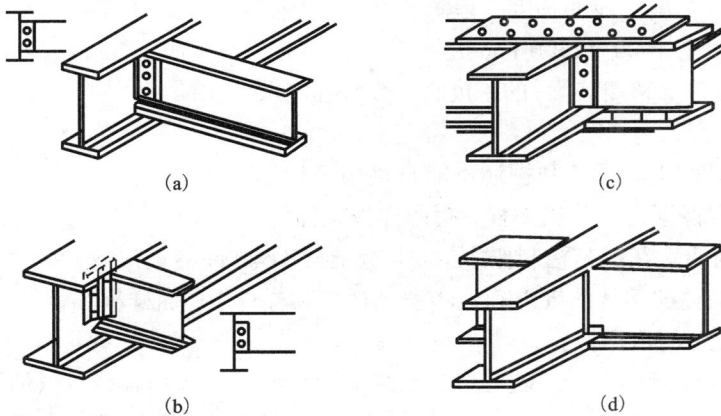

图 4 - 38 主梁与次梁连接立体视图

5. 加工制造

由于高层建筑钢结构的精度要求高，因此，构件的加工制造一般由专门的钢结构加工厂在工厂预制完成。整个加工制造过程有以下几个环节：

1）构件的划分

高层钢结构构件（主要是梁、柱）的划分，涉及结构体系、连接节点类型、构件截面的大小、单位长度重量以及起重机合理的起重能力等诸多因素。

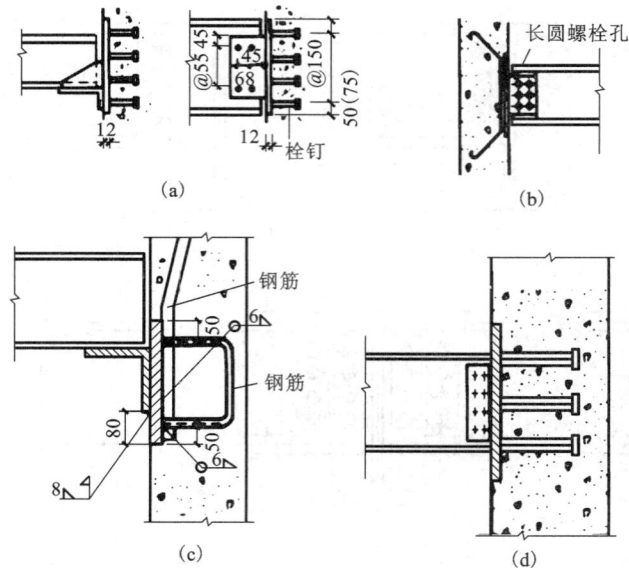

图 4 – 39　几种预埋钢板的锚固方法

钢柱分段原则是吊装机械不超载，又便于构件运输和堆放，并能减少现场安装工作量。柱段过长，柔性过大，不利于运输、吊装与校直；柱段过短，则吊次增多，焊接接头增多，影响施工速度。钢柱标准柱段的长度一般等于 2～3 个楼层高度。两个柱段的接头位置，通常选在主梁上表面以上 1000～1300 mm 处。

钢梁（包括周边梁和楼盖梁）的跨度，一般与柱网尺寸相同。

2）机械加工

建筑结构设计图上的尺寸数据还不能直接用于加工制造，需要加工厂根据设备、工艺条件翻制详图，然后根据详图放出大样，制作样板或样件，经确认无误后，再投入正式生产。

（1）放样和划线。在钢结构制作中，放样是把零（构）件的足尺轮廓尺寸、切口、制孔圆心、折弯和机加工种类等从图纸准确地转移到样板和样件上，而样板和样件则是下料、制弯、铣、刨、制孔等加工的依据。

放样中应特别注意的是：丈量工具必须统一，并经计量部门检定，以消除相对误差；合理预留焊接收缩与切铣机加工的余量；钢柱的下料长度，还应增加经常作用荷载下柱轴力引起的弹性压缩量。

（2）接料和矫平。我国采用的钢板长度一般为 6～8 m，对制作大长焊接构件，需对钢板作纵向拼接。经验证明，先拼接后下料优于先下料后拼接。钢板由于运输和拼接焊接等原因产生翘曲，在划线切割前需要在专门的矫平机上进行矫平。

（3）下料切割。切割的方式一般采用气割和锯割。气割，即火焰切割。锯割是用专门的圆盘锯机切割钢材，适用于切断大型轧制 H 型钢和大型焊接截面。《高层建筑钢结构设计与施工规程》条文说明指出，大型 H 型钢用锯割下料，切割面一般不须再作机械加工，可大大提高生产效率。

（4）制孔。高层钢结构构件的连接螺栓孔，定位精度要求高，精制、高强螺栓孔的直径要求也高，通常采用机械钻孔。

3）焊接和拼装

高层钢结构的制造，对焊接质量的要求高于其他钢结构，且厚钢板较多，新的接头形式和焊接方法的采用，都对工艺措施要求更为严格。典型的钢结构构件的焊接主要有：工字形截面、箱形截面和十字形截面的焊接。尽可能地把焊接变形控制到最小，焊后应采取必要的矫正措施，对重要结构构件的焊接质量要进行超声波探伤。

大型结构构件的拼装应在拼装平台上进行，拼装平台的平整度和刚度是保证拼装质量的重要因素。

4.4.2 钢结构的安装

钢结构的高层建筑结构安装的独有施工特点有：

（1）由于结构复杂而使施工复杂化。钢结构安装的精确度要求高，允许误差小，为保证这些精度要采取一些特殊的措施。而当建筑物采用钢－混凝土组合结构时，钢筋混凝土结构为现场浇筑，允许误差较大，两者配合，往往产生矛盾。同时，钢结构高层建筑要进行防火和防腐处理，为减轻建筑物自重要采用一些新型的轻质材料和轻型结构，这也使施工增加了新的内容。因此，要求有严密的施工组织，否则会引起混乱和带来浪费。

（2）高空作业受天气的影响较大。钢结构高层建筑的结构安装作业属高空作业，受风的影响甚大，当风速达到某一限值时，起重安装工作就难以进行，会被迫停工。所以，在高空可进行工作的时间要比一般情况缩短，在安排施工计划时必须考虑这一因素。

（3）高空作业工作效率低。随着建筑物高度的增大，工作效率也有所降低。这主要表现在两个方面：一是人的工作效率降低，主要是恶劣气候（风、雨、寒冷等）的影响，以及高处工作不安全感的心理影响。二是起重安装效率降低，起重高度增大后，一个工作循环的时间延长，单位时间内的吊次减少，工效随之降低。

（4）施工安全问题十分突出。由于高度高，材料、工具、人员一旦坠落，会造成重大安全事故。尤其是钢结构电焊量大，防火十分重要，必须引起高度重视。

1. 结构安装前的准备工作

高层钢结构安装前的准备工作，主要有编制施工方案，拟订技术措施，构件检查，安排施工设备、工具和材料，组织安装力量等。现仅就钢结构安装特有的安装前准备工作介绍如下。

1）安装机械的选择

高层钢结构安装都用塔式起重机，要求塔式起重机的臂杆长度具有足够的覆盖面；要有足够的起重能力，满足不同部位构件起吊要求；钢丝绳容量要满足起吊高度要求；起吊速度要有足够挡位，满足安装需要；多机作业时，相互要有足够的高差，互不碰撞。

2）安装流水段的划分

高层钢结构安装需按照建筑物平面形状、结构形式、安装机械数量和位置等划分流水段。总原则是：平面流水段划分应考虑钢结构安装过程中的整体稳定性和对称性，安装顺序一般由中央向四周扩展，以减少焊接误差。立面流水段划分，一般以一节钢柱高度内所有构件作为一个流水段。

高层钢结构中，由于楼层使用要求不同和框架结构受力因素，其钢构件的布置和规则也相应而异。例如底层用于公共设施，则楼层较高；受力关键部位则设置水平加强结构的楼层；管道布置集中区则增设技术楼层等。这些楼层的钢构件的布置都是不同的。但是多数楼层的使用要求是一样的，钢结构的布置也基本一致，称为钢结构框架的"标准节框架"。

3）钢构件的运输和堆放

（1）运输。钢构件从制作厂发运前，应进行必要的包装处理，特别是构件的加工面、轴孔和螺纹，均应涂以油脂和贴上油纸，或用塑料布包裹，螺孔应用木楔塞住。装运时要防止相互挤压变形，避免损伤加工面。

（2）中转。现场钢结构安装是根据规定的安装流水顺序进行的。钢构件必须按照流水顺序的要求供货到现场，但是构件加工厂是按构件的种类分批生产供货的，与结构安装流水顺序不一致。因此，宜设置钢构件中转堆场调节。

中转堆场应尽量靠近工程现场，同市区公路相通，符合运输车辆的运输要求，要有电源、水源和排水管道，场地平整。堆场的规模，应根据钢构件储存量、堆放措施、起重机行走路线、汽车道路、辅助材料堆场、构件配套用地、生活用地等情况确定。

（3）配套。是指按安装流水顺序，以一个结构安装流水段为单元，将所有钢构件分别由堆场整理出来，集中到配套场地，在数量和规格齐全之后进行构件预检和处理修复，然后根据安装顺序，分批将合格的构件由运输车辆供应到工地现场。配套中应特别注意附件（如连接板等小型构件）的配套。

（4）现场堆放。钢构件应按安装流水顺序配套运入现场，利用现场的装卸机械尽量将其就位到安装机械的回转半径内。因运转造成的构件变形，在施工现场均要加以矫正。一般情况下，结构安装用地面积宜为结构工程占地面积的 1.0～1.5 倍。

4）钢构件预检

（1）出厂检验。钢构件在出厂前，制造厂应根据制作规范、规定及设计图的要求进行产品检验，填写质量报告、实际偏差值。钢构件交付结构安装单位后，结构安装单位再在制造厂质量报告的基础上，根据构件性质分类，再进行复核或抽检。

（2）计量工具。预检钢构件的计量工具和标准应事先统一，质量标准也应统一。特别是对钢卷尺的标准要十分重视，有关单位（业主、土建、安装、制造厂）应各执统一标准的钢卷尺，制造厂按此尺制造钢构件，土建施工单位按此尺进行柱基定位施工，安装单位按此尺进行结构安装，业主按此尺进行结构验收。标准钢卷尺由业主提供，钢卷尺需同标准基线进行足尺比较，确定各地钢卷尺的误差值以及尺长方程式，应用时按标准条件实施。钢卷尺应用的标准条件为：拉力用弹簧秤称量，30 m 钢卷尺拉力值用 98.06 N，50 m 钢卷尺拉力值用 147.08 N；温度为 20℃；水平丈量时钢卷尺要保持水平，挠度要加托。使用时，实际读数按上述条件，根据当时气温按其误差值、尺长方程式进行换算。但实际应用时如全部按上述方法进行，计算量太大。一般是关键性构件（如柱、框架大梁）的长度复检和长度大于 8 m 的构件按上法，其余构件均可以按实读数为依据。

（3）预检。结构安装单位对钢构件预检的项目，主要是与施工安装质量和工效直接有关的数据，如：几何外形尺寸，螺孔大小和间距，预埋件位置，焊缝坡口，节点摩擦面，附件数量规格等。构件的内在制作质量应以制造厂质量报告为准。预检数量一般是关键构件全部检查，其他构件抽检 10%～20%，应记录预检数据。

5）柱基检查

钢柱是直接安装在钢筋混凝土柱基底顶上的。钢结构的安装质量和工效同柱基的定位轴线、基准标高直接有关。安装单位对柱基的预检重点是定位轴线间距、柱基顶面标高和地脚螺栓预埋位置。

（1）定位轴线检查。定位轴线从基础施工起就应引起重视，先要做好控制桩。待基础浇筑混凝土后再根据控制桩将定位轴线引测到柱基钢筋混凝土底板面上，然后检查定位轴线是否同原定位轴线重合、封闭，每根定位线总尺寸误差值是否超过控制数，纵横定位轴线是否垂直、平行。定位轴线检查在弹过线的基础上进行。检查应由业主、土建、安装三方联合进行，对检查数据要统一认可签证。

（2）柱间距检查。柱间距检查是在定位轴线认可后进行的。采用标准尺实测柱距。柱距偏差值应严格控制在 ±3 mm 范围内，绝不能超过 ±5 mm。柱距偏差超过 ±5 mm，则必须调整定位轴线。原因是定位轴线的交点是柱基中心点，是钢柱安装的基准点，钢柱竖向间距以此为准，框架钢梁连接螺孔的孔洞直径一般比高强度螺栓直径大 1.5～2.0 mm，如柱距过大或过小，将直接影响框架梁的安装连接和钢柱的垂直。

（3）单独柱基中心线检查。检查单独柱基的中心线同定位轴线之间的误差，调整柱基中心线使其同定位轴线重合，然后以柱基中心线为依据，检查地脚螺栓的预埋位置。

（4）柱基地脚螺栓检查。检查柱基地脚螺栓，其内容有：检查螺栓的螺纹长度是否能保证钢柱安装后螺母拧紧的需要；检查螺栓垂直度是否超差，超过规定必须矫正，矫正方法可用冷校法或火焰热校法；检查螺纹有否损坏，检查合格后在螺纹部分涂上油，盖好帽盖加以保护；检查螺栓间距，实测独立柱地脚螺栓组间距的偏差值，绘制平面图表明偏差数值和偏差方向。再检查地脚螺栓相对应的钢柱安装孔，根据螺栓的检查结果进行调查，如有问题，应事先扩孔，以保证钢柱的顺利安装。

目前高层钢结构工程柱基地脚螺栓的预埋方法有直埋法和套管法两种。直埋法就是用套板控制地脚螺栓相互之间的距离，立固定支架控制地脚螺栓群不变形，在柱基底板绑扎钢筋时埋入，控制位置，同钢筋连成一体，整浇混凝土，一次固定，难以再调整。采用此法实际上产生的偏差较大。套管法就是先安套管（内径比地脚螺栓大 2～3 倍），在套管外制作套板，焊接套管并立固定架，并将其埋入浇筑的混凝土中，待柱基底板上的定位轴线和柱中心线检查无误后，再在套管内插入螺栓，使其对准中心线，通过附件或焊接加以固定，最后在套管内注浆锚固螺栓（图 4-40）。注浆材料按一定级配制成。此法对保证地脚螺栓的定位的质量有利，但施工费用较高。

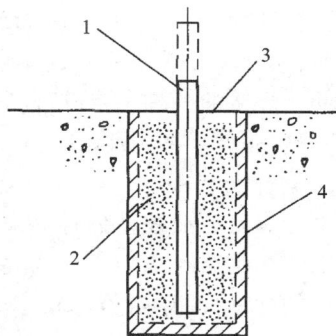

图 4-40　套管法预埋地脚螺栓

1—套埋螺栓；2—无收缩砂浆；
3—混凝土基础面；4—套管

（5）基准标高实测。在柱基中心表面和钢柱底面之间，考虑到施工因素，设计时都考虑有一定的间隙作为钢柱安装时的标高调整，该间隙一般规定为 50 mm。基准标高点一般设置在柱基底板的适当位置，四周加以保护，作为整个高层钢结构工程施工阶段标高的依据。以基准标高点为依据，对钢柱柱基表面进行标高实测，将测得的标高偏差绘制平面图，做为临时支承标高块调整的依据。

6) 标高块设置及柱底灌浆

(1) 标高块设置。柱基表面采取设置临时支承标高块的方法来保证钢柱安装控制标高。要根据荷载大小和标高块材料强度确定标高块的支承面积。标高块一般用砂浆、钢垫板和无收缩砂浆制作。一般砂浆强度低，只用于装配钢筋混凝土柱杯形基础粉平。钢垫块耗钢多加工复杂，无收缩砂浆是高层钢结构标高块的常用材料，因它有一定的强度，而且柱底灌浆也用无收缩砂浆，传力均匀。

(2) 柱底灌浆。一般在第一节钢框架安装完成后即可开始紧固地脚螺栓并进行灌浆。灌浆前必须对柱基进行清理，立模板，用水冲洗基础表面，排除积水，螺孔处必须擦干，然后用自流砂浆连续浇灌，一次完成。流出的砂浆应清除干净，加盖草包养护。砂浆必须做试块，到时试压，作为验收资料。

2. 钢结构构件的连接

1) 焊接连接

现场焊接方法一般用手工焊接和半自动焊接两种方法。焊接母材厚度不大于 30 mm 时采用手工焊，大于 30 mm 时采用半自动焊，此外尚须根据工程焊接量的大小和操作条件等来确定。

高层钢结构构件接头的施焊顺序，比构件的安装顺序更为重要。焊接顺序不合理，会使结构产生难以挽回的变形，甚至会因内应力而将焊缝拉裂。

2) 高强度螺栓连接

钢结构高强螺栓连接，一般是指摩擦连接（图 4 - 41）。它借助螺栓紧固产生的强大轴力夹紧连接板，靠板与板接触面之间产生的抗剪摩擦力传递同螺栓轴线方向相垂直的应力。因此，螺栓只受拉不受剪。施工简便而迅速，易于掌握，可拆换，受力好，耐疲劳，较安全，已成为取代铆接和部分焊接的一种主要的现场连接手段。

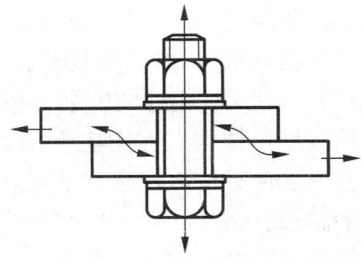

图 4 - 41 高强螺栓摩擦连接

3. 钢结构构件的安装工艺

1) 钢柱安装

钢柱是安装在柱基临时标高支承块上的，钢柱安装前应将登高扶梯和挂篮等临时固定好。钢柱起吊后对准中心轴线就位，固定地脚螺栓，校正垂直度。其他各节钢柱都安装在下节钢柱的柱顶（采用对接焊），钢柱两侧装有临时固定用的连接板，上节钢柱对准下节钢柱柱顶中心线后，即用螺栓固定连接板作临时固定。

钢柱起吊有两种方法（图 4 - 42）：一种是双机抬吊法，特点是用两台起重机悬高起吊，柱根部不着地摩擦；另一种是单机吊装法，特点是钢柱根部必须垫以垫木，以回转法起吊，严禁柱根拖地。钢柱就位后，先对钢柱的垂直度、轴线、牛腿面标高进行初校，然后安装临时固定螺栓，再拆除吊索。

2) 框架钢梁安装

钢梁在吊装前，应于柱子牛腿处检查标高和柱子间距。主梁吊装前，应在梁上装好扶手杆和扶手绳，待主梁吊装就位后，将扶手绳与钢柱系牢，以保证施工人员的安全。

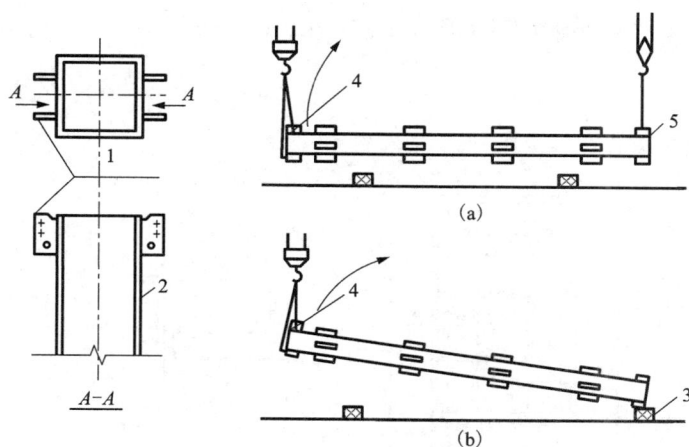

图 4 – 42　钢柱吊装工艺

(a) 双机抬吊；(b) 单机吊装

1—钢柱吊耳（接柱连接板）；2—钢柱；3—垫木；4—上吊点；5—下吊点

钢梁采用两点起吊，一般在钢梁上翼缘处开孔，作为吊点。吊点位置取决于钢梁的跨度。为加快吊装速度，对重量较小的次梁和其他小梁，常利用多头吊索一次吊装数根。

水平桁架的安装基本同框架梁，但吊点位置选择应根据桁架的形状而定，须保证起吊后平直，便于安装连接。安装连接螺栓时严禁在情况不明的情况下任意扩孔，连接板必须平整。

3）墙板安装

装配式剪力墙板安装在钢柱和楼层框架梁之间，剪力墙板有钢制墙板和钢筋混凝土墙板两种。安装方法多采用下述两种：

（1）先安装好框架，然后再装墙板。进行墙板安装时，选用索具吊到就位部位附近临时搁置，然后调换索具，在分离器两侧同时下放对称索具绑扎墙板，再起吊安装到位。此法安装效率不高，临时搁置尚须采取一定的措施（图 4 – 43）。

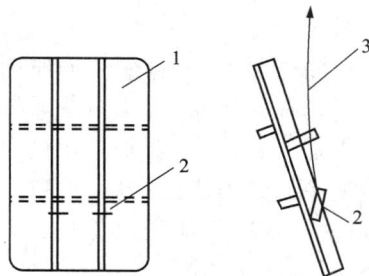

图 4 – 43　剪力墙板吊装方法之一

1—墙板；2—吊点；3—吊索

（2）先按上部框架梁组合，然后再安装。剪力墙板是四周与钢柱和框架梁用螺栓连接再用焊接固定的，安装前在地面先将墙板与上部框架梁组合，然后一并安装，定位后再连接其他部位。组合安装效率高，是个较合理的安装方法(图4-44)。

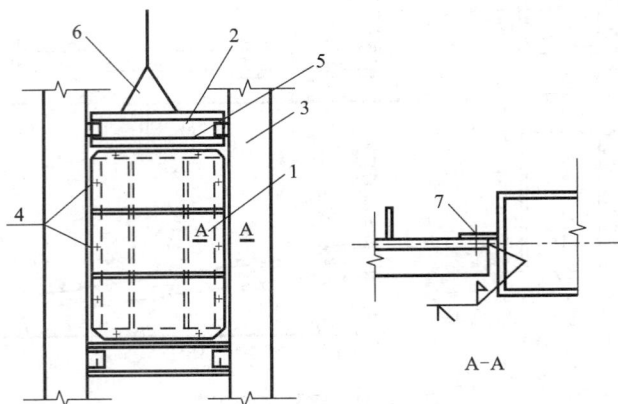

图4-44　剪力墙板吊装方法之二
1—墙板；2—框架梁；3—钢柱；4—安装螺栓；5—框架梁板连接处(在地面
先组合成一体)；6—吊索；7—墙板安装时与钢柱连接部位

剪力支撑安装部位与剪力墙板吻合，安装时也应采用剪力墙板的安装方法，尽量组合后再进行安装。

4)钢扶梯安装

钢扶梯一般以平台部分为界限分段制作，构件是空间体，与框架同时进行安装，然后再进行位置和标高调整。在安装施工中常作为操作人员在楼层之间的工作通道，安装工艺简便，定位固定较复杂。

4.高层钢框架的校正

1)框架校正的基本原理

(1)校正流程。框架整体校正是在主要流水区安装完成后进行的。一节标准框架的校正流程如图4-45所示。

(2)校正时的允许偏差。目前只能针对具体工程由设计单位参照有关规定提出校正的质量标准和允许偏差，供高层钢结构安装实施。

(3)标准柱和基准点选择。标准柱是能控制框架平面轮廓的少数柱子，用它来控制框架结构安装的质量。一般选择平面转角柱为标准柱。如正方形框架取4根转角柱；长方形框架当长边与短边之比大于2时取6根柱；多边形框架取转角柱为标准柱。

基准点的选择以标准柱的柱基中心线为依据，从x轴和y轴分别引出距离为e的补偿线，其交点作为标准柱的测量基准点。对基准点应加以保护，防止损坏，e值大小由工程情况确定。

进行框架校正时，采用激光经纬仪以基准点为依据对框架标准柱进行垂直度观测，对钢柱顶部进行垂直度校正，使其在允许范围内。

框架其他柱子的校正不用激光经纬仪，通常采用丈量测定法。具体做法是以标准柱为依据，用钢丝组成平面方格封闭状，用钢尺丈量距离，超过允许偏差者需调整偏差，在允许范

```
┌─────────────────────┐
│   第N节钢框架安装      │
└─────────────────────┘
          │
┌─────────────────────┐      ┌──────────┐
│   钢柱根部位移调整      │─────→│ 记录报告  │
└─────────────────────┘      └──────────┘
          │
┌─────────────────────┐      ┌──────────┐
│ 标准柱垂直度校正(激光仪) │─────→│          │
└─────────────────────┘   │  │ 记录报告  │
┌──────────┐             │  │          │
│ 钢丝绳安装 │─────────┐   │  └──────────┘
└──────────┘         ↓   │       ↑
┌─────────────────────┐  │       │
│ 其他列柱垂直度校正(丈量) │──┘       │
└─────────────────────┘──────────┘
          │
┌─────────────────────┐
│   楼层标高调整         │
└─────────────────────┘
          │
┌─────────────────────┐
│  校正综合报告记录会签    │
└─────────────────────┘
          │
┌─────────────────────┐
│   高强度螺栓紧固        │
└─────────────────────┘
          │
┌─────────────────────┐
│      焊　接           │
└─────────────────────┘
```

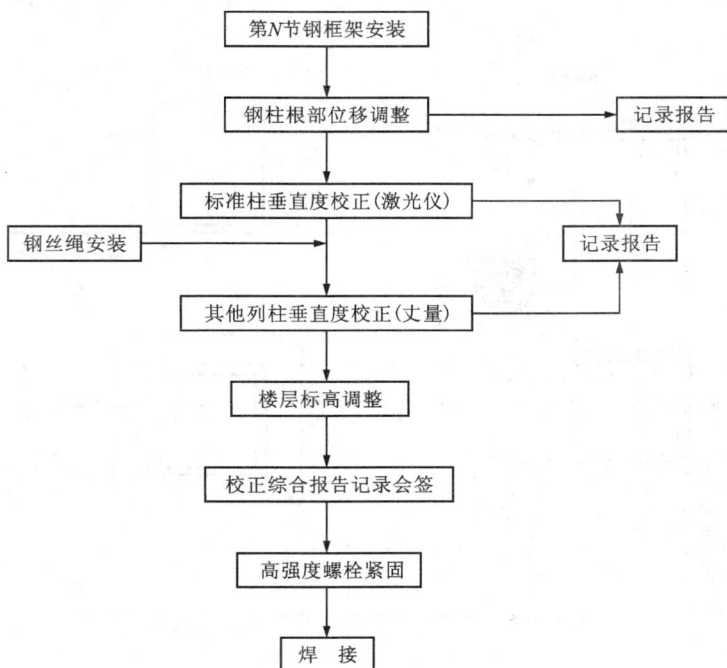

图 4 - 45　一节标准框架的校正流程

围内者只记录不调整。框架校正完毕要调整数据列表,进行中间验收鉴定,然后才能开始高强螺栓紧固工作。

2)高层钢框架结构的校正方法

(1)轴线位移校正。任何一节框架钢柱的校正,均以下节钢柱顶部的实际柱中心线为准。安装钢柱的底部对准下节钢柱的中心线即可。控制柱节点时须注意四周外形,尽量平整以利焊接。实测位移,按有关规定作记录。校正位移时特别应注意钢柱的扭矩。钢柱扭转对框架安装极为不利,应引起重视。

(2)柱子标高调整。每安装一节钢柱后,应对柱顶作一次标高实测,根据实测标高的偏差值来确定调整与否(以设计 ±0.000 为统一基准标高)。标高偏差值≤6 mm,只记录不调整,超过6 mm 需进行调整。调整标高用低碳钢板垫到规定要求。钢柱标高调整应注意下列事项:

偏差过大(>20 mm)不宜一次调整,可先调整一部分,待下一步再调整。因为一次调整过大会影响支撑的安装和钢梁表面的标高;中间框架柱的标高宜稍高些,通过实际工程的观察证明,中间列柱的标高一般均低于边柱标高,这主要是因为钢框架安装工期长,结构自重不断增大,中间列柱承受的结构荷载较大,因此中间列柱的基础沉降值亦大。

(3)垂直度校正。垂直度校正用一般的经纬仪难以满足要求,应采用激光经纬仪来测定标准柱的垂直度。测定方法是将激光经纬仪中心放在预定的基准点上,使激光经纬仪光束射到预先固定在钢柱上的靶标上,光束中心同靶标中心重合,表明钢柱垂直度无偏差。激光经纬仪须经常检验,以保证仪器本身的精度(图 4 - 46)。当光束中心与靶标中心不重合时,表明有偏差。偏差超过允许值应校正钢柱。

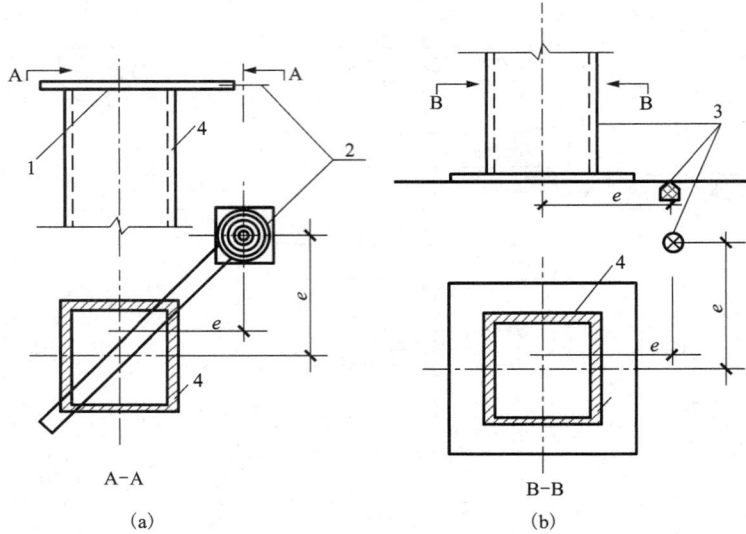

图 4 – 46　用激光经纬仪测量钢柱的垂直度

(a)钢柱顶部；(b)钢柱底部
1—钢柱顶部靶标夹具；2—激光靶标；3—柱底基准点；4—钢柱

　　测量时，为了减少仪器误差的影响，可采用 4 点投射光束法来测定钢柱的垂直度。就是在激光经纬仪定位后，旋转经纬仪水平度盘，向靶标投射四次光束（按 0°、90°、180°、270°位置），将靶标上四次光束的中心用对角线连接，其对角线交点即为正确位置。以此为准检验钢柱是否垂直，决定钢柱是否需要校正。

　　(4)框架梁平面标高校正。用水平仪、标尺进行实测，测定框架梁两端标高误差情况。超过规定时应做校正，方法是扩大端部安装连接孔。

　　5.楼面工程及墙面工程

　　高层钢结构中，楼面由钢梁和混凝土楼板组成。它有传递垂直荷载和水平荷载的结构功能。楼面应当轻质，并有足够的刚度，易于施工，为结构安装提供方便，尽可能快地为后继防火、装修和其他工程创造条件。

　　1)楼板种类

　　高层钢结构中，楼板种类有压型钢板现浇楼板、预制楼板、钢筋混凝土叠合楼板和现浇楼板。

　　(1)压型钢板现浇楼板。压型钢板模板，是采用镀锌或经防腐处理的薄钢板，经冷轧成具有梯波形截面的槽形钢板。压型钢板作为永久性模板，一般用于钢结构工程，按其结构功能分为组合式和非组合式两种。组合式压型钢板既起到模板的作用，又作为现浇楼板底面受拉钢筋，不但在施工阶段承受施工荷载和现浇层自重，而且在使用阶段还承受使用荷载。非组合式则只起模板功能，只承受施工荷载和现浇层自重，不承受使用阶段荷载。

　　压型钢板现浇楼板施工工艺要点有：当钢梁同混凝土楼板共同工作以前，钢梁以及压型钢板的抗弯刚度不足以支撑楼面现浇混凝土自重，必须增设临时支撑。一种方法是在连续 4

层楼面上设置钢管排架支撑，直接支撑压型钢板模板，支撑间距 1.3 m 左右[图 4 - 47(a)]；另一种方法是用桁架支撑压型钢板模板，桁架则支承在结构钢梁上，此时，则需在对连续 4 层楼面的结构钢梁设临时跨中支撑，把 4 层钢梁顶撑起来[图 4 - 47(b)]。

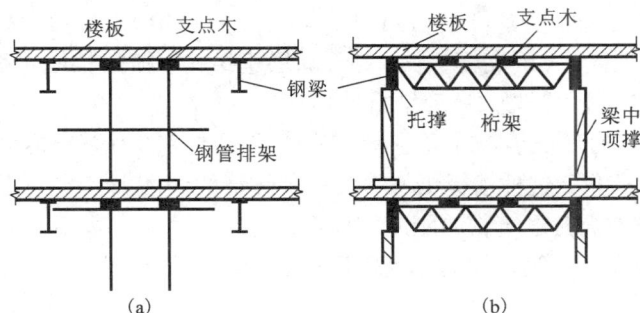

图 4 - 47　楼面支撑示意图

(a)排架支撑；(b)桁架支撑

在结构施工后期，为开辟楼面施工第二工作面，解决钢梁和压型钢板抗弯能力不足的方法是加焊型钢腹杆，使上下两层钢梁形成平行弦桁架(图 4 - 48)，用以承受模板荷载。

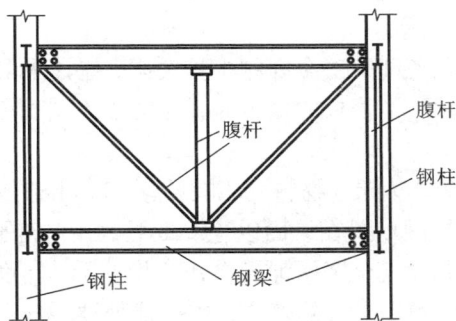

图 4 - 48　钢梁焊接桁架示意图

（2）钢筋混凝土叠合楼板。在厚度较小的预制钢筋混凝土薄板上浇一层混凝土形成整体实心楼板，称叠合楼板。在本模块现浇混凝土模板技术中已有介绍。这种楼板在高层钢结构上并不多见，因为在施工工艺上它不如压型钢板和预制楼板简单。但它是一种永久性模板，可省去支拆模工序，节省模板材料，整体性比预制楼板好，而有利于抗震。

在这类楼板结构中，下层预制薄板可为预应力或非预应力的，厚度约在 40 mm 左右，含楼板的全部底部受拉配筋。它的上部剪力配筋伸出板面以外(如钢筋环)，以解决预制薄板和现浇层之间的黏结抗剪强度问题。此外，端部的伸出钢筋可使薄板相互连接。如在现浇层中配置连续钢筋网，那么楼板即成为连续楼板，可作为抗风荷载水平隔板加以利用。为使楼板与钢梁共同工作，钢梁上同样应焊有剪力栓钉。浇灌混凝土时，必须注意把接缝填满并振实。

（3）预制楼板。预制楼板在钢结构高层旅馆、公寓建筑中采用较多，因为这类建筑的预埋管线比办公楼少。预制楼板一般具有很高的表面质量，现场湿作业少，而且隔声性能好，振动小，大多不做吊顶。不过，它传递水平荷载的能力不及现浇整体楼板。

采用预制楼板，要着重解决预制板之间的纵、横向接缝问题。为了不使板、梁相互作用区域受到干扰，预制板端部接缝可设在两根钢梁之间的跨中。此时其纵向钢筋应伸入接缝中，相互连接并浇灌混凝土（下支模板）。对于高层钢结构，横向接缝一般与钢梁轴线重合。此时，板端应预留喇叭口形凹槽，以容纳抗剪栓钉。

（4）现浇楼板。普通现浇楼板在高层钢结构中采用不多，因为支拆模非常费工，施工速度慢。但为降低工程造价，这种楼板仍不失为一种经济的做法。

高层钢结构现浇楼板对建筑物的刚度和稳定性有重要影响，楼板还是抗扭的重要结构构件。因此要求钢结构安装到第六层时，应将第一层楼板的混凝土浇完，使钢结构安装和楼板施工相距不超过 5 层。

2）墙面工程

高层钢框架体系一般采用在钢框架内填充与钢框架有效连接的剪力墙板（亦称框架剪力墙结构）。这种剪力墙板可以是预制钢筋混凝土墙板、带钢支撑的预制钢筋混凝土墙板或钢板墙板，墙板与钢结构的连接用焊接或高强螺栓固定，也可以是现浇的钢筋混凝土剪力墙。

为减轻自重，对非承重结构的隔墙、围护墙等，一般广泛采用各种轻质材料，如加气混凝土、石膏板、矿渣棉、塑料、铝板、玻璃围幕等。

6. 高层钢结构施工的安全措施

钢结构高层和超高层建筑施工，安全问题十分突出，应该采取有力措施保证安全施工。

在柱、梁安装后而未设置压型钢板的楼板时，为便于人员行走和施工方便，需在钢梁上铺设适当数量的走道板。

在钢结构吊装期间，为防止人员、物料和工具坠落或飞出造成安全事故，需铺设安全网。安全网分平网和竖网。安全平网设置在梁面以上 2 m 处，在建筑平面范围内满铺。当楼层高度小于 4.5 m 时，可隔层设置。安全竖网铺设在建筑物外围，高度一般为两节柱的高度。

为便于接柱施工，并保证操作工人的安全，在接柱处要设操作平台，平台固定在下节柱的顶部。

钢结构施工需要许多设备，如电焊机、空气压缩机、氧气瓶、乙炔瓶等，这些设备需随着结构安装而逐渐升高。为此，需在刚安装的钢梁上设置存放施工设备用的平台。固定平台钢梁的临时螺栓数要根据施工荷载计算确定，不能只投入少量的临时螺栓。

为便于施工登高，吊装钢柱前要先将登高钢梯固定在钢柱上。为便于进行柱梁节点紧固高强螺栓和焊接，需在柱梁节点下方安装挂篮脚手。

施工用的电动机械和设备均须接地，绝对不允许使用破损的电线和电缆，严防设备漏电。施工用电器设备和机械的电缆必须集中在一起，并随楼层的施工而逐节升高。每层楼面须分别设置配电箱，供每层楼面施工用电需要。

高空施工，当风速达 10 m/s 时，吊装工作应停止。当风速达 15 m/s 时，一般应停止所有的施工工作。

施工期间应该注意防火，配备必要的灭火设备和消防人员。

4.4.3　钢结构的防火与防腐施工

1.防火工程

钢结构高层建筑要特别重视火灾的预防。因为钢材热传导快，比热小，虽是一种不燃材料，但极不耐火。当钢构件暴露于火灾高温之下时，其温度很快上升，当其温度达到 600℃时，钢的结构发生变化，其抗拉强度、屈服点和弹性模量都急剧下降（如屈服点下降 60%）。并且，钢柱以及承重钢梁会由于挠度的急剧增大而失去稳定性，导致整个建筑物坍垮。1973年，天津体育馆因其通风管道甘蔗渣板被引燃而发生火灾，从发现火情报警仅过去 20 min，3500 m² 屋盖的拱形钢屋架全部塌落。震惊世界的"911事件"，美国纽约 110 层的世界贸易中心的两座大厦，被恐怖分子劫持的飞机撞击后仅 32 min，南楼就坍塌到底，其中一个重要原因就是因为该楼是钢结构的，在大火高温下，丧失承载能力所致。

钢结构防火工程的目的，在于用防火材料阻断火灾热流传给钢构件的通路，延缓传热速率（延长钢构件升温达到临界温度的时间），使钢结构在某一个特定时间内能够继续承受荷载。

1）耐火极限等级

钢结构构件的耐火极限等级，是根据它在耐火试验中能继续承受荷载作用的最短时间来分级的。耐火时间大于或等于 30 min，则耐火极限等级为 F30，每一级都比前一级长 30 min，所以耐火时间等级分为 F30、F60、F90、F120、F150、F180 等。

钢结构构件耐火极限等级的确定，依建筑物的耐火等级和构件种类而定；而建筑物的耐火等级又是根据火灾荷载确定的。火灾荷载，是指建筑物内如结构部件、装饰构件、家具和其他物品等可燃材料燃烧时产生的热量。

2）防火材料

钢结构的防火保护材料，应选择绝热性好，具有一定抗冲击振动能力，能牢固地附着在钢构件上，又不腐蚀钢材的防火涂料或不燃性板型材。选用的防火材料，应具有国家检测机构提供的理化、力学和耐火极限试验检测报告。

防火材料的种类主要有：①热绝缘材料；②能量吸收（烧蚀）材料；③膨胀涂料。大多数最常用的防火材料实际上是前两类材料的混合物。采用最广的具有优良性能的热绝缘材料有矿物纤维和膨胀骨料（如蛭石和珍珠岩）；最常采用的热能吸收材料有石膏和硅酸盐水泥，它们遇热释放出结晶水。

（1）混凝土。混凝土是采用最早和最广泛的防火材料，其导热系数较高，因而不是优良的绝热体，同其他防火涂层比较，它的防火能力主要依赖于它的化学结合水和游离水，其含量约为 16%~20%。火灾中混凝土相对冷却，是依靠它的表面和内部水。它的非暴露表面温度上升到 100℃时，即不再升高；一旦水分完全蒸发掉，其温度将再度上升。

混凝土可以延缓金属构件的升温，而且可承受与其相对面积和刚度成比例的一部分柱子荷载，有助于减小破坏。混凝土防火性能主要依靠的是厚度：耐火时间小于 90 min 时，耐火时间同混凝土层的厚度呈曲线关系；大于 90 min 时，耐火时间则与厚度的平方成正比。

（2）石膏。石膏具有不寻常的耐火性质。当其暴露在高温下时，可释放出 20% 的结晶水而被火灾的热所气化。所以，火灾中石膏一直保持相对的冷却状态，直至被完全煅烧脱水为止。石膏作为防火材料，既可做成板材，黏贴于钢构件表面，也可制成灰浆，涂抹或喷射到钢构件表面上。

表 4 - 3   建筑构件的燃烧性能和耐火极限

构件名称		Ⅰ级	Ⅱ级
墙体	防火墙	非燃烧体 3 h	非燃烧体 3 h
	承重墙、楼梯间墙、电梯井及单元之间的墙	非燃烧体 2 h	非燃烧体 2 h
	非承重墙、疏散走道两侧的隔墙	非燃烧体 1 h	非燃烧体 1 h
	房间隔墙	非燃烧体 45 min	非燃烧体 45 min
柱子	从楼顶算起(不包括楼顶塔形小屋)15 m 高度范围内的柱	非燃烧体 2 h	非燃烧体 2 h
	从楼顶算起向下 15～55 m 高度范围内的柱	非燃烧体 2.5 h	非燃烧体 2 h
	从楼顶算起 55 m 以下高度范围内的柱	非燃烧体 3 h	非燃烧体 2.5 h
其他	梁	非燃烧体 2 h	非燃烧体 1.5 h
	楼板、疏散楼梯及屋顶承重构件	非燃烧体 1.5 h	非燃烧体 1.0 h
	抗剪支撑、钢板剪力墙	非燃烧体 2 h	非燃烧体 1.5 h
	吊顶(包括吊顶搁栅)	非燃烧体 15 min	非燃烧体 15 min

（3）矿物纤维。矿物纤维是最有效的轻质防火材料，它不燃烧，抗化学侵蚀，导热性低，隔声性能好。以前采用的纤维有石棉、岩棉、矿渣棉和其他陶瓷纤维，当今采用的纤维则不含石棉和晶体硅，原材料为岩石或矿渣，在 1371℃ 下制成。

（4）氯氧化镁。氯氧化镁水泥用作地面材料已近 50 年，20 世纪 60 年代始用作防火材料。它与水的反应是这种材料防火性能的基础，其含水量可达 44%～54%，相当于石膏含水量（按重量计）的 2.5 倍以上。当其被加热到大约 300℃ 时，开始释放化学结合水。经标准耐火试验，当涂层厚度为 14 mm 时，耐火极限为 2 h。

（5）膨胀涂料。膨胀涂料是一种极有发展前景的防火材料，它极似油漆，直接喷涂于金属表面，黏结和硬化与油漆相同。涂料层上可直接喷涂装饰油漆，不透水，抗机械破坏性能好，耐火极限最大可达 2 h。

（6）绝缘型防火涂料。近年来，我国的科研单位大力开发了不少热绝缘型防火涂料，如 TN - LG、JG - 276、ST1 - A、SB - 1、ST1 - B 等。其厚度在 30 mm 左右时，耐火极限均不低于 2 h。

3）防火工程施工方法

钢结构构件的防火措施，总的说来有三类：外包层法、屏蔽法和水冷却法。

（1）外包层法。外包层法是应用最多的一种方法。它又分为湿作业的和干作业的两类。

①湿作业。湿作业又分浇筑、抹灰和喷射三种方法。

浇筑法即在钢构件四周浇筑一定厚度的混凝土、轻质混凝土或加气混凝土等，以隔绝火焰或高温。为增强所浇筑的混凝土的整体性和防止其遇火剥落，可埋入细钢筋网或钢丝网。

抹灰法即在钢构件四周包以钢丝网，外面再抹以蛭石水泥灰浆、珍珠岩水泥灰浆、石膏灰浆等，厚度视耐火极限等级而定，一般约为 35 mm。

喷射法即用喷枪将混有胶黏剂的石棉或蛭石等保护层喷涂在钢构件表面，形成防火的外包层。喷涂的表面较粗糙，还需另行处理。

②干作业。干作业即用预制的混凝土板、加气混凝土板、蛭石混凝土板、石棉水泥板、陶瓷纤维板或者矿棉毡、陶瓷纤维毡等包围钢构件形成防火层。板材用化学胶黏剂黏贴。棉毡等柔软材料则用钢丝网固定在钢构件表面，钢丝网外面再包以铝箔、钢套等，以防在施工过程中下雨，使棉毡受潮，同时也起隔离剂作用，减轻日后棉毡等的吸水。

（2）屏蔽法。即将不做防火外包层的钢结构构件包藏在耐火材料构成的墙或顶棚内，或用耐火材料将钢构件与火焰、高温隔绝开来。这常常是较经济的防火方法，国外有些钢结构高层建筑的外柱即采用这种方法防火。即在结构设计上，让外柱在外墙之外，距离外墙一定距离，同时也不靠近窗子，这样一旦发生火灾，火焰就达不到柱子，柱子也就没必要做防火保护。另一种是将防火板放在柱子后面做防火屏障，防火板每边突出柱外一定的宽度（7~15 cm），视耐火极限、型钢种类和大小而定，这样就能防止窗口喷出的火焰烧热柱子。如果外墙嵌在外柱之间，不直接靠近窗子的外柱只在柱子里面用防火材料做屏蔽即可。

（3）水冷却法。即在呈空心截面的钢柱内充水进行冷却。如发生火灾，钢柱内的水被加热而产生循环，热水上升，冷水自设于顶部的水箱流下，以水的循环将火灾产生的热量带走，以保证钢结构不丧失承载能力。此法已在柱子中应用，亦可扩大用于水平构件。为了防止钢结构生锈，可在水中掺入专门的防锈外加剂。冬期为了防冻，亦可在水中加入防冻剂。美国64层的匹兹堡美国钢铁公司大厦，即采用水冷却法进行钢结构防火。该建筑的钢柱为圆形或矩形空心断面，便于水在其中循环。它是每16层楼（64 m 高）为一组水冷却系统，最大静水压力为 640 kPa。

钢结构高层建筑的防火是十分重要的，它关系到居住人员的生命财产安全和结构的稳定。高层钢结构防火措施的费用一般占钢结构造价的18%~20%，占结构造价的9%~10%，占整个建筑物造价的5%~6%。

2. 防腐工程

除不锈钢等特殊钢材之外，钢结构在使用过程中，由于受到环境介质的作用易被腐蚀破坏。因此钢结构都必须进行防腐处理，以防止氧化腐蚀和其他有害气体的侵蚀。钢结构高层建筑的防腐处理很重要，它可以延长结构的使用寿命和减少维修费用。

1）钢结构腐蚀的化学过程与防腐蚀方法

钢结构腐蚀的程度和速度，与相对大气温度以及大气中侵蚀性物质含量密切有关。研究表明，当相对大气湿度小于70%时，钢材的腐蚀并不严重，只有当相对大气湿度超过70%时，才会产生值得重视的腐蚀。在潮湿环境中，主要是氧化腐蚀，即氧气与钢材表面的铁产生化学作用而引起锈蚀。

防止氧化腐蚀的主要措施是把钢结构与大气隔绝。如在钢结构表面现浇一定厚度的混凝土覆面层或喷涂水泥砂浆层等，不但能防火，也能保护钢材免遭腐蚀。香港汇丰银行新厦，对于钢组合柱、桁架吊杆、大梁等，就是用水泥砂浆喷涂进行防腐。砂浆的成分是水泥:砂:钢纤维为 1:8:0.05，并与一种专用的乳胶加水混合后用压缩空气经喷嘴喷涂在钢构件表面。防腐喷涂层的厚度不小于 12 mm，但亦不大于 20 mm。一般分两次喷涂，每层不小于 6 mm。第一层加钢纤维，第二层（面层）可以不加。喷涂后用聚氯乙烯薄膜覆盖，防止水分蒸发，起养护作用，同时也防止被雨水冲坏。

另外，在钢结构表面增加一层保护性的金属镀层（如镀锌），也是一种有效的防腐方法。上述香港汇丰银行新厦的次梁、小桁支撑等小构件，就是用镀锌方法进行防腐。

2）钢结构的涂装防护

用涂油漆的方法对钢结构进行防腐，是用得最多的一种防腐方法。钢结构的涂装防护施工，包括钢材表面处理、涂层设计、涂层施工等。

（1）钢材表面处理。进行钢材表面处理，先要确定钢材表面原始状态、除锈质量等级、除锈方法和表面粗糙度等。

在除锈之前应先了解钢材表面原始状态，并确定其等级，以便决定处理措施和施工方案。钢结构表面防护涂层的有效寿命，在很大程度上取决于其表面的除锈质量。施工现场的临时除锈，至少要求除去疏松的氧化皮和涂层，使钢材表面在补充清理后呈现轻微的金属光泽；一般要求是除去疏松的氧化皮和涂层，使钢材表面在补充清理后呈现明显的金属光泽。

除锈方法主要有喷射法、手工或机械法、酸洗法和火焰喷射法等。国外对钢结构的除锈大多采用喷射法，包括离心喷射、压缩空气喷射、真空喷射和湿喷射等。我国较大的金属结构厂，钢材除锈多用酸洗方法。中、小型金属结构厂和施工现场，多采用手工或机械方法除锈。有特殊要求的才用喷射除锈。

（2）涂层设计。涂层设计包括涂料品种选择、确定涂层结构和涂层厚度。

钢结构用的涂料，一般分防锈底漆和面漆两种。底漆中含有限蚀剂，对金属起阻蚀作用。面漆用于底漆的罩面，起保护底漆的作用，同时显示色彩起装饰作用。

（3）涂层施工。涂层施工前，钢结构表面处理的质量必须达到要求的等级标准。在有影响施工因素的条件下（大风、雨、雪、灰尘等）应禁止施工。施工温度一般规定为 5～35℃，根据涂料产品使用说明书中的规定选用。一般规定施工时相对湿度不得超过 85%。

涂料使用前应予以搅拌，使之均匀，然后调整施工黏度。因施工方法不同，施工黏度也有所区别。

钢结构涂层的施工方法，常用的有涂刷法、压缩空气喷涂法、滚涂法和高压无气喷涂法。涂刷法施工简便、省料费工，无论大、小或形状复杂的构件均可采用。喷涂法工效高，但涂料消耗多。滚涂法适用于大面积的构件施工。此外热喷涂和静电喷涂也有应用。

3）金属镀层防腐

锌是保护性镀层用得最多的金属。在钢结构高层建筑中亦有不少构件是采用镀锌来进行防腐的。镀锌防腐多用于较小的构件。

镀锌可用热浸镀法或喷镀法。热浸镀锌在镀槽中进行，可用来浸镀大构件，镀的锌层厚度为 80～100 μm。

喷镀法可用于车间或工地上，镀的锌层厚度为 80～150 μm。在喷镀之前应先将钢构件表面适当打毛。

钢结构防腐的费用，约占建筑总造价的 0.1%～0.2%。一个较好的防腐系统，在正常气候条件下的使用寿命可达 10～15 年。在到达使用年限的末期，只要重新油漆一遍即可。

4.4.4　型钢混凝土结构

型钢混凝土结构又称钢骨混凝土结构，也称为劲性钢筋混凝土结构，日本又称 SRC 结构，是指梁、柱、墙等杆件和构件，以型钢为骨架，在型钢外包裹混凝土形成的复合结构，如

图 4 - 49 所示。此类构件的特点是：①钢筋混凝土与
型钢形成整体，共同受力，比钢筋混凝土结构延性增
大，抗震性能提高；②在有限截面中配置大量钢材，
承载力提高，截面减小，与全钢结构相比较，可节约
钢材 1/3 左右；③包裹在型钢外面的钢筋混凝土，不
仅在刚度和强度上发挥作用，而且可以取代型钢外的
防火和防锈材料，更加耐久，并可节约维护费用；
④超前施工的钢框架作为施工作业支架，可扩大施工
流水层次，简化支模作业，甚至可不用模板，其施工
速度比钢筋混凝土结构快，比全钢结构稍慢。

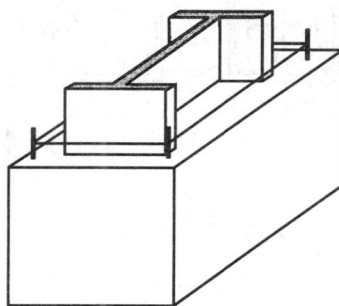

钢骨混凝土柱

图 4 - 49　型钢混凝土结构

就我国当前的经济、技术条件而言，对于地震区
的高层建筑，型钢混凝土结构比全钢结构更具有竞
争力。

1. 型钢混凝土结构的构造

1）一般构造

型钢混凝土中的型钢，除采用轧制型钢外，还广泛采用焊接型钢，配合使用钢筋和钢箍。
型钢混凝土可做成多种构件，能组成各种结构，可代替钢结构和混凝土结构应用于工业和民
用建筑中。型钢混凝土梁和柱是最基本的构件。

型钢分为实腹式和空腹式两类。实腹式型钢可由型钢或钢板焊成。空腹式构件的型钢由
缀板或缀条连接角钢或槽钢组成。实腹式型钢制作简便，承载能力大，近年来在日本和西方
国家普遍采用。空腹式型钢较节省材料，在前苏联曾大量使用，但其制作费用较高。我国多
用实腹式。

2）型钢混凝土框架梁

型钢混凝土框架梁的截面宽度不宜小于 300 mm，截面高度和宽度的比值不宜大于 4。梁
中纵向受拉钢筋不宜超过二排，其配筋率不宜大于 0.3%，直径宜为 16～25 mm，净距不宜小
于 30 mm 和 $1.5d$（d 为钢筋最大直径）；梁的上部和下部纵向钢筋伸入节点的锚固构造要求，
应符合《混凝土结构设计规范》（GB 50010—2002）的规定。

型钢混凝土框架梁的截面高度大于或等于 500 mm 时，在梁的两侧沿高度方向每隔 200
mm 设置一根纵向腰筋，且腰筋与型钢间宜配置拉结钢筋。

对于转换层大梁或托柱梁等主要承受竖向重力荷载的梁，梁端型钢上翼缘宜增设栓钉。

3）型钢混凝土框架柱

实腹式型钢混凝土（框架）柱常见的形式如图 4 - 50 所示。型钢多用钢板焊接而成，亦有
轧制型钢。十字形截面用于中柱，T 字形截面用于边柱，L 形截面适用于角柱，圆钢管与方钢
管截面是近年发展起来的，钢管内部可以充填混凝土，也可以不充填混凝土。应用较多的是
实腹式宽翼缘 H 型钢。

型钢混凝土框架柱全部纵向受力钢筋的配筋率不宜小于 0.8%；受力型钢的含钢率不宜
小于 4%，且不宜大于 10%。

框架柱内纵向钢筋的净距不宜小于 60 mm。

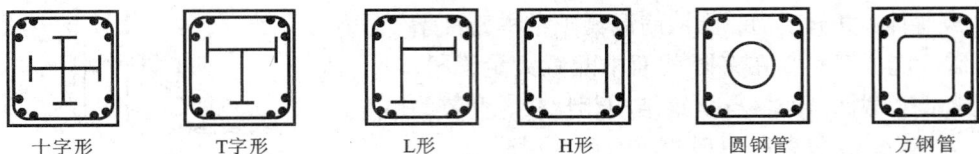

| 十字形 | T字形 | L形 | H形 | 圆钢管 | 方钢管 |

图 4-50 实腹式型钢混凝土柱

4）连接构造

（1）梁柱节点连接构造。

梁柱节点设计和施工都应重视，应做到构造简单、传力明确，便于混凝土浇筑和配筋。

型钢混凝土组合结构的梁柱连接有下列几种形式：

①型钢混凝土柱与型钢混凝土梁的连接；

②型钢混凝土柱与混凝土梁的连接；

③型钢混凝土柱与钢梁的连接。

上述三种连接形式中，柱内型钢宜采用贯通型，柱内型钢的拼接应满足钢结构的连接要求。

型钢混凝土柱与型钢混凝土梁或混凝土梁连接的梁柱节点应为刚性连接，梁的纵向钢筋应伸入柱节点，且应满足钢筋锚固要求。柱内型钢的截面形式和纵向钢筋的配置，宜便于梁纵向钢筋的贯穿，应减少梁纵向钢筋穿过柱内型钢柱的数量，且不宜穿过型钢翼缘，也不应与柱内型钢直接焊接连接。

梁柱连接也可在柱型钢上设置工字钢牛腿，梁纵向钢筋中一部分可与钢牛腿焊接或搭接。

型钢混凝土柱与型钢混凝土梁或钢梁连接时，柱内型钢与梁内型钢或钢梁的连接应采用刚性连接，且梁内型钢翼缘与柱内型钢翼缘应采用全熔透焊缝连接；梁腹板与柱宜采用摩擦型高强度螺栓连接；悬臂梁段与柱应采用全焊接连接。

（2）柱与柱连接构造。

在各种结构体系中，当结构下部采用型钢混凝土柱、上部采用混凝土柱时，下部型钢混凝土柱中的型钢应向上延伸一层或二层作为过渡层。过渡层内的型钢应设置栓钉。

当结构下部采用型钢混凝土柱，上部采用钢结构柱时，下部型钢混凝土柱亦应向上延伸一层作为过渡层。结构过渡层至过渡层以下 2 倍柱型钢截面高度范围内应设置栓钉，箍筋沿柱全高加密。

型钢混凝土柱中的型钢需改变截面时，宜保持型钢截面高度不变，可改变翼缘的宽度、厚度或腹板厚度。当需要改变柱截面高度时，截面高度宜逐步过渡，且在变截面的上、下端应设置加劲肋。

（3）梁与梁连接构造。

当框架柱的一侧为型钢混凝土梁，另一侧为混凝土梁时，型钢混凝土梁中的型钢宜延伸至混凝土梁 1/4 跨度处，且在伸长段型钢的上下翼缘设置栓钉，在梁端伸长段外 2 倍梁高范围内，箍筋应加密。

混凝土次梁与型钢混凝土主梁连接，次梁中的钢筋应穿过或绕过型钢混凝土梁的型钢。

178

（4）梁与墙的连接构造。

型钢混凝土梁或钢梁垂直于混凝土墙的连接，可做成铰接或刚接。铰接连接时，可在混凝土墙中设置预埋件，预埋件上焊连接板，连接板与型钢梁的腹板用高强螺栓连接，也可在预埋件上焊支承钢梁的钢牛腿来连接型钢梁。型钢混凝土梁中的纵向受力钢筋应锚入墙中。

当型钢混凝土梁与墙需要刚接时，可在混凝土墙中设置型钢柱，型钢梁与墙中型钢柱形成刚性连接，其纵向钢筋应伸入墙中，且满足锚固要求。

2. 型钢混凝土结构的施工

型钢混凝土结构是钢结构与混凝土结构的组合体，这二者的施工方法都可以应用到型钢混凝土结构中来。但由于二者同时并存，因此也有一些特点，充分利用型钢骨架的承重能力为施工创造有利条件，能使施工效率提高。

1）型钢和钢筋施工

型钢骨架施工应遵守钢结构的有关规范和规程。

安装柱的型钢骨架时，先在上下型钢骨架连接处进行临时连接，纠正垂直偏差后再进行焊接或高强螺栓固定，在梁的型钢骨架安装后，应再次观测和纠正因荷载增加、焊接收缩或螺栓紧固而产生的垂直偏差。

施工中应确保现场型钢柱拼接和梁柱节点连接的焊接质量，其焊缝质量应满足一级焊缝质量等级要求。对一般部位的焊缝，应进行外观质量检查，并应达到二级焊缝质量等级要求。

2）模板与混凝土浇筑

型钢混凝土结构与普通混凝土结构的区别在于型钢混凝土结构中有型钢骨架，在混凝土未硬化之前，型钢骨架可作为钢结构来承受荷载，为此，施工中可利用型钢骨架来承受混凝土的重量和施工荷载，为降低模板费用和加快施工创造了条件。将梁底模用螺栓固定在型钢梁上，可完全省去梁下的支撑。楼盖模板可用钢框木模板和快拆体系支撑，达到加速模板周转的目的。

4.4.5　钢管混凝土结构

钢管混凝土结构是介干钢结构和钢筋混凝土结构之间的又一种复合结构。钢管混凝土通常用于柱，即在钢管（方管或圆管）中灌注混凝土，钢管和混凝土这两种结构材料在受力过程中相互制约（如图 4－51 所示）。其主要受力机制是：①利用钢管对混凝土的约束作用，使其中的混凝土处于三向受压状态，从而大大提高其抗压强度和变形能力；②借助内填混凝土来增强薄壁钢管的抗屈曲强度和稳定性。这两种材料采取这种复合方式，使钢管混凝土柱的承载力比钢管和混凝土柱芯的各自承载力之总和提高约 40%。

钢管混凝土柱有良好的经济性能，同一般型钢混凝土柱比较，在同等条件下，钢管混凝土柱可节约 30% 的用钢量。同钢筋混凝土柱比较，可节省水泥 70%，节约钢材 10%，节省模板 100%，而造价大致相等。

1. 钢管混凝土结构的构造

1）钢管及连接材料

钢管可采用 Q235 和 Q345 钢材，也可采用 Q390 和 Q420 钢材。对处于外露环境，且对大气腐蚀有特殊要求或在腐蚀性气态和固态介质作用下的钢管混凝土结构，宜采用耐候钢。也可根据实际情况选用高性能耐火建筑用钢。

　　圆钢管宜采用螺旋焊接管或直缝焊接管，方、矩形钢管宜采用直缝焊接管或冷弯型钢钢管。当价格合理时，也可采用无缝钢管。焊接钢管的焊缝必须采用对接熔透焊缝，达到焊缝连接与母材等强的要求。焊缝质量应满足《钢结构工程施工质量验收规范》二级焊缝的要求。

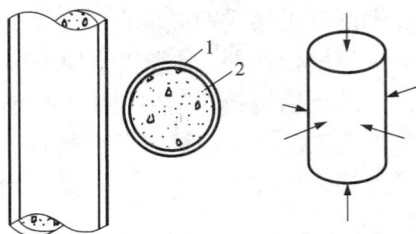

图 4-51　钢管混凝土结构

　　2）混凝土

　　钢管混凝土结构中的混凝土可采用普通混凝土或高性能混凝土，由于钢管本身是封闭的，多余水分不能排出，因而应控制混凝土的水灰比，对于一般塑性混凝土，水灰比不宜大于 0.4。为了方便施工，可掺减水剂，坍落度宜在 160～180 mm。为了减小管内混凝土收缩的影响，可在混凝土中掺适量膨胀剂来补偿混凝土的收缩。有条件时，应优先采用高流态混凝土。混凝土的水灰比不应大于 0.3，掺入高效减水剂 1% 左右。

　　钢管混凝土的混凝土强度等级不宜低于 C30。根据钢管混凝土的受力特点，为了更充分地发挥其钢管和混凝土的性能，一般：Q235 钢配 C30 或 C40 级混凝土；Q345 钢配 C40、C50 或 C60 级混凝土；Q390 和 Q420 钢配 C50 或 C60 级及以上等级的混凝土。

　　2. 钢管混凝土结构的施工

　　1）一般规定

　　钢管结构制作和安装的施工单位应具有相应的资质，施工单位应根据批准的施工图设计文件编制施工详图和制作工艺。制作工艺至少应包括：制作所依据的标准，施工操作要点，成品质量保证措施等。

　　复杂构件的加工，应通过工艺实验取得工艺参数，如加工、装配、焊接的变形控制、尺寸精度的控制等，用以指导构件的批量生产。

　　在结构施工中，当需以屈服强度不同的钢材代替原设计中的钢材时，应按照钢材的实际强度进行验算。注意到先行浇灌混凝土会使结构调整发生困难，甚至无法调整，钢管管内混凝土浇灌宜在钢构件安装完毕并经验收合格后进行。

　　2）钢管的制作

　　钢管构件应根据施工详图进行放样。放样与号料应预留焊接收缩量和切割、端铣等加工余量。对于高层框架柱尚应预留弹性压缩量，弹性压缩量可由制作单位和设计单位协商确定。

　　采用成品无缝钢管或焊接钢管应具有产品出厂合格证书。螺旋焊接或直缝焊接圆管，以及采用板材焊接的矩形钢管，其焊缝宜采用坡口熔透焊缝。需边缘加工的零件，宜采用精密切割；焊接坡口加工宜采用自动切割、半自动切割、坡口机、刨边机等方法进行，并应用样板控制坡口角度和尺寸。

　　钢管构件制作完毕后应仔细清除钢管内的杂物，钢管内表面必须保持干净，不得有油渍等污物，应采取适当措施保持管内清洁。制作完毕后的钢管构件，应采取适当保护措施，防止钢管内表面严重锈蚀。

3）钢管柱拼接组装

根据运输条件，柱段长度一般以12 m左右为宜。在现场组装的钢管柱的长度，根据施工要求和吊装条件确定。

钢管对接应严格保持焊后管肢平直，应特别注意焊接变形对肢管的影响，焊接宜用分段反向焊接顺序，分段施焊应尽量保持对称。肢管对接间隙应适当放大0.5～2.0 mm，以抵消收缩变形，具体数据可根据试焊结果确定。

为确保连接处的焊缝质量，可在管内接缝处设置附加衬管，长度为20 mm，厚度为3 mm，与管内壁保持0.5 mm的膨胀间隙，以确保焊缝根部的质量。

钢管构件必须在所有焊缝检查后方能按设计要求进行防腐处理。吊点位置应有明显标记。

4）钢管柱的吊装

钢管构件在吊装时应控制吊装荷载作用下的变形，吊点的设置应根据钢管构件本身的承载力和稳定性经验算后确定。必要时，应采取临时加固措施。吊装钢管构件时，应将其管口包封，防止异物落入管内。当采用预制钢管混凝土构件时，应待管内混凝土强度达到设计值的50%以后，方可进行吊装。

5）管内混凝土浇筑

钢管混凝土的特点是它的钢管即模板，有很好的强度和密闭性。在一般情况下，钢管内无钢筋骨架，混凝土浇筑十分方便。浇注可采用人工逐层浇筑法、导管浇筑法、高位抛落无振捣法和泵送顶升法。

（1）人工逐层浇筑法。

人工立式逐层浇筑法是混凝土自钢管上口浇入，用振动器振捣成型。

管径大于350 mm者用内部振动器，每次振动时间不少于30 s，一次浇筑高度不宜超过2 m。管径小于350 mm者可用附着式振动器振捣。振动器的位置应随混凝土浇灌的进展加以调整。外部振动器的工作范围，以钢管横向振幅不小于0.3 mm为宜。振幅可用百分表实测，振捣时间不小于1 min。一次浇筑的高度不应大于振动器有效工作范围和2～3 m柱长。此法所用混凝土的坍落度宜为20～40 mm，水灰比不大于0.4，粗骨料粒径可为10～40 mm。

当钢管截面尺寸较大时，工人也可进入管内按常规方法用振捣棒振捣。这样逐层浇筑，逐层振捣，直到灌满为止。

（2）导管浇筑法。

采用导管浇筑法时，在钢管内插入上端装有混凝土料斗的钢制导管，自下而上一边提升导管，一边完成混凝土的浇筑。浇筑前导管下口离底部的垂直距离不宜小于300 mm，浇筑过程中导管下口宜置于混凝土中1 m。导管与柱内水平隔板浇灌孔的侧隙不宜小于50 mm，以便插入振捣棒振捣。当钢管最小边长小于400 mm时，可采用附着式振动器在钢管外部振捣。为了减轻劳动强度，混凝土浇筑过程中应尽可能采用机械提升导管的方法。

（3）高位抛落免振捣法。

高位抛落免振捣法是利用混凝土从高空顺钢管下落时的动能，达到混凝土密实的目的，可免去或减轻繁重的振捣工作。适用于管径大于350 mm，高度不小于4 m的情况。对于抛落高度不足4 m的区段，应用内部振动器捣实。一次抛落的混凝土量宜为0.7 m³左右，用料斗装料，料斗的下口尺寸应比钢管内径小100～200 mm，以便混凝土下落时，管内空气能够排出。此法所用混凝土的坍落度不小于 150 mm，水灰比不大于 0.45，粗骨料粒径可采用 5 ～ 30 mm。对于钢管混凝土柱的一些特殊部位，如横隔板处，需辅助振捣以保证混凝土具有足够的密实度。

（4）泵送顶升浇筑法。

泵送顶升浇筑法，是在钢管接近地面的适当位置安装一个带闸门的进料支管，直接与混凝土泵的输送管相连，由泵车的压力将混凝土连续不断地自下而上顶升灌入钢管，无须振捣，钢管的直径宜大于或等于泵径的两倍。用此法浇筑混凝土的坍落度不小于 150 mm，水灰比不大于 0.45，要有较好的流动性，但收缩要小，与管壁有良好的黏结。粗骨料粒径可采用 5 ～ 30 mm。泵送顶升浇筑不可进行外部振捣，以免泵压急剧上升，甚至使浇筑被迫中断。为防止拆除进料支管时混凝土回流，所以在进料支管上设一个止流闸门。当混凝土泵送到顶并浇筑结束，控制泵压 2 ～ 3 min，然后打入止流闸门，即可拆除混凝土输送管。待管内混凝土达到 70% 设计强度后切除进料支管，补焊洞口管壁，补洞用的钢板宜为原开洞时切下的钢板。为了保证钢管结构的安全性，必要时应对采用泵送顶升法浇筑的多层高柱下部入口处的钢管壁，以及钢管柱纵向焊缝进行强度验算。

不管用哪种浇筑法，混凝土浇筑都宜连续进行，需留施工缝时，应将管口封闭，以免水、油、杂物落入。当浇筑至钢管顶端时，可使混凝土稍为溢出，再将留有排气孔的层间横隔板或封顶板紧压在管端，随即进行点焊。待混凝土达到 50% 设计强度时，再将层间横隔板或封顶板按设计要求进行补焊。也可将混凝土浇至稍低于钢管顶端，待混凝土达到 50% 设计强度后，再用同强度等级的水泥砂浆补填主管口，再将层间横隔板或封顶板一次封焊到位。

管内混凝土的浇筑质量，可用敲击钢管的方法进行初步检查，如有异常，可用超声脉冲技术检测。对不密实的部位，可用钻孔压浆法进行补强，然后将钻孔补焊封固。

钢管混凝土只适宜用作柱子，长细比也不宜超过 90。如果施加预应力成为预应力钢管混凝土结构，则可用于受弯构件，可大大扩展其应用范围。

本模块小·结

现浇钢筋混凝土结构高层建筑主体施工仍然是解决好模板、钢筋、混凝土三方面的工程技术问题。竖向模板可根据工程情况采用大模板、爬升模板、滑升模板以及各类组合模板散支散拆，横向模板则可采用台模、隧道模、永久性模板、塑料及玻璃钢模壳，以及组合模板散支散拆等工艺。钢筋工程重点是粗钢筋的连接技术。混凝土则大量应用泵送混凝土，发展高强混凝土。

预制装配式高层建筑的主体结构有多种施工方法体系，如全部构件都预制的装配式预制框架结构；预制梁、板、现浇柱的整体式预制框架结构；装配式大板剪力墙结构；高层预制盒子结构；以及升板法施工等。预制装配式高层建筑主体结构施工的关键是处理好装配节点的施工构造。

钢结构高层建筑从施工部署上看，仍然是一种预制装配施工体系，但由于材料不同，也就有其独有的特点，如构件制作和安装施工的精度要求都比混凝土结构高，节点连接的方式多采用焊接和高强螺栓连接，楼面一般采用压型钢板现浇叠合楼板，墙面则采用轻质材料，并且，钢结构的防火和防腐是必须高度重视的施工项目。

型钢混凝土结构和钢管混凝土结构在国外已有近百年的发展历史，我国也早在 20 世纪

50 年代就开始了引进和研究，大规模进入实际施工，也是伴随高层建筑的兴起而发展起来的。型钢混凝土构件与相同外形混凝土构件相比，其承载能力可高于一倍以上，钢管混凝土与钢结构相比，在自重相近和承载能力相同的条件下，可节省钢材 50%。并且，型钢混凝土结构可以简化支模，钢管混凝土不需支模，对高层建筑施工有着重要意义。但这两种结构都需要把钢结构和混凝土结构这两种完全不同的施工工艺结合起来，才能实现其优良的技术经济性能。

课后习题

一、单项选择题

1. 关于滑模的组装顺序，正确的应为（　　　　）。

A. 安装提升架→安装围圈→绑扎钢筋→安装模板

B. 绑扎钢筋→安装模板→安装提升架→安装围圈

C. 安装围圈→安装提升架→绑扎钢筋→安装模板

D. 安装提升架→安装模板→绑扎钢筋→安装围圈

2. 为满足泵送和抗压强度要求，卵石与管道直径之比宜为（　　　　）。

A. 1:2.5　　　　　　B. 1:4.0　　　　　　C. 1:1.5　　　　　　D. 1:5.0

3. 高强混凝土的水灰比应不大于（　　　　），并随着强度等级提高而降低。

A. 0.35　　　　　　B. 0.6　　　　　　C. 0.45　　　　　　D. 0.5

4. 滑模施工时，"末升阶段"是指当模板升至（　　　　）。

A. 建筑物最顶层时　　　　　　　　　B. 建筑高度 50 m 以上时

C. 距建筑物顶部标高 1 m 左右时　　　D. 距建筑物顶部标高 5 m 左右时

5. 焊接接头质量检验时，以每楼层同类型接头（　　　　）作为一个检验批。

A. 100 个　　　　　　B. 200 个　　　　　　C. 300 个　　　　　　D. 500 个

二、多项选择题

1. 高层建筑钢筋连接中，电渣压力焊主要用于（　　　　）。

A. 楼板钢筋连接　　　　　　　　　　B. 梁钢筋连接

C. 墙体钢筋连接　　　　　　　　　　D. 柱钢筋连接

2. 以下关于泵送混凝土原材料说法正确的是（　　　　）。

A. 最小水泥用量宜为 300 kg/m³　　　　B. 细骨料宜为中粗砂

C. 粗骨料最大粒径不宜超过 40 mm　　　D. 外掺料宜选用粉煤灰

3. 以下关于泵送混凝土说法错误的是（　　　　）。

A. 正常情况下要求混凝土从搅拌后 45 分钟内泵送完毕

B. 配管设计原则为"路线短、弯道少、接头严"

C. 当出现堵塞时，不可采用反泵运行

D. 混凝土泵送工作应尽可能连续进行

4. 以下关于高强混凝土说法正确的是（　　　　）。

A. 构件截面较普通混凝土小　　　　　　B. 耐久性较普通混凝土好

C.施工较普通混凝土容易   D.变形较普通混凝土小

5.滑模系统由以下子系统组成(　　　　)。

A.模板系统   B.操作平台系统   C.脚手架系统   D.提升机具系统

三、复习思考题

1.高层建筑施工竖向精度有何要求?

2.高层建筑轴线竖向投测常用哪些主要方法?

3.现浇高层建筑的横向模板体系有哪些种类模板?竖向模板体系有哪些种类模板?

4.滑模工艺的楼面有哪些施工方法?各有何特点?

5.滑模与爬模在工艺上有哪些不同?

6.装配预制框架与装配整体式框架在结构上有何不同?施工工艺有何不同?

7.简述装配式大板结构的施工工艺过程。

8.什么是高层盒子建筑?

9.高层升板的现浇柱有哪些施工方法?

10.钢结构高层建筑有哪些施工特点?

11.钢结构高层建筑的现场连接有哪些方法?各应该注意什么?

12.钢结构高层建筑的楼面施工有哪些方法?其工艺特点是什么?

13.在高层钢结构中,常用哪些防火保护方法?并比较各法的优缺点。

14.钢结构的防锈方法可划分为哪几类?工程中常用哪几种防锈方法?

15.型钢混凝土结构有哪些特点?施工中应注意哪些问题?

16.钢管混凝土结构有哪些特点?施工中应注意哪些问题?

模块五　专项施工方案的编制

【知识目标】

1. 掌握专项施工方案的编制范围。

2. 掌握专项施工方案的编制内容。

【能力目标】

能够编制专项施工方案。

5.1　专项施工方案编制

5.1.1　专项施工方案

高层建筑施工具有高、深、长、杂的特点，即建筑物的高度高，基础埋置深度深，建筑施工周期长，施工条件复杂。由于高层建筑施工中安全隐患多，故加强施工安全方面的预防和管理，尽可能避免发生安全事故，是高层建筑施工中必须高度关注的问题。因此，对高层建筑施工中一些特别的施工环节，必须进行专项施工方案设计。

危险性较大的分部分项工程安全专项施工方案（以下简称"专项方案"），是指施工单位在编制施工组织（总）设计的基础上，针对危险性较大的分部分项工程单独编制的安全技术措施文件。

《建设工程安全生产管理条例》规定：对达到一定规模的危险性较大的分部分项工程应当编制安全专项施工方案，并附具安全验算结果，经施工单位技术负责人、总监理工程师签字后实施，由专职安全生产管理人员进行现场监督。其中特别重要的专项施工方案还必须组织专家进行论证、审查，原建设部发布的《危险性较大的分部分项工程安全管理办法》对此作了明确规定。

1. 编制范围

在高层建筑施工中，应当编制安全专项施工方案的分部分项工程见表 5 – 1。

表 5 – 1　安全专项施工方案的分部分项工程

危险性较大的分部分项工程 （应当编制安全专项施工方案）	超过一定规模的危险性较大的分部分项工程 （应当编制安全专项施工方案且应当组织专家进行论证、审查）

一、基坑支护与降水工程 开挖深度超过 3 m(含 3 m)或虽未超过 3 m 但地质条件和周边环境复杂的基坑(槽)支护、降水工程。 二、土方开挖工程 开挖深度超过 3 m(含 3 m)的基坑(槽)的土方开挖工程。	一、深基坑工程 1.开挖深度超过 5 m(含 5 m)的基坑(槽)的土方开挖、支护、降水工程。 2.开挖深度虽未超过 5 m,但地质条件、周围环境和地下管线复杂,或影响毗邻建筑(构筑)物安全的基坑(槽)的土方开挖、支护、降水工程。
三、模板工程及支撑体系 1.各类工具式模板工程:包括大模板、滑模、爬模、飞模等工程。 2.混凝土模板支撑工程:搭设高度 5 m 及以上;搭设跨度 10 m 及以上;施工总荷载 10 kN/m² 及以上;集中线荷载 15 kN/m² 及以上;高度大于支撑水平投影宽度且相对独立无联系构件的混凝土模板支撑工程。 3.承重支撑体系:用于钢结构安装等满堂支撑体系。	二、模板工程及支撑体系 1.工具式模板工程:包括滑模、爬模、飞模工程。 2.混凝土模板支撑工程:搭设高度 8 m 及以上;搭设跨度 18 m 及以上,施工总荷载 15 kN/m² 及以上;集中线荷载 20 kN/m² 及以上。 3.承重支撑体系:用于钢结构安装等满堂支撑体系,承受单点集中荷载 700 kg 以上。
四、起重吊装工程 1.采用非常规起重设备、方法,且单件起吊重量在 10 kN 及以上的起重吊装工程。 2.采用起重机械进行安装的工程。 3.起重机械设备自身的安装、拆卸。	三、起重吊装工程 1.采用非常规起重设备、方法,且单件起吊重量在 100 kN 及以上的起重吊装工程。 2.起重量 300 kN 及以上的起重设备安装工程;高度 200 m 及以上内爬起重设备的拆除工程。
五、脚手架工程 1.搭设高度 24 m 及以上的落地式钢管脚手架工程。 2.附着式整体和分片提升脚手架工程。 3.悬挑式脚手架工程。 4.吊篮脚手架工程。 5.自制卸料平台、移动操作平台工程。 6.新型及异型脚手架工程。	四、脚手架工程 1.搭设高度 50 m 及以上落地式钢管脚手架工程。 2.提升高度 150 m 及以上附着式整体和分片提升脚手架工程。 3.架体高度 20 m 及以上悬挑式脚手架工程。
六、拆除、爆破工程 1.建筑物、构筑物拆除工程。 2.采用爆破拆除的工程。	五、拆除、爆破工程 1.采用爆破拆除的工程。 2.码头、桥梁、高架、烟囱、水塔或拆除中容易引起有毒有害气(液)体或粉尘扩散、易燃易爆事故发生的特殊建、构筑物拆除工程。 3.可能影响行人、交通、电力设施、通信设施或其他建、构筑物安全的拆除工程。 4.文物保护建筑、优秀历史建筑或历史文化风貌区控制范围的拆除工程。
七、其他 1.建筑幕墙安装工程。 2.钢结构、网架和索膜结构安装工程。 3.人工挖扩孔桩工程。 4.地下暗挖、顶管及水下作业工程。 5.预应力工程。 6.采用新技术、新工艺、新材料、新设备及尚无相关技术标准的危险性较大的分部分项工程。	六、其他 1.施工高度 50 m 及以上的建筑幕墙安装工程。 2.跨度大于 36 m 及以上的钢结构安装工程;跨度大于 60 m 及以上的网架和索膜结构安装工程。 3.开挖深度超过 16 m 的人工挖孔桩工程。 4.地下暗挖工程、顶管工程、水下作业工程。 5.采用新技术、新工艺、新材料、新设备及尚无相关技术标准的危险性较大的分部分项工程。

2. 编制依据

安全专项施工方案的编制依据有：

（1）国家和政府有关安全生产的法律、法规和有关规定；

（2）安全技术标准、规范，安全技术规程；

（3）企业的安全管理规章制度。

3. 编制原则

安全专项施工方案的编制，必须考虑现场的实际情况、施工特点及周围作业环境，措施要有针对性。凡施工过程中可能发生的危险因素及建筑物周围外部环境不利因素等，都必须从技术上采取具体且有效的措施予以预防。

安全施工方案除应包括相应的安全技术措施外，还应当包括监控措施、应急方案以及紧急救护措施等内容。

4. 编制要求

1）及时性

（1）安全性措施在施工前必须编制好，并且经过审核批准后正式下达施工单位以指导施工；

（2）在施工过程中，工程或设计发生变更时，安全技术措施必须及时变更或做补充，否则不能施工；

（3）施工条件发生变化时，必须变更安全技术措施内容，并及时经原编制、审批人员办理变更手续，不得擅自变更。

2）针对性

（1）要根据施工工程的特点，从技术上采取措施，保证施工安全和质量；

（2）要针对不同的施工方法和施工工艺制订相应的安全技术措施；

（3）施工使用新技术、新工艺、新设备、新材料时，必须研究应用相应的安全技术措施。

3）具体性

（1）安全专项施工方案必须明确具体，可操作性强，能指导具体施工；

（2）方案必须有设计、有计算、有详图、有文字说明。

5. 方案编制内容

专项施工方案应根据实际情况，有针对性地进行编制。

专项方案编制应当包括以下内容：

（1）工程概况：危险性较大的分部分项工程概况、施工平面布置、施工要求和技术保证条件；

（2）编制依据：相关法律、法规、规范性文件、标准、规范及图纸（国标图集）、施工组织设计等；

（3）施工计划：包括施工进度计划、材料与设备计划；

（4）施工工艺技术：技术参数、工艺流程、施工方法、检查验收等；

（5）施工安全保证措施：组织保障、技术措施、应急预案、监测监控等；

（6）劳动力计划：专职安全生产管理人员、特种作业人员等；

（7）计算书及相关图纸。

5.1.2 安全专项施工方案的审批与实施

1. 编制审核

专项方案应当由施工单位技术部门组织本单位施工技术、安全、质量等部门的专业技术人员进行审核。经审核合格的，由施工单位技术负责人签字。实行施工总承包的，专项方案应当由总承包单位技术负责人及相关专业承包单位技术负责人签字。

不需专家论证的专项方案，经施工单位审核合格后报监理单位，由项目总监理工程师审核签字。

超过一定规模的危险性较大的分部分项工程专项方案应当由施工单位组织召开专家论证会。实行施工总承包的，由施工总承包单位组织召开专家论证会。

下列人员应当参加专家论证会：

（1）专家组成员；

（2）建设单位项目负责人或技术负责人；

（3）监理单位项目总监理工程师及相关人员；

（4）施工单位分管安全的负责人、技术负责人、项目负责人、项目技术负责人、专项方案编制人员、项目专职安全生产管理人员；

（5）勘察、设计单位项目技术负责人及相关人员。

2. 专家论证审查

属于《危险性较大工程安全专项施工方案编制及专家论证审查办法》所规定范围的分部分项工程，要求：

（1）建筑施工企业应当组织不少于5人的专家组，对已编制的安全专项施工方案进行论证审查。本项目参建各方的人员不得以专家身份参加专家论证会。

专家论证的主要内容包括：

①专项方案内容是否完整、可行；

②专项方案计算书和验算依据是否符合有关标准规范；

③安全施工的基本条件是否满足现场实际情况。

（2）安全专项施工方案专家组必须提出书面论证审查报告，施工企业应根据论证审查报告进行完善，施工企业技术负责人、总监理工程师签字后，方可实施。

（3）专家组书面论证审查报告应作为安全专项施工方案的附件，在实施过程中，施工企业应严格按照安全专项方案组织施工。

（4）专项方案经论证后需做重大修改的，施工单位应当按照论证报告修改，并重新组织专家进行论证。

3. 实施

施工过程中，必须严格安全专项施工方案组织施工，做到：

（1）施工前，应严格执行安全技术交底制度，进行分级交底；相应的施工设备设施搭建、安装完成后，要组织验收，合格后才能投入使用。

（2）施工中，对安全施工方案要求的监测项目（如标高、垂直度等），要落实监测，及时反馈信息；对危险性较大的作业，还应安排专业人员进行安全监控管理。

（3）施工完成后，应及时对安全专项施工方案进行总结。

5.2 脚手架计算

高层建筑施工中,脚手架在使用时,对人员安全、施工质量、施工速度和工程成本有重大影响,应慎重对待。脚手架需有专门的设计和计算,并绘制脚手架施工图。在这里,仅介绍扣件式钢管脚手架的设计和计算方法。

5.2.1 荷载

作用于脚手架的荷载可分为永久荷载(恒荷载)与可变荷载(活荷载)。

1. 永久荷载

脚手架永久荷载应包含下列内容:

(1)架体结构自重:包括立杆、纵向水平杆、横向水平杆、剪刀撑、扣件等的自重。
每根杆承受的结构自重标准值,宜按表 5-2 采用。

表 5-2 单、双排脚手架立杆承受的每米结构自重标准值 g_k(kN/m)

| 步距/m | 脚手架类型 | 纵距/m | | | | |
		1.2	1.5	1.8	2.0	2.1
1.2	单排	0.1642	0.1793	0.1945	0.2046	0.2097
	双排	0.1538	0.1667	0.1796	0.1882	0.1925
1.35	单排	0.1530	0.1670	0.1809	0.1903	0.1949
	双排	0.1426	0.1543	0.1660	0.1739	0.1778
1.50	单排	0.1440	0.1570	0.1701	0.1788	0.1831
	双排	0.1336	0.1444	0.1552	0.1624	0.1660
1.80	单排	0.1305	0.1422	0.1538	0.1615	0.1654
	双排	0.1202	0.1295	0.1389	0.1451	0.1482
2.00	单排	0.1238	0.1347	0.1456	0.1529	0.1565
	双排	0.1134	0.1221	0.1307	0.1365	0.1394

(2)构、配件自重:包括脚手板、栏杆、挡脚板、安全网等防护设施的自重。
冲压钢脚手板、木脚手板与竹串片脚手板自重标准值,应按表 5-3 采用。

表 5-3 脚手板自重标准值

类 别	标准值/(kN·m^{-2})
冲压钢脚手板	0.30
竹串片脚手板	0.35
木脚手板	0.35
竹芭脚手板	0.10

（3）栏杆与挡脚板自重标准值，应按表5-4采用。

表5-4 栏杆、挡脚板自重标准值

类　别	标准值/(kN·m⁻²)
栏杆、冲压钢脚手板挡板	0.16
栏杆、竹串片脚手板挡板	0.17
栏杆、木脚手板挡板	0.17

（4）脚手架上吊挂的安全设施（安全网、苇席、竹笆及帆布等）的荷载应按实际情况采用。

2. 可变荷载

脚手架可变荷载应包含下列内容：

（1）施工荷载：包括作业层上的人员、器具和材料等的自重。按表5-5取值。其中，斜道均布活荷载标准值不应低于2 kN/m^2。

表5-5 施工均布活荷载标准值

类　别	标准值/(kN·m⁻²)
装修脚手架	2.0
混凝土、砌筑结构脚手架	3.0
轻型钢结构及空间网格结构脚手架	2.0
普通钢结构脚手架	3.0

（2）风荷载。

作用于脚手架上的水平风荷载标准值，应按下列计算：

$$W_k = \mu_z \cdot \mu_s \cdot w_0 \tag{5-1}$$

式中：W_k——风荷载标准值(kN/m²)；

μ_z——风压高度变化系数，按现行国家标准《建筑结构荷载规范》GB 50009规定采用；

μ_s——脚手架风荷载体型系数，可查《建筑施工扣件式钢管脚手架安全技术规范》JGJ130—2011规定采用；

w_0——基本风压(kN/m²)，按现行国家标准《建筑结构荷载规范》GB 50009的规定采用。

5.2.2 荷载效应组合

设计脚手架的承重构件时，应根据使用过程中可能出现的荷载取其最不利组合进行计算，荷载效应组合宜按表5-6采用。

表 5 - 6　荷载效应组合

计算项目	荷载效应组合
纵向、横向水平杆强度与变形	永久荷载 + 施工荷载
脚手架立杆地基承载力 型钢悬挑梁的强度、稳定与变形	①永久荷载 + 施工荷载
	②永久荷载 + 0.9(施工荷载 + 风荷载)
立杆稳定	①永久荷载 + 可变荷载(不含风荷载)
	②永久荷载 + 0.9(可变荷载 + 风荷载)
连墙件强度与稳定	单排架，风荷载 + 2.0 kN 双排架，风荷载 + 3.0 kN

5.2.3　基本设计规定

依据规范《建筑施工扣件式钢管脚手架安全技术规范》JGJ 130—2011 可知，脚手架的承载能力应按概率极限状态设计法的要求，采用分项系数设计表达式进行设计。可只进行下列设计计算：

(1)纵向、横向水平杆等受弯构件的强度和连接扣件的抗滑承载力计算；

(2)立杆的稳定性计算；

(3)连墙件的强度、稳定性和连接强度的计算；

(4)立杆地基承载力计算。

计算构件的强度、稳定性与连接强度时，应采用荷载效应基本组合的设计值。永久荷载分项系数应取 1.2，可变荷载分项系数应取 1.4。

脚手架中的受弯构件，尚应根据正常使用极限状态的要求验算变形。验算构件变形时，应采用荷载效应的标准组合的设计值，各类荷载分项系数均应取 1.0。

当纵向或横向水平杆的轴线对立杆轴线的偏心距不大于 55 mm 时，立杆稳定性计算中可不考虑此偏心距的影响。

钢材的强度设计值与弹性模量应按表 5 - 7 采用。

表 5 - 7　钢材的强度设计值与弹性模量(N/mm^2)

Q235 钢抗拉、抗压和抗弯强度设计值 f	205
弹性模量 E	2.06×10^5

扣件、底座、可调托撑的承载力设计值应按表 5 - 8 采用。

表 5 - 8　扣件、底座、可调托撑的承载力设计/kN

项目	承载力设计值
对接扣件(抗滑)	3.20
直角扣件、旋转扣件(抗滑)	8.00
底座(抗压)、可调托撑(抗压)	40.00

受弯构件的挠度不应超过表 5 - 9 中规定的容许值。

表 5 - 9　受弯构件的容许挠度

构件类别	容许挠度$[v]$
脚手板,脚手架纵向、横向水平杆	$l/150$ 与 10 mm
脚手架悬挑受弯杆件	$l/400$
型钢悬挑脚手架悬挑钢梁	$l/250$

注:l 为受弯构件的跨度,对悬挑杆件为其悬伸长度的 2 倍。

受压、受拉构件的长细比不应超过表 5 - 10 中规定的容许值。

表 5 - 10　受压、受拉构件的长细比

构件类别		容许长细比$[\lambda]$
立杆	双排架 满堂支撑架	210
	单排架	230
	满堂脚手架	250
横向斜撑、剪刀撑中的压杆		250
拉杆		350

5.2.4　计算方法

1.荷载的传递路径与计算简图

脚手架计算首先要确定计算简图,即永久荷载和可变荷载具体如何分配到各杆件上,形成计算模型。确定计算简图的前提是搞清荷载的传递路径,而传递路径与脚手板的铺设方向相关。

1)脚手板纵向铺设

当采用冲压钢脚手板、木脚手板、竹串片脚手板时,脚手板一般纵向铺设,即铺在横向水平杆上,脚手架搭设应该横向水平杆在纵向水平杆之上,荷载的传递路线是:脚手板→横向水平杆→纵向水平杆→纵向水平杆与立柱连接的扣件→立柱→地基。对应这种传递路线的横向、纵向水平杆的计算简图如图 5 - 1 所示。

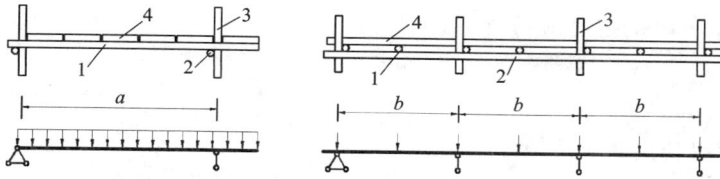

图 5 - 1　落地双排脚手架脚手板纵向铺设时横向、纵向水平杆的计算简图

1—横向水平杆；2—纵向水平杆；3—立柱；4—脚手板

l_a—立杆纵距（柱距）；l_b—立杆横距（排距）

2）脚手板横向铺设

当采用竹笆脚手板时，竹笆板一般横向铺设，即铺在纵向水平杆上。脚手架搭设应该纵向水平杆在横向水平杆之上，荷载的传递路线是：脚手板→纵向水平杆→横向水平杆→横向水平杆与立柱连接的扣件→立柱→地基。对应这种传递路线的横向、纵向水平杆的计算简图如图 5 - 2 所示。

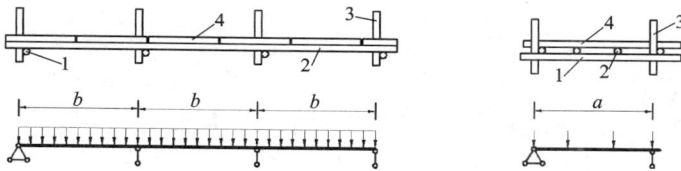

图 5 - 2　落地双排脚手架脚手板横向铺设时横向、纵向水平杆的计算简图

1—横向水平杆；2—纵向水平杆；3—立柱；4—脚手板；

l_a—立杆纵距（柱距）；l_b—立杆横距（排距）

2. 纵、横向水平杆及脚手板计算

（1）纵、横向水平杆及脚手板按受弯构件计算。

计算纵向、横向水平杆的内力与挠度时，纵向水平杆宜按三跨连续梁计算，计算跨度取纵距 b；横向水平杆宜按简支梁计算，对于双排脚手架，计算跨度 l_0 取为横距 a，对于单排脚手架，计算跨度 l_0 取为外立杆轴线至墙体中心线的距离。

按计算简图求得弯矩后，纵向、横向水平杆弯矩设计值，应按下式计算：

$$M = 1.2M_{Gk} + 1.4\sum M_{Qk} \tag{5-2}$$

式中：M_{Gk}——脚手板自重产生的弯矩标准值（kN·m）；

M_{Qk}——施工荷载产生的弯矩标准值（kN·m）。

纵向、横向水平杆的抗弯强度应按下式计算：

$$\sigma = \frac{M}{W} \leqslant f \tag{5-3}$$

式中：σ——弯曲正应力；

M——弯矩设计值（N·mm），应按式（5-2）的规定计算；

W——截面模量（mm³），应按要求采用；

f——钢材的抗弯强度设计值(N/mm^2)，应按规范采用。

纵向、横向水平杆的挠度应符合下式规定：

$$v \leq [v] \tag{5-4}$$

式中：v——挠度(mm)；

    $[v]$——容许挠度，应按规范采用。

（2）纵向或横向水平杆与立杆连接时，其扣件的抗滑承载力应符合下式规定：

$$R \leq R_C \tag{5-5}$$

式中：R——纵向或横向水平杆传给立杆的竖向作用力设计值；

    R_C——扣件抗滑承载力设计值，应按规范采用。

3. 立杆计算

（1）立杆的稳定性按下列公式计算：

不考虑风荷载时：

$$\frac{N}{\varphi A} \leq f \tag{5-6a}$$

考虑风荷载时：

$$\frac{N}{\varphi A} + \frac{M_W}{W} \leq f \tag{5-6b}$$

式中：N——计算立杆段的轴向力设计值(N)，应按式(5-7a)、(5-7b)计算；

    φ——轴心受压构件的稳定系数，应根据长细比 λ 由表5-12取值；

    λ——长细比，$\lambda = \dfrac{l_0}{i}$；

    l_0——计算长度(mm)，应按公式(5-8)的规定计算；

    i——截面回转半径(mm)，应按要求采用；

    A——立杆的截面面积(mm^2)，应按要求采用；

    M_W——计算立杆段由风荷载设计值产生的弯矩($N \cdot mm$)，可按式(5-9)计算；

    f——钢材的抗压强度设计值(N/mm^2)。

（2）计算立杆段的轴向力设计值 N，应按下列公式计算：

不考虑风荷载时：

$$N = 1.2(N_{G1K} + N_{G2K}) + 1.4 \sum N_{QK} \tag{5-7a}$$

考虑风荷载时：

$$N = 1.2(N_{G1K} + N_{G2K}) + 0.9 \times 1.4 \sum N_{QK} \tag{5-7b}$$

式中：N_{G1K}——脚手架结构自重产生的轴向力标准值；

    N_{G2K}——构配件自重产生的轴向力标准值；

    $\sum N_{QK}$——施工荷载产生的轴向力标准值总和，内、外立杆各按一纵距内施工荷载总和的1/2取值。

（3）立杆计算长度 l_0 应按下式计算：

$$l_0 = k\mu h \tag{5-8}$$

式中：K——立杆计算长度附加系数，其值取1.155；

    μ——考虑单、双排脚手架整体稳定因素的单杆计算长度系数，应按表5-11

采用；

h——步距。

表 5 - 11　单、双排脚手架立杆的计算长度系数 μ

类别	立杆横距 /m	连墙件布置	
		二步三跨	三步三跨
双排架	1.05	1.50	1.70
	1.30	1.55	1.75
	1.55	1.60	1.80
单排架	≤1.50	1.80	2.00

（4）由风荷载产生的立杆段弯矩设计值 M_w，可按下式计算：

$$M_w = 0.9 \times 1.4 M_{wk} = \frac{0.9 \times 1.4 W_k l_a h^2}{10} \qquad (5-9)$$

式中：M_{wk}——风荷载产生的弯矩标准值（kN·m）；

W_k——风荷载标准值（kN/m²），应按式（5-1）计算；

l_a——立杆纵距（m²）。

（5）单、双排脚手架立杆稳定性计算部位的确定应符合下列规定：

①当脚手架采用相同的步距、立杆纵距、立杆横距和连墙件间距时，应计算底层立杆段；

②当脚手架的步距、立杆纵距、立杆横距和连墙件间距有变化时，除计算底层立杆段外，还必须对出现最大步距或最大立杆纵距、立杆横距、连墙件间距等部位的立杆段进行验算。

4.连墙件计算

（1）连墙件杆件的强度及稳定应满足下列公式的要求：

强度：

$$\sigma = \frac{N_l}{A_c} \leqslant 0.85f \qquad (5-10a)$$

稳定：

$$\frac{N_l}{\varphi A} \leqslant 0.85f \qquad (5-10b)$$

$$N_l = N_{lw} + N_0 \qquad (5-10c)$$

式中：σ——连墙件应力值（N/mm²）；

A_c——连墙件的净截面面积（mm²）；

A——连墙件的毛截面面积（mm²）；

N_l——连墙件轴向力设计值（N）；

N_{lw}——风荷载产生的连墙件轴向力设计值，应按公式（5-11）的规定计算；

N_0——连墙件约束脚手架平面外变形所产生的轴向力。单排架取 2 kN，双排架取 3 kN；

φ——连墙件的稳定系数，应根据连墙件的长细比按表 5-12 取值；

f——连墙件钢材的强度设计值（N/mm²）。

（2）由风荷载产生的连墙件的轴向力设计值，应按下式计算：

$$N_{lw} = 1.4 \cdot w_k \cdot A_w \qquad (5-11)$$

式中：A_w——单个连墙件所覆盖的脚手架外侧面的迎风面积。

（3）当采用钢管扣件做连墙件时，扣件抗滑承载力的验算，应满足下式要求：

$$N_1 \leqslant R_c \qquad (5-12)$$

式中：R_c——扣件抗滑承载力设计值，一个直角扣件应取 8.0 kN。

5. 立杆基础底面的平均压力计算

立杆基础底面的平均压力应满足下式的要求：

$$P_k = \frac{N_k}{A} \leqslant f_g \qquad (5-13)$$

式中：P_k——立杆基础底面处的平均压力标准值（kPa）；

N_k——上部结构传至立杆基础顶面的轴向力标准值（kN）；

A——基础底面面积（m^2）；

f_g——地基承载力特征值（kPa）。

表 5-12 轴心受压构件的稳定系数 l（Q235 钢）

A	0	1	2	3	4	5	6	7	8	9
0	1.000	0.997	0.995	0.992	0.989	0.987	0.984	0.981	0.979	0.976
10	0.974	0.971	0.968	0.966	0.963	0.960	0.958	0.955	0.952	0.949
20	0.947	0.944	0.941	0.938	0.936	0.933	0.930	0.927	0.924	0.921
30	0.918	0.915	0.912	0.909	0.906	0.903	0.899	0.896	0.893	0.889
40	0.886	0.882	0.879	0.875	0.872	0.868	0.864	0.861	0.858	0.855
50	0.852	0.849	0.846	0.843	0.839	0.836	0.832	0.829	0.825	0.822
60	0.818	0.814	0.810	0.806	0.802	0.797	0.793	0.789	0.784	0.779
70	0.775	0.770	0.765	0.760	0.755	0.750	0.744	0.739	0.733	0.728
80	0.722	0.716	0.710	0.704	0.698	0.692	0.686	0.680	0.673	0.667
90	0.661	0.654	0.648	0.641	0.634	0.626	0.618	0.611	0.603	0.595
100	0.588	0.580	0.573	0.566	0.558	0.551	0.544	0.537	0.530	0.523
110	0.516	0.509	0.502	0.496	0.489	0.483	0.476	0.470	0.464	0.458
120	0.452	0.446	0.440	0.434	0.428	0.423	0.417	0.412	0.406	0.401
130	0.396	0.391	0.386	0.381	0.376	0.371	0.367	0.362	0.357	0.353
140	0.349	0.344	0.340	0.336	0.332	0.328	0.324	0.320	0.316	0.312
150	0.308	0.305	0.301	0.298	0.294	0.291	0.287	0.284	0.281	0.277
160	0.274	0.271	0.268	0.265	0.262	0.259	0.256	0.253	0.251	0.248
170	0.245	0.243	0.240	0.237	0.235	0.232	0.230	0.227	0.225	0.223

续表 5 – 12

A	0	1	2	3	4	5	6	7	8	9
180	0.220	0.218	0.216	0.214	0.211	0.209	0.207	0.205	0.203	0.201
190	0.199	0.197	0.195	0.193	0.191	0.189	0.188	0.186	0.184	0.182
200	0.180	0.179	0.177	0.175	0.174	0.172	0.171	0.169	0.167	0.166
210	0.164	0.163	0.161	0.160	0.159	0.157	0.156	0.154	0.153	0.152
220	0.150	0.149	0.148	0.146	0.145	0.144	0.143	0.141	0.140	0.139
230	0.138	0.137	0.136	0.135	0.133	0.132	0.131	0.130	0.129	0.128
240	0.127	0.126	0.125	0.124	0.123	0.122	0.121	0.120	0.119	0.118
250	0.117									

5.3　脚手架计算算例

5.3.1　铺设竹笆板脚手架计算算例

1. 参数

1）脚手架参数

扣件式钢管落地双排脚手架搭设高度 42 m，立杆采用单立杆。

脚手架的搭设：立杆的纵距为 1.5 m，立杆的横距为 1.05 m，大小横杆的步距为 1.8 m，内排架距离墙长度为 0.2 m；大横杆在上，搭接在小横杆上的大横杆根数为 1 根；采用的钢管类型为 $\phi 48.3 \times 3.6$ mm；连墙件采用两步三跨，竖向间距 3.6 m，水平间距 4.5 m；连墙件连接方式为双扣件。

2）活荷载参数

脚手架用途：装修脚手架；

施工均布活荷载标准值：2.000 kN/m^2；

脚手板满铺层数：5 层；

同时施工层数：2 层。

3）风荷载参数

脚手架计算中考虑风荷载作用，基本风压为 0.45 kN/m^2；风荷载高度变化系数 μ_z 为 1，风荷载体型系数 μ_s 为 0.645。

4）静荷载参数

每米立杆承受的结构自重标准值（kN/m^2）：0.1295；

脚手板类别：竹笆脚手板；

栏杆挡板类别：栏杆、竹笆片脚手板挡板；

脚手板自重标准值（kN/m^2）：0.100；

栏杆挡脚板自重标准值（kN/m^2）：0.150；

安全设施与安全网（kN/m²）：0.005；

脚手板铺设层数：5 层；

每米脚手架钢管自重标准值（kN/m²）：0.0397。

5）地基参数

地基土类型：地下室面板；

设计承载力特征值（kPa）：350.00；

立杆基础底面面积（m²）：0.25。

2.大横杆的计算

大横杆按照三跨连续梁进行强度计算，大横杆在小横杆的上面。将大横杆上面的脚手板自重和施工活荷载作为均布荷载计算大横杆的最大弯矩和变形。

1）均布荷载值计算

大横杆的自重标准值：

$$P_1 = 0.0397 \ \text{kN/m}$$

脚手板的自重标准值：

$$P_2 = 0.1 \times \frac{1.05}{(1+1)} = 0.053 \ \text{kN/m}$$

活荷载标准值：

$$Q = 2 \times \frac{1.05}{(1+1)} = 1.05 \ \text{kN/m}$$

静荷载的设计值：

$$q_1 = 1.2 \times 0.0397 + 1.2 \times 0.053 = 0.111 \ \text{kN/m}$$

活荷载的设计值：

$$q_2 = 1.4 \times 1.05 = 1.47 \ \text{kN/m}$$

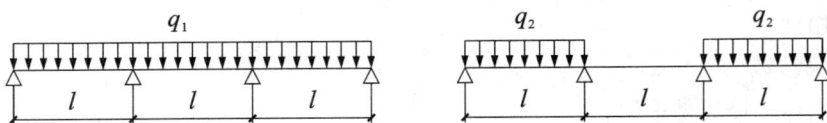

图 5 - 3　大横杆设计荷载组合简图

（跨中最大弯矩和跨中最大挠度）

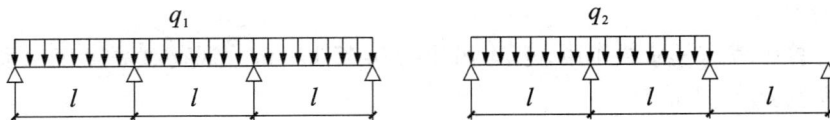

图 5 - 4　大横杆设计荷载组合简图

（支座最大弯矩）

2）强度验算

跨中和支座最大弯矩分别按图 5 - 3、图 5 - 4 组合。

跨中最大弯矩计算公式如下：

$$M_{1\max} = 0.08q_1l^2 + 0.10q_2l^2$$

跨中最大弯矩为

$$M_{1\max} = 0.08 \times 0.111 \times 1.5^2 + 0.10 \times 1.47 \times 1.5^2 = 0.351 \text{ kN} \cdot \text{m}$$

支座最大弯矩计算公式如下：

$$M_{2\max} = -0.10q_1l^2 - 0.117q_2l^2$$

支座最大弯矩为

$$M_{2\max} = -0.10 \times 0.111 \times 1.5^2 - 0.117 \times 1.47 \times 1.5^2 = -0.412 \text{ kN} \cdot \text{m}$$

选择支座弯矩和跨中弯矩的最大值进行强度验算：

$$\sigma = \frac{M_{\max}}{W} \leqslant f$$

$$\sigma = \max \frac{(0.351 \times 10^6, 0.412 \times 10^6)}{5260} = 78.327 \text{ N/mm}^2$$

大横杆的最大弯曲应力为 $\sigma = 78.327 \text{ N/mm}^2$，小于大横杆的抗压强度设计值 $[f] = 205$ N/mm²，满足要求！

3. 小横杆的计算

小横杆按照简支梁进行强度计算，大横杆在小横杆的上面。用大横杆支座的最大反力计算值作为小横杆集中荷载，在最不利荷载布置下计算小横杆的最大弯矩和变形。

1）荷载值计算

大横杆的自重标准值：

$$p_1 = 0.0397 \times 1.5 = 0.060 \text{ kN}$$

脚手板的自重标准值：

$$p_2 = 0.1 \times 1.05 \times \frac{1.5}{(1+1)} = 0.079 \text{ kN}$$

活荷载标准值：

$$Q = 2 \times 1.05 \times \frac{1.5}{(1+1)} = 1.575 \text{ kN}$$

集中荷载的设计值：

$$P = 1.2 \times (0.060 + 0.079) + 1.4 \times 1.575 = 2.372 \text{ kN}$$

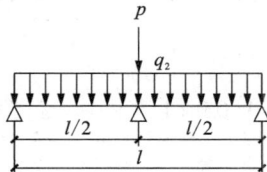

图 5-5　小横杆计算简图

2）强度验算

最大弯矩考虑为小横杆自重均布荷载与大横杆传递荷载的标准值最不利分配的弯矩和均布荷载最大弯矩计算公式如下：

$$M_{qmax} = \frac{ql^2}{8}$$

$$M_{qmax} = 1.2 \times 0.0397 \times \frac{1.05^2}{8} = 0.006 \text{ kN} \cdot \text{m}$$

集中荷载最大弯矩计算公式如下：

$$M_{pmax} = \frac{Pl}{4}$$

$$M_{pmax} = 2.372 \times \frac{1.05}{4} \approx 0.623 \text{ kN} \cdot \text{m}$$

最大弯矩：

$$M = M_{qmax} + M_{Pmax} = 0.629 \text{ kN} \cdot \text{m}$$

最大应力计算值：

$$\sigma = \frac{M}{W} = \frac{0.629 \times 10^6}{5260} = 119.582 \text{ N/mm}^2$$

小横杆的最大弯曲应力 $\sigma = 119.582$ N/mm^2，小于小横杆的抗压强度设计值 205 N/mm^2，满足要求！

4. 扣件抗滑力的计算

按规范表 5.1.7，直角、旋转单扣件承载力设计值取值为 8.00 kN，纵向或横向水平杆与立杆连接时，扣件的抗滑承载力按照下式计算：

$$R \leqslant R_C$$

式中：R_C——扣件抗滑承载力设计值，取 8.00 kN；

R——纵向或横向水平杆传给立杆的竖向作用力设计值。

大横杆的自重标准值：

$$P_1 = 0.0397 \times 1.5 \times \frac{1}{2} = 0.030 \text{ kN}$$

小横杆的自重标准值：

$$P_2 = 0.0397 \times 1.05 \times \frac{1}{2} = 0.021 \text{ kN}$$

脚手板的自重标准值：

$$P_3 = 0.1 \times 1.05 \times 1.5 \times \frac{1}{2} = 0.079 \text{ kN}$$

活荷载标准值：

$$Q = 2 \times 1.05 \times 1.5 \times \frac{1}{2} = 1.575 \text{ kN}$$

荷载的设计值：

$R = 1.2 \times (0.030 + 0.021 + 0.079) + 1.4 \times 1.575 = 2.361$ kN

$R \leqslant 8.00$ kN，单扣件抗滑承载力的设计计算满足要求！

5. 脚手架立杆荷载计算

作用于脚手架的荷载包括静荷载、活荷载和风荷载。静荷载标准值包括以下内容：

(1) 每米立杆承受的结构自重标准值（kN）为 0.1295。

$$N_{G1} = \left[0.1295 + \left(1.50 \times \frac{1}{2} \right) \times \frac{0.0397}{1.80} \right] \times 42 = 6.134 \text{ kN}$$

（2）脚手板的自重标准值（kN/m²）。采用竹笆片脚手板，标准值为0.1

$$N_{G2} = 0.1 \times 5 \times 1.5 \times \frac{1.05 + 0.2}{2} = 0.469 \text{ kN}$$

（3）栏杆与挡脚手板自重标准值（kN/m）。采用栏杆、竹笆片脚手板挡板，标准值为0.15。

$$N_{G3} = 0.15 \times 5 \times \frac{1.5}{2} = 0.562 \text{ kN}$$

（4）吊挂的安全设施荷载，包括安全网（kN/m²）：0.005。

$$N_{G4} = 0.005 \times 1.5 \times 42 = 0.316 \text{ kN/m}^2$$

经计算得到，静荷载标准值

$$N_G = N_{G1} + N_{G2} + N_{G3} + N_{G4} = 7.445 \text{ kN}$$

活荷载为施工荷载标准值产生的轴向力总和，内、外立杆按一纵距内施工荷载总和的1/2取值。

经计算得到，活荷载标准值为：

$$N_Q = 2 \times 1.05 \times 1.5 \times 2 \times \frac{1}{2} = 3.15 \text{ kN}$$

风荷载标准值按照以下公式计算：

$$w_k = \mu_z \cdot \mu_s \cdot w_0$$

其中：w_0——基本风压（kN/m²）；

$$w_0 = 0.45 \text{ kN/m}^2$$

μ_z——风荷载高度变化系数 $\mu_z = 1$；

μ_s——风荷载体型系数，取值为0.645；

经计算得到，风荷载标准值为：

$$w_k = 0.45 \times 1 \times 0.645 = 0.290 \text{ kN/m}^2$$

不考虑风荷载时，立杆的轴向压力设计值为：

$$N = 1.2N_G + 1.4N_Q = 1.2 \times 7.445 + 1.4 \times 3.15 = 13.344 \text{ kN}$$

考虑风荷载时，立杆的轴向压力设计值为：

$$N = 1.2N_G + 0.9 \times 1.4N_Q = 1.2 \times 7.445 + 0.9 \times 1.4 \times 3.15 = 12.903 \text{ kN}$$

风荷载设计值产生的立杆段弯矩 M_W 为：

$$M_w = 0.9 \times \frac{1.4 w_k l_a h^2}{10} = 0.9 \times 1.4 \times 0.290 \times 1.5 \times \frac{1.8^2}{10} = 0.178 \text{ kN} \cdot \text{m}$$

6. 立杆的稳定性计算

不考虑风荷载时，立杆的稳定性值为：

$$\sigma = \frac{N}{\varphi A} \leqslant [f]$$

立杆的轴向压力设计值：

$$N = 13.344 \text{ kN}$$

计算立杆的截面回转半径：

$$i = 1.59 \text{ cm}$$

计算长度附加系数参照《建筑施工扣件式钢管脚手架安全技术规范》表 5.3.3 得：$k = 1.155$；当验算杆件长细比时，取块 1.0；

计算长度系数参照《建筑施工扣件式钢管脚手架安全技术规范》表 5.3.3 得：

$$\mu = 1.5$$

计算长度，由公式 $l_0 = k\mu h$ 确定：

$$l_0 = 3.119 \text{ m}$$

长细比为：

$$\frac{l_0}{i} = 196$$

轴心受压立杆的稳定系数 φ：由长细比 $\frac{l_0}{i}$ 的计算结果查表得 $\varphi = 0.188$；

立杆净截面面积：

$$A = 5.06 \text{ cm}^2$$

立杆净截面模量（抵抗矩）：

$$W = 5.26 \text{ cm}^3$$

钢管立杆抗压强度设计值：

$$[f] = 205 \text{ N/mm}^2$$

$$\sigma = \frac{13344}{(0.188 \times 506)} = 140.274 \text{ N/mm}^2$$

立杆稳定性值 $\sigma = 140.274 \text{ N/mm}^2$ 小于立杆的抗压强度设计值 $[f] = 205 \text{ N/mm}^2$，满足要求！

考虑风荷载时，立杆的稳定性计算公式

$$\sigma = \frac{N}{\varphi A} + \frac{M_{\text{w}}}{W} \leqslant [f]$$

立杆的轴心压力设计值：

$$N = 12.903 \text{ kN}$$

计算立杆的截面回转半径：

$$i = 1.59 \text{ cm}$$

计算长度附加系数参照《建筑施工扣件式钢管脚手架安全技术规范》表 5.3.3 得：$K = 1.155$；

计算长度系数参照《建筑施工扣件式钢管脚手架安全技术规范》表 5.3.3 得：$\mu = 1.5$；

计算长度，由公式 $l_0 = k\mu h$ 确定：$l_0 = 3.119 \text{ m}$；

长细比：

$$\frac{l_0}{i} = 196$$

轴心受压立杆的稳定系数 φ，由长细比 $\frac{l_0}{i}$ 的结果查表得到：

$$\varphi = 0.188$$

立杆净截面面积：

$$A = 5.06 \text{ cm}^2$$

立杆净截面模量（抵抗矩）：

$$W = 5.26 \text{ cm}^3$$

钢管立杆抗压强度设计值：

$$[f] = 205 \text{ N/mm}^2$$

$$\sigma = \frac{12903}{(0.188 \times 506)} + \frac{178}{5260} = 135.672 \text{ N/mm}^2$$

立杆稳定性值 $\sigma = 135.672 \text{ N/mm}^2$ 小于立杆的抗压强度设计值 $[f] = 205 \text{ N/mm}^2$，满足要求！

7. 连墙件的计算

连墙件的轴向力设计值应按照下式计算：

$$N_1 = N_{1w} + N_0$$

风荷载标准值 $w_k = 0.290 \text{ kN/m}^2$；

每个连墙件的覆盖面积内脚手架外侧的迎风面积 $A_w = 3.6 \times 4.5 \text{ m}^2 = 16.2 \text{ m}^2$；

（A_w 为连墙件水平间距 × 连墙件竖向间距）

按《建筑施工扣件式钢管脚手架安全技术规范》，连墙件约束脚手架平面外变形所产生的轴向力 $N_0 = 3 \text{ kN}$；

风荷载产生的连墙件轴向力设计值按照下式计算：

$$N_{1w} = 1.4 \times w_k \times A_w = 6.577 \text{ kN}$$

连墙件的轴向力设计值：

$$N_1 = N_{1w} + N_0 = 9.577 \text{ kN}$$

连墙件计算中 φ 轴心受压立杆的稳定系数由长细比 $\dfrac{l_0}{i} = \dfrac{200}{15.9} = 13$ 的结果查表得到 $\varphi = 0.966$，l_0 为内排架距离墙的长度；

又：

$$A = 5.06 \text{ cm}^2\text{；} \quad [f] = 205 \text{ N/mm}^2$$

强度：

$$\sigma = \frac{N_1}{A_c} = \frac{9577}{506} = 18.927 \text{ N/mm}^2 \leqslant 0.85f = 174.250 \text{ N/mm}^2$$

稳定：

$$\frac{N_1}{\varphi A} = \frac{9577}{0.966 \times 506} = 19.593 \text{ N/mm}^2 \leqslant 0.85f$$

连墙件的设计计算满足要求！

连墙件采用双扣件与墙体连接，由以上计算得到 $N_1 = 9.577$，小于双扣件的抗滑力 16 kN，满足要求！

8. 立杆的地基承载力计算

立杆基础底面的平均压力应满足下式的要求：

$$p_k = \frac{N_k}{A} \leqslant f_g$$

地基承载力特征值：

$$f_g = 350 \text{ kPa}$$

立杆基础底面的平均压力：

$$p_k = \frac{N_k}{A} = 42.380 \text{ kPa}$$

其中，上部结构传至基础顶面的轴向力标准值：

$$N_k = N_G + N_Q = 10.595 \text{ kN}$$

基础底面面积：

$$A = 0.25 \text{ m}^2$$

$$p_k = 42.380 \leqslant f_g = 350 \text{ kPa}$$

地基承载力满足要求！

5.3.2 铺设竹串片板脚手架计算算例

1. 参数信息

1）脚手架参数

双排脚手架搭设高度为29.6 m，立杆采用单立杆；搭设尺寸为：横距 a 为0.7 m，纵距 b 为1.5 m，大小横杆的步距 c 为1.5 m；内排架距离墙长度为0.50 m；小横杆在上，搭接在大横杆上的小横杆根数为2根；采用的钢管类型为 $\phi 48.3 \times 3.6$ mm；横杆与立杆连接方式为单扣件；连墙件采用三步三跨，竖向间距4.5 m，水平间距4.5 m，采用扣件连接；连墙件连接方式为双扣件。

2）活荷载参数

施工均布活荷载标准值：2.000；

脚手架用途：装修脚手架；

同时施工层数：2层。

3）风荷载参数

基本风压0.35 kN/m²；

脚手架计算中考虑风荷载作用，风荷载高度变化系数 μ_z 取1，风荷载体型系数 μ_s 为0.229。

4）静荷载参数

每米立杆承受的结构自重标准值（kN/m）：0.1444；

脚手板自重标准值（kN/m²）：0.350；栏杆挡脚板自重标准值（kN/m）：0.170；

安全设施与安全网（kN/m²）：0.005；

脚手板类别：竹夹板；

栏杆挡板类别：脚手板挡板；

每米脚手架钢管自重标准值（kN/m）：0.0397；

脚手板铺设总层数：2。

5）地基参数

地基土类型：地下室面板；

设计承载力特征值（kPa）：300.00；

立杆基础底面面积（m²）：0.25。

2.小横杆的计算

小横杆按照简支梁进行强度计算，小横杆在大横杆的上面。按照小横杆上面的脚手板和活荷载作为均布荷载计算小横杆的最大弯矩和变形。

1）均布荷载值计算

小横杆的自重标准值：

$$P_1 = 0.0397 \text{ kN/m}$$

脚手板的荷载标准值：

$$P_2 = 0.35 \times \frac{1.5}{3} = 0.175 \text{ kN/m}$$

活荷载标准值：

$$Q = 2 \times \frac{1.5}{3} = 1 \text{ kN/m}$$

荷载的计算值：

$$q = 1.2 \times 0.0397 + 1.2 \times 0.175 + 1.4 \times 1 = 1.658 \text{ kN/m}$$

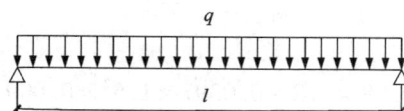

图 5-6 小横杆计算简图

2）强度计算

最大弯矩考虑为简支梁均布荷载作用下的弯矩，计算公式如下：

$$M_{qmax} = \frac{ql^2}{8}$$

最大弯矩

$$M_{qmax} = 1.658 \times \frac{1.05^2}{8} = 0.228 \text{ kN} \cdot \text{m}$$

最大应力计算值

$$\sigma = \frac{M_{qmax}}{W} = 43.346 \text{ N/mm}^2$$

小横杆的最大弯曲应力 $\sigma = 43.346 \text{ N/mm}^2$，小于小横杆的抗压强度设计值 $[f] = 205 \text{ N/mm}^2$，满足要求！

3.大横杆的计算

大横杆按照三跨连续梁进行强度计算，小横杆在大横杆的上面。

1）荷载值计算

小横杆的自重标准值：

$$p_1 = 0.0397 \times 0.7 \approx 0.028 \text{ kN}$$

脚手板的荷载标准值：

$$p_2 = 0.35 \times 0.7 \times \frac{1.5}{3} \approx 0.1225 \text{ kN}$$

活荷载标准值：

$$Q = 2 \times 0.7 \times \frac{1.5}{3} = 0.7 \ \mathrm{kN}$$

荷载的设计值：

$$P = \frac{1.2 \times (0.028 + 0.122) + 1.4 \times 0.7}{2} = 0.58 \ \mathrm{kN}$$

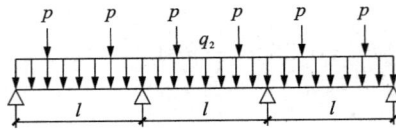

图 5-7 大横杆计算简图

2）强度验算

最大弯矩考虑为大横杆自重均布荷载与小横杆传递荷载的设计值最不利分配的弯矩和。

$$M_{\max} = 0.08 q l^2$$

均布荷载最大弯矩计算：

$$M_{1\max} = 0.08 \times 1.2 \times 0.0397 \times 1.5^2 = 0.009 \ \mathrm{kN \cdot m}$$

集中荷载最大弯矩计算公式如下：

$$M_{P\max} = 0.267 P l$$

集中荷载最大弯矩计算：

$$M_{2\max} = 0.267 \times 0.58 \times 1.5 = 0.232 \ \mathrm{kN \cdot m}$$

$$M = M_{1\max} + M_{2\max} = 0.009 + 0.232 = 0.241 \ \mathrm{kN \cdot m}$$

最大应力计算值

$$\sigma = \frac{0.241 \times 10^6}{5260} = 45.817 \ \mathrm{N/mm^2}$$

大横杆的最大应力计算值 $\sigma = 45.817 \ \mathrm{N/mm^2}$，小于大横杆的抗压强度设计值 $[f] = 205 \ \mathrm{N/mm^2}$，满足要求！

4. 扣件抗滑力的计算

按《建筑施工扣件式钢管脚手架安全技术规范》表，直角、旋转单扣件承载力取值为 8.00 kN，该工程实际的旋转单扣件承载力取值为 8.00 kN。

纵向或横向水平杆与立杆连接时，扣件的抗滑承载力按照下式计算：

$$R \leqslant R_{\mathrm{C}}$$

其中：R_{C}——扣件抗滑承载力设计值，取 8.00 kN；

R——纵向或横向水平杆传给立杆的竖向作用力设计值。

小横杆的自重标准值：

$$P_1 = 0.0397 \times 0.7 \times \frac{2}{2} \approx 0.028 \ \mathrm{kN}$$

大横杆的自重标准值：

$$P_2 = 0.0397 \times 1.5 \approx 0.060 \ \mathrm{kN}$$

脚手板的自重标准值：

$$P_3 = 0.35 \times 0.7 \times \frac{1.5}{2} = 0.184 \text{ kN}$$

活荷载标准值：

$$Q = 2 \times 0.7 \times \frac{1.5}{2} = 1.05 \text{ kN}$$

荷载的设计值：$R = 1.2 \times (0.028 + 0.060 + 0.184) + 1.4 \times 1.05 = 1.796 \text{ kN}$；$R \leqslant 8.00$ kN，单扣件抗滑承载力的设计计算满足要求！

5. 脚手架立杆荷载计算

作用于脚手架的荷载包括静荷载、活荷载和风荷载。静荷载标准值包括以下内容：

（1）每米立杆承受的结构自重标准值（kN/m），为 0.1444

$$N_{G1} = \left[0.1444 + \left(0.70 \times \frac{2}{2} \right) \times \frac{0.0397}{1.50} \right] \times 29.6 = 4.823 \text{ kN}$$

（2）脚手板的自重标准值（kN/m²）：采用竹夹板，标准值为 0.35

$$N_{G2} = 0.35 \times 2 \times 1.5 \times \frac{(0.7 + 0.5)}{2} = 0.63 \text{ kN}$$

（3）栏杆与挡脚手板自重标准值（kN/m）：采用脚手板挡板，标准值为 0.17

$$N_{G3} = 0.17 \times 2 \times \frac{1.5}{2} = 0.255 \text{ kN}$$

（4）吊挂的安全设施荷载，包括安全网：0.005 kN/m²

$$N_{G4} = 0.005 \times 1.5 \times 29.6 = 0.222 \text{ kN}$$

经计算得到，静荷载标准值为：

$$N_G = N_{G1} + N_{G2} + N_{G3} + N_{G4} = 5.930 \text{ kN}$$

活荷载为施工荷载标准值产生的轴向力总和，立杆按一纵距内施工荷载总和的 1/2 取值经计算得到，活荷载标准值为：

$$N_Q = 2 \times 0.7 \times 1.5 \times \frac{2}{2} = 2.1 \text{ kN}$$

考虑风荷载时，立杆的轴向压力设计值为

$$N = 1.2N_G + 0.9 \times 1.4N_Q = 1.2 \times 5.930 + 0.9 \times 1.4 \times 2.1 = 9.762 \text{ kN}$$

不考虑风荷载时，立杆的轴向压力设计值为

$$N = 1.2N_G + 1.4N_Q = 1.2 \times 5.930 + 1.4 \times 2.1 = 10.056 \text{ kN}$$

6. 立杆的稳定性计算

风荷载标准值按照以下公式计算：

$$w_k = \mu_z \cdot \mu_s \cdot w_0$$

其中：W_0——基本风压（kN/m²），$w_0 = 0.35 \text{ kN/m}^2$；

　　μ_z——风荷载高度变化系数，采用：$\mu_z = 1$；

　　μ_s——风荷载体型系数，取值为 0.229。

经计算得到，风荷载标准值为：

$$w_k = 1 \times 0.229 \times 0.35 = 0.080 \text{ kN/m}^2$$

风荷载设计值产生的立杆段弯矩 M_w 为：

$$M_w = 0.9 \times \frac{1.4 w_k l_a h^2}{10} = 0.9 \times 1.4 \times 0.080 \times 1.5 \times \frac{1.5^2}{10} = 0.034 \text{ kN} \cdot \text{m}$$

考虑风荷载时，立杆的稳定性计算公式

$$\sigma = \frac{N}{\varphi A} + \frac{M_w}{W} \leqslant [f]$$

立杆的轴心压力设计值：

$$N = 9.762 \text{ kN}$$

不考虑风荷载时，立杆的稳定性计算公式

$$\sigma = \frac{N}{\varphi A} \leqslant [f]$$

立杆的轴心压力设计值：

$$N = 10.056 \text{ kN}$$

计算立杆的截面回转半径：

$$i = 1.59 \text{ cm}$$

计算长度附加系数参照《建筑施工扣件式钢管脚手架安全技术规范》得：$k = 1.155$；
计算长度系数参照《建筑施工扣件式钢管脚手架安全技术规范》得：$\mu = 1.7$；
计算长度，由公式

$$l_0 = k \times \mu \times h$$

确定：
$$l_0 = 2.945 \text{ m}$$

长细比：

$$\frac{l_0}{i} = 185$$

轴心受压立杆的稳定系数 φ，由长细比 $\frac{l_0}{i}$ 的结果查表得到：$\varphi = 0.209$

立杆净截面面积：

$$A = 5.06 \text{ cm}^2$$

立杆净截面模量（抵抗矩）：

$$W = 5.26 \text{ cm}^3$$

钢管立杆抗压强度设计值：

$$[f] = 205 \text{ N/mm}^2$$

考虑风荷载时

$$\sigma = \frac{9762}{(0.209 \times 506)} + \frac{34000}{5260} = 98.772 \text{ N/mm}^2$$

立杆稳定性计算 $\sigma = 98.772 \text{ N/mm}^2$，小于立杆的抗压强度设计值 $[f] = 205 \text{ N/mm}^2$，满足要求！

不考虑风荷载时

$$\sigma = \frac{10056}{(0.209 \times 506)} = 95.089 \text{ N/mm}^2$$

立杆稳定性计算 $\sigma = 95.089 \text{ N/mm}^2$，小于立杆的抗压强度设计值 $[f] = 205 \text{ N/mm}^2$，满足要求！

7. 连墙件的稳定性计算

连墙件的轴向力设计值应按照下式计算：

$$N_1 = N_{1w} + N_0$$

连墙件风荷载标准值按脚手架顶部高度计算 $\mu_z = 1$，$\mu_s = 0.229$，$w_0 = 0.35$，$w_k = \mu_z \cdot \mu_s \cdot w_0 = 1 \times 0.229 \times 0.35 = 0.080 \text{ kN/m}^2$；

每个连墙件的覆盖面积内脚手架外侧的迎风面积

$$A_w = 4.5 \times 4.5 = 20.25 \text{ m}^2$$

按《建筑施工扣件式钢管脚手架安全技术规范》，$N_0 = 3.000 \text{ kN}$；

风荷载产生的连墙件轴向力设计值（kN），按照下式计算：

$$N_{1w} = 1.4 \times w_k \times A_w = 2.268 \text{ kN}$$

连墙件的轴向力设计值

$$N_1 = N_{1w} + N_0 = 5.268 \text{ kN}$$

连墙件计算中 φ 轴心受压立杆的稳定系数由长细比 $\dfrac{l_0}{i} = \dfrac{500}{15.9} = 31$ 的结果查表得到 $\varphi = 0.915$，l_0 为内排架距离墙的长度

$$A = 5.06 \text{ cm}^2; \quad [f] = 205 \text{ N/mm}^2;$$

强度：

$$\sigma = \frac{N_1}{A_c} = \frac{5268}{506} = 10.411 \text{ N/mm}^2 \leq 0.85f = 174.250 \text{ N/mm}^2$$

稳定：

$$\frac{N_1}{\varphi A} = \frac{5268}{0.915 \times 506} = 11.378 \text{ N/mm}^2 \leq 0.85f$$

连墙件的设计计算满足要求！

连墙件采用双扣件与墙体连接，由以上计算得到 $N_1 = 5.268$ 小于双扣件的抗滑力 16 kN，满足要求！

8. 立杆的地基承载力计算

立杆基础底面的平均压力应满足下式的要求：

$$p_k = \frac{N_k}{A} \leq f_g$$

地基承载力特征值：

$$f_g = 300 \text{ kPa}$$

立杆基础底面的平均压力：

$$p_k = \frac{N_k}{A} = 32.120 \text{ kPa}$$

其中，上部结构传至基础顶面的轴向力标准值：

$$N_k = N_G + N_Q = 8.030 \text{ kN}$$

基础底面面积：

$$A = 0.25 \text{ m}^2。$$

$$p_k = 32.120 \leq f_g = 350 \text{ kPa}$$

地基承载力满足要求！

5.3.3　普通型钢悬挑脚手架计算算例

由《民用建筑设计通则》(GB 50352—2005)条文 3.1.2 可知，其将 10 层及 10 层以上的住宅建筑和除住宅建筑之外的民用建筑高度大于 24 米者称为高层建筑(不包括建筑高度大于 24 米的单层公共建筑)。本节针对高层建筑悬挑式钢管双排脚手架的搭设计算过程进行实例说明。

一、参数信息

1. 脚手架参数

普通型钢悬挑双排脚手架搭设高度为 20 m，立杆采用单立杆；搭设尺寸为：立杆的纵距为 1.5 m，立杆的横距为 0.90 m，立杆的步距为 1.8 m；内排架距离墙长度为 0.90 m；小横杆在上，搭接在大横杆上的小横杆根数为 2 根；脚手架沿墙纵向长度为 320 m；采用的钢管类型为 $\Phi48 \times 3.0$；横杆与立杆连接方式为单扣件；取扣件抗滑承载力系数 0.90；连墙件布置取 2 步 3 跨，竖向间距 3.6 m，水平间距 4.5 m，采用扣件连接；连墙件连接方式为双扣件连接。

2. 活荷载参数

施工均布荷载(kN/m^2)：3.000；脚手架用途：结构脚手架；同时施工层数：2 层；

3. 风荷载参数

以湖南省为例，查荷载规范基本风压为 0.350，取高度 60 m 处的风荷载高度变化系数 μ_z =1.35，风荷载体型系数 μ_s 为 1.127；计算中考虑风荷载作用。

4. 静荷载参数

每米立杆承受的结构自重荷载标准值(kN/m^2)：0.1248；脚手板自重标准值(kN/m^2)：0.350；栏杆挡脚板自重标准值(kN/m)：0.140；安全设施与安全网自重标准值(kN/m^2)：0.005；脚手板铺设层数：3 层；脚手板类别：竹串片脚手板；栏杆挡板类别：栏杆、竹串片脚手板挡板。

5. 水平悬挑支撑梁

悬挑水平钢梁采用 18a 号槽钢，其中建筑物外悬挑段长度 1.8 m，建筑物内锚固段长度 2.5 m。与楼板连接的螺栓直径(mm)：18.00；楼板混凝土标号：C30；

6. 拉绳与支杆参数

支撑数量为：2；钢丝绳安全系数为：7.000；钢丝绳与墙距离为(m)：3.000；

悬挑水平钢梁采用钢丝绳与建筑物拉结，最里面钢丝绳距离建筑物 0.9 m。

二、小横杆的计算

小横杆按照简支梁进行强度和挠度计算，小横杆在大横杆的上面。按照小横杆上面的脚手板和活荷载作为均布荷载计算小横杆的最大弯矩和变形。

1. 均布荷载值计算

小横杆的自重标准值：$P_1 = 0.033$ kN/m；

脚手板的荷载标准值：$P_2 = 0.35 \times 1.5/3 = 0.175$ kN/m；

活荷载标准值：$Q = 3 \times 1.5/3 = 1.5$ kN/m；

荷载的计算值：$q = 1.2 \times 0.033 + 1.2 \times 0.175 + 1.4 \times 1.5 = 2.35$ kN/m；

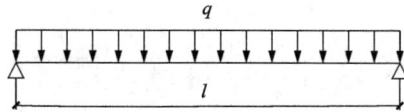

图 5 - 8　小横杆计算简图

2. 强度计算

最大弯矩考虑为简支梁均布荷载作用下的弯矩，

计算公式如下：

$$M_{qmax} = ql^2/8$$

最大弯矩

$$M_{qmax} = 2.35 \times 0.90^2/8 = 0.238 \text{ kN} \cdot \text{m}$$

最大应力计算值

$$\sigma = M_{qmax}/W = 46.86 \text{ N/mm}^2$$

小横杆的最大弯曲应力 $\sigma = 46.86 \text{ N/mm}^2$ 小于小横杆的抗压强度设计值 $[f] = 205 \text{ N/mm}^2$，满足要求！

3. 挠度计算：

最大挠度考虑为简支梁均布荷载作用下的挠度，荷载标准值 $q = 0.033 + 0.175 + 1.5 = 1.708 \text{ kN/m}$；

$$V_{qmax} = \frac{5ql^4}{384EI}$$

最大挠度

$$V = 5.0 \times 1.708 \times 900^4/(384 \times 2.06 \times 10^5 \times 121900) = 0.582 \text{ mm}$$

小横杆的最大挠度 0.582 mm 小于 小横杆的最大容许挠度 1050 / 150 = 7 与 10 mm，满足要求！

三、大横杆的计算

大横杆按照三跨连续梁进行强度和挠度计算，小横杆在大横杆的上面。

1. 荷载值计算

小横杆的自重标准值：

$$P_1 = 0.033 \times 1.5 = 0.0495 \text{ kN}$$

脚手板的荷载标准值：

$$P_2 = 0.35 \times 0.90 \times 1.5/3 = 0.158 \text{ kN}$$

活荷载标准值：

$$Q = 3 \times 0.90 \times 1.5/3 = 1.35 \text{ kN}$$

荷载的设计值：

$$P = (1.2 \times 0.0495 + 1.2 \times 0.158 + 1.4 \times 1.35)/2 = 1.07 \text{ kN}$$

2. 强度验算

最大弯矩考虑为大横杆自重均布荷载与小横杆传递荷载的设计值最不利分配的弯矩和。

$$M_{max} = 0.08ql^2$$

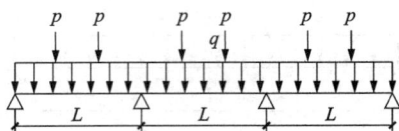

图 5 - 9 大横杆计算简图

均布荷载最大弯矩计算：

$$M_{1max} = 0.08 \times 0.033 \times 1.5 \times 1.5 = 0.00594 \text{ kN} \cdot \text{m}$$

集中荷载最大弯矩计算公式如下：

$$M_{Pmax} = 0.267 Pl$$

集中荷载最大弯矩计算：

$$M_{2max} = 0.267 \times 1.067 \times 1.5 = 0.427 \text{ kN} \cdot \text{m}$$

$$M = M_{1max} + M_{2max} = 0.00594 + 0.427 = 0.43294 \text{ kN} \cdot \text{m}$$

最大应力计算值

$$\sigma = 0.43294 \times 10^6 / 5080 = 85.22 \text{ N/mm}^2$$

大横杆的最大应力计算值 $\sigma = 85.22$ N/mm² 小于大横杆的抗压强度设计值 $[f] = 205$ N/mm²，满足要求！

3. 挠度验算

最大挠度考虑为大横杆自重均布荷载与小横杆传递荷载的设计值最不利分配的挠度和，单位：mm。均布荷载最大挠度计算公式如下：

$$V_{max} = 0.677 \frac{ql^4}{100EI}$$

大横杆自重均布荷载引起的最大挠度：

$$V_{max} = 0.677 \times 0.033 \times 1500^4 / (100 \times 2.06 \times 10^5 \times 121900) = 0.045 \text{ mm}$$

集中荷载最大挠度计算公式如下：

$$V_{Pmax} = 1.883 \frac{Pl^3}{100EI}$$

集中荷载标准值最不利分配引起的最大挠度：

小横杆传递荷载

$$P = (0.0495 + 0.158 + 1.35)/2 = 0.779 \text{ kN}$$

$$V = 1.883 \times 0.779 \times 1500^3 / (100 \times 2.06 \times 10^5 \times 121900) = 1.969 \text{ mm}$$

最大挠度和：

$$V = V_{max} + V_{pmax} = 0.045 + 1.969 = 2.014 \text{ mm}$$

大横杆的最大挠度 2.014 mm 小于大横杆的最大容许挠度 1500/150 = 10 与 10 mm，满足要求！

四、扣件抗滑力的计算

按规范表 5.1.7，直角、旋转单扣件承载力取值为 8.00 kN，按照扣件抗滑承载力系数 0.90，该工程实际的旋转单扣件承载力取值为 7.20 kN。

纵向或横向水平杆与立杆连接时，扣件的抗滑承载力按照下式计算（规范 5.2.5）：

$$R \leqslant R_c$$

其中：R_c——扣件抗滑承载力设计值，取 7.20 kN；

R——纵向或横向水平杆传给立杆的竖向作用力设计值；

小横杆的自重标准值：$P_1 = 0.033 \times 0.9 \times 2/2 = 0.03$ kN；

大横杆的自重标准值：$P_2 = 0.033 \times 1.5 = 0.0495$ kN；

脚手板的自重标准值：$P_3 = 0.35 \times 0.90 \times 1.5/2 = 0.236$ kN；

活荷载标准值：$Q = 3 \times 0.90 \times 1.5/2 = 2.025$ kN；

荷载的设计值：$R = 1.2 \times (0.03 + 0.0495 + 0.236) + 1.4 \times 2.025 = 3.214$ kN；

$R < 7.20$ kN，单扣件抗滑承载力的设计计算满足要求！

五、脚手架立杆荷载的计算：

作用于脚手架的荷载包括静荷载、活荷载和风荷载。静荷载标准值包括以下内容：

（1）每米立杆承受的结构自重标准值（kN），为 0.1248

$$N_{G1} = [0.1248 + (1.5 \times 2/2) \times 0.033/1.80] \times 13.00 = 1.98$$

（2）脚手板的自重标准值（kN/m²）；采用竹串片脚手板，标准值为 0.35

$$N_{G2} = 0.35 \times 4 \times 1.5 \times (0.90 + 0.3)/2 = 1.26 \text{ kN}$$

（3）栏杆与挡脚手板自重标准值（kN/m）；采用栏杆、竹串片脚手板挡板，标准值为 0.14

$$N_{G3} = 0.14 \times 4 \times 1.5/2 = 0.42 \text{ kN}$$

（4）吊挂的安全设施荷载，包括安全网（kN/m²）：0.005

$$N_{G4} = 0.005 \times 1.5 \times 13 = 0.0975 \text{ kN}$$

经计算得到，静荷载标准值

$$N_G = N_{G1} + N_{G2} + N_{G3} + N_{G4} = 3.758 \text{ kN}$$

活荷载为施工荷载标准值产生的轴向力总和，内、外立杆按一纵距内施工荷载总和的 1/2 取值。

经计算得到，活荷载标准值

$$N_Q = 3 \times 0.90 \times 1.5 \times 2/2 = 4.05 \text{ kN}$$

风荷载标准值按照以下公式计算

$$W_k = 0.7 U_z \cdot U_s \cdot W_0$$

其中：W_0——基本风压（kN/m²），按照《建筑结构荷载规范》（GB 50009—2001）的规定采用：

$W_0 = 0.35$ kN/m²；

U_z——风荷载高度变化系数，按照《建筑结构荷载规范》（GB 50009—2001）的规定采用：$U_z = 1.62$；

U_s——风荷载体型系数：取值为 1.127；

经计算得到，风荷载标准值

$$W_k = 0.7 \times 0.35 \times 1.35 \times 1.127 = 0.373 \text{ kN/m}^2$$

不考虑风荷载时，立杆的轴向压力设计值计算公式

$$N = 1.2 N_G + 1.4 N_Q = 1.2 \times 3.758 + 1.4 \times 4.05 = 10.18 \text{ kN}$$

考虑风荷载时，立杆的轴向压力设计值为

$$N = 1.2 N_G + 0.85 \times 1.4 N_Q = 1.2 \times 3.758 + 0.85 \times 1.4 \times 4.05 = 9.33 \text{ kN}$$

风荷载设计值产生的立杆段弯矩 M_W 为

$$M_w = 0.85 \times 1.4 W_k L_a h^2/10 = 0.850 \times 1.4 \times 0.373 \times 1.5 \times 1.8^2/10 = 0.216 \text{ kN} \cdot \text{m}$$

六、立杆的稳定性计算

不考虑风荷载时,立杆的稳定性计算公式为:

$$\sigma = \frac{N}{\varphi A} \leqslant [f]$$

立杆的轴向压力设计值:$N = 10.18$ kN

计算立杆的截面回转半径:$i = 1.58$ cm

计算长度附加系数参照《扣件式规范》表 5.3.3 得:$k = 1.155$;当验算杆件长细比时,取 1.0

计算长度系数参照《扣件式规范》表 5.3.3 得:$\mu = 1.5$

计算长度,由公式 $l_o = k \times \mu \times h$ 确定:$l_o = 3.118$ m

长细比 $L_o/i = 197$

轴心受压立杆的稳定系数 φ,由长细比 l_o/i 的计算结果查表得到:$\varphi = 0.186$

立杆净截面面积:$A = 4.89$ cm^2

立杆净截面模量(抵抗矩):$W = 5.08$ cm^3

钢管立杆抗压强度设计值:$[f] = 205$ N/mm^2

$\sigma = 13589/(0.186 \times 489) = 149.405$ N/mm^2

立杆稳定性计算 $\sigma = 149.405$ N/mm^2,小于立杆的抗压强度设计值 $[f] = 205$ N/mm^2,满足要求!

考虑风荷载时,立杆的稳定性计算公式

$$\sigma = \frac{N}{\varphi A} + \frac{M_w}{W} \leqslant [f]$$

立杆的轴心压力设计值:$N = 12.738$ kN

计算立杆的截面回转半径:$i = 1.58$ cm

计算长度附加系数参照《扣件式规范》表 5.3.3 得:$k = 1.155$

计算长度系数参照《扣件式规范》表 5.3.3 得:$\mu = 1.5$

计算长度,由公式 $l_0 = kuh$ 确定:$l_0 = 3.118$ m

长细比:$L_o/i = 197$

轴心受压立杆的稳定系数 φ,由长细比 l_o/i 的结果查表得到:$\varphi = 0.262$

立杆净截面面积:$A = 4.89$ cm^2

立杆净截面模量(抵抗矩):$W = 5.08$ cm^3

钢管立杆抗压强度设计值:$[f] = 205$ N/mm^2

$\sigma = 12738/(0.262 \times 489) + 140536.62/5080 = 167.71$ N/mm^2

立杆稳定性计算 $\sigma = 167.71$ N/mm^2,小于立杆的抗压强度设计值 $[f] = 205$ N/mm^2,满足要求!

七、连墙件的计算:

连墙件的轴向力设计值应按照下式计算:

$$N_1 = N_{lw} + N_0$$

风荷载标准值 $W_k = 0.373$ kN/m^2

每个连墙件的覆盖面积内脚手架外侧的迎风面积 $A_w = 16.2 \text{ m}^2$

按《规范》5.4.1 条连墙件约束脚手架平面外变形所产生的轴向力(kN)，$N_0 = 5.000 \text{ kN}$

风荷载产生的连墙件轴向力设计值(kN)，按照下式计算：

$$N_{lw} = 1.4 \times W_k \times A_w = 8.459 \text{ kN}$$

连墙件的轴向力设计值

$$N_1 = N_{lw} + N_0 = 13.459 \text{ kN}$$

连墙件承载力设计值按下式计算：

$$N_f = \varphi \cdot A \cdot [f]$$

其中：φ——轴心受压立杆的稳定系数；

由长细比 $l_0/i = 900/15.8$ 的结果查表得到 $\varphi = 0.828$，l_0 为内排架距离墙的长度

又：$A = 4.89 \text{ cm}^2$ $[f] = 205 \text{ N/mm}^2$

连墙件轴向承载力设计值为 $N_f = 0.828 \times 4.89 \times 10^{-4} \times 205 \times 10^3 = 83.003 \text{ kN}$

$N_1 = 13.459 < N_f = 83.003$，连墙件的设计计算满足要求！

连墙件采用双扣件与墙体连接。

由以上计算得到 $N_1 = 13.459$，小于双扣件的抗滑力 14.4 kN，满足要求！

八、悬挑梁的受力计算

悬挑脚手架的水平钢梁按照带悬臂的连续梁计算。

悬臂部分受脚手架荷载 N 的作用，里端 B 为与楼板的锚固点，A 为墙支点。

本方案中，脚手架排距为 900 mm，内排脚手架距离墙体 900 mm，支拉斜杆的支点距离墙体为 900 mm，水平支撑梁的截面惯性矩 $I = 1272.7 \text{ cm}^4$，截面抵抗矩 $W = 141.4 \text{ cm}^3$，截面积 $A = 25.69 \text{ cm}^2$。

受脚手架集中荷载

$$P = 1.2 \times 3.758 + 1.4 \times 4.05 = 10.18 \text{ kN}$$

水平钢梁自重荷载

$$q = 1.2 \times 25.69 \times 0.0001 \times 78.5 = 0.242 \text{ kN/m}$$

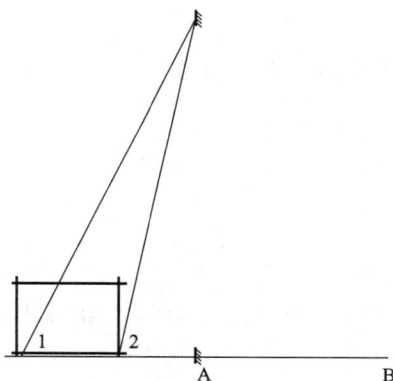

图 5-10 悬挑脚手架示意图

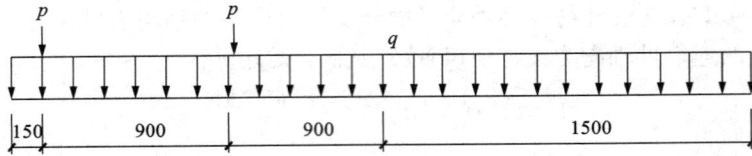

图 5-11　悬挑脚手架计算简图

经过连续梁的计算得到

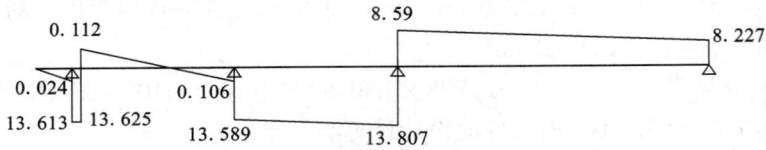

图 5-12　悬挑脚手架支撑梁剪力图(kN)

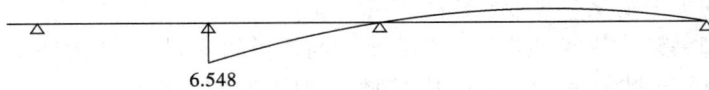

图 5-13　悬挑脚手架支撑梁变形图(mm)

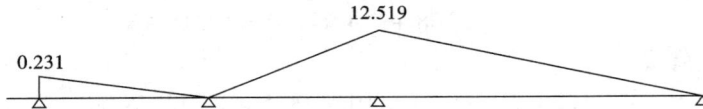

图 5-14　悬挑脚手架支撑梁弯矩图(kN·m)

各支座对支撑梁的支撑反力由左至右分别为

$R[1] = 13.737$ kN；

$R[2] = 0.106$ kN；

$R[3] = 22.397$ kN；

$R[4] = -8.227$ kN。

最大弯矩 $M_{max} = 12.519$ kN.m；

最大应力 $\sigma = M/1.05W + N/A = 12.519 \times 10^6/(1.05 \times 141400) + 0 \times 10^3/2569 = 84.32$ N/mm^2；

水平支撑梁的最大应力计算值 84.32 N/mm^2，小于水平支撑梁的抗压强度设计值 215 N/mm^2，满足要求！

九、悬挑梁的整体稳定性计算

水平钢梁采用 18a 号槽钢，计算公式如下：

$$\sigma = \frac{M}{\varphi_{\mathrm{b}} \mathrm{W}_x}$$

其中：φ_{b}——均匀弯曲的受弯构件整体稳定系数，按照下式计算：

$$\varphi_{\mathrm{b}} = \frac{570tb}{lh} \cdot \frac{235}{f_{\mathrm{y}}}$$

$$\varphi_{\mathrm{b}} = 570 \times 10.5 \times 68 \times 235 / (1800 \times 180 \times 235) = 1.256$$

由于 φ_{b} 大于 0.6，查《钢结构设计规范》(GB 50017—2003)附表 B，得到 φ_{b} 值为 0.845。

经过计算得到最大应力

$$\sigma = 12.519 \times 10^{6} / (0.845 \times 141400) = 104.776 \ \mathrm{N/mm^2}$$

水平钢梁的稳定性计算 $\sigma = 104.776$，小于 $[f] = 215 \ \mathrm{N/mm^2}$，满足要求！

十、拉绳的受力计算

水平钢梁的轴力 R_{AH} 和拉钢绳的轴力 R_{Ui} 按照下式计算

$$R_{\mathrm{AH}} = \sum_{i=1}^{n} R_{\mathrm{lh}} \cos\theta_i$$

其中：$R_{\mathrm{Ui}} \cos\theta_i$ 为钢绳的拉力对水平杆产生的轴压力。

各支点的支撑力

$$R_{\mathrm{Ci}} = R_{\mathrm{Ui}} \sin\theta_i$$

按照以上公式计算得到由左至右各钢绳拉力分别为：

$$R_{\mathrm{U1}} = 16.019 \ \mathrm{kN}; \ R_{\mathrm{U2}} = 0.111 \ \mathrm{kN}$$

十一、拉绳的强度计算

1. 钢丝拉绳(支杆)的内力计算：

钢丝拉绳(斜拉杆)的轴力 R_{U} 均取最大值进行计算，为

$$R_{\mathrm{U}} = 16.019 \ \mathrm{kN}$$

如果上面采用钢丝绳，钢丝绳的容许拉力按照下式计算：

$$[F_{\mathrm{g}}] = \frac{aF_{\mathrm{g}}}{K}$$

其中：$[F_{\mathrm{g}}]$——钢丝绳的容许拉力(kN)；

　　F_{g}——钢丝绳的钢丝破断拉力总和(kN)。

计算中可以近似计算 $F_{\mathrm{g}} = 0.5d^2$，d 为钢丝绳直径(mm)；

　　a——钢丝绳之间的荷载不均匀系数，对 6×19、6×37、6×61 钢丝绳分别取 0.85、0.82 和 0.8；

　　K——钢丝绳使用安全系数。

计算中 $[F_{\mathrm{g}}]$ 取 16.019 kN，$a = 0.85$，$K = 7$，经计算，钢丝绳最小直径必须大于 16.2 mm 才能满足要求！

2. 钢丝拉绳(斜拉杆)的拉环强度计算

钢丝拉绳(斜拉杆)的轴力 R_{U} 的最大值进行计算作为拉环的拉力 N，为 $N = R_{\mathrm{U}} = 16.019$ kN，钢丝拉绳(斜拉杆)的拉环的强度计算公式为

$$\sigma = \frac{N}{A} \leqslant [f]$$

其中：[f]为拉环受力的单肢抗剪强度，取[f] = 125 N/mm²；

所需要的钢丝拉绳（斜拉杆）的拉环最小直径 $D = (16019 \times 4/3.142 \times 125)^{1/2} = 13$ mm

十二、锚固段与楼板连接的计算

1. 水平钢梁与楼板压点如果采用钢筋拉环，拉环强度计算如下：

水平钢梁与楼板压点的拉环受力 $R = 8.227$ kN；

水平钢梁与楼板压点的拉环强度计算公式为：

$$\sigma = \frac{N}{A} \leqslant [f]$$

其中：[f]为拉环钢筋抗拉强度，按照《混凝土结构设计规范》10.9.8条[f] = 50 N/mm²；

所需要的水平钢梁与楼板压点的拉环最小直径

$$D = [8227 \times 4/(3.142 \times 50 \times 2)]^{1/2} = 10.234 \text{ mm};$$

水平钢梁与楼板压点的拉环一定要压在楼板下层钢筋下面，并要保证两侧30 cm以上搭接长度。

2. 水平钢梁与楼板压点如果采用螺栓，螺栓粘结力锚固强度计算如下：

锚固深度计算公式：

$$h \geqslant \frac{N}{\pi d [f_b]}$$

其中：N——锚固力，即作用于楼板螺栓的轴向拉力，$N = 8.227$ kN；

d——楼板螺栓的直径，$d = 18$ mm；

$[f_b]$——楼板螺栓与混凝土的容许粘接强度，计算中取1.43 N/mm²；

$[f]$——钢材强度设计值，取215 N/mm²；

h——楼板螺栓在混凝土楼板内的锚固深度，经过计算得到h要大于

$$8227/(3.142 \times 18 \times 1.43) = 101.725 \text{ mm}$$

螺栓所能承受的最大拉力

$$F = 1/4 \times 3.14 \times 18^2 \times 215 \times 10^{-3} = 54.68 \text{ kN}$$

螺栓的轴向拉力 $N = 8.227$ kN小于螺栓所能承受的最大拉力 $F = 54.683$ kN，满足要求！

3. 水平钢梁与楼板压点如果采用螺栓，混凝土局部承压计算如下：

混凝土局部承压的螺栓拉力要满足公式：

$$N \leqslant (b^2 - \frac{\pi d^2}{4}) f_c c$$

其中：N——锚固力，即作用于楼板螺栓的轴向压力，$N = 22.397$ kN；

d——楼板螺栓的直径，$d = 18$ mm；

b——楼板内的螺栓锚板边长，$b = 5 \times d = 90$ mm；

f_{cc}——混凝土的局部挤压强度设计值，计算中取$0.95 f_c = 14.3$ N/mm²；

经过计算得到公式右边等于112.19 kN，大于锚固力 $N = 22.397$ kN，楼板混凝土局部承压计算满足要求！

主要参考文献

［1］赵志缙，赵帆编著. 高层建筑施工［M］. 第3版. 北京：中国建筑工业出版社，2005

［2］朱勇年主编. 高层建筑施工［M］. 北京：中国建筑工业出版社，2014

［3］李顺秋，刘群，曹兴明主编. 高层建筑施工技术［M］. 哈尔滨：黑龙江科学技术出版社，2000

［4］《建筑施工手册》编写组. 建筑施工手册［M］. 缩印本第2版. 北京：中国建筑工业出版社，1999

［5］赵志缙编著. 高层建筑基础工程施工［M］. 北京：中国建筑工业出版社，1988

［6］赵志缙编著. 高层结构工程施工［M］. 北京：中国建筑工业出版社，1987

［7］陈启元，崔京浩编著. 土钉支护在基坑工程中的应用［M］. 北京：中国建筑工业出版社，1997

［8］胡世德主编. 高层建筑施工［M］. 第2版. 北京：中国建筑工业出版社，1998

［9］蔡泽芳主编. 基础工程施工实例［M］. 杭州：浙江大学出版社，1990

［10］益德清. 深基坑支护工程实例［M］. 北京：中国建筑工业出版社，1996

［11］杨澄宇，周和荣主编. 建筑施工与机械（国家规划教材）［M］. 北京：高等教育出版社，2002

［12］杨嗣信主编. 高层建筑施工手册（上、下册）［M］. 第2版. 北京：中国建筑工业出版社，2001

［13］黄长礼，刘古岷主编. 混凝土机械［M］. 北京：机械工业出版社，2001

［14］李大华，杨博主编. 现代建筑施工技术［M］. 合肥：安徽科学技术出版社，2001

［15］韩林海，杨有福著. 现代钢管混凝土结构技术［M］. 北京：中国建筑工业出版社，2004

［16］杜荣军主编. 建筑施工脚手架实用手册［M］. 北京：中国建筑工业出版社，1994

图书在版编目（CIP）数据

高层建筑施工／姬栋宇主编. —长沙：中南大学
出版社，2020.8
高职高专土建类"十三五"规划"互联网＋"系列教
材
ISBN 978－7－5487－4078－0

Ⅰ.①高… Ⅱ.①姬… Ⅲ.①高层建筑－建筑施工－
高等职业教育－教材 Ⅳ.①TU974

中国版本图书馆 CIP 数据核字（2020）第 135963 号

高层建筑施工

主　编　姬栋宇
副主编　李　聪　韦　静　陈梦琦
主　审　王运政

□责任编辑	谭　平
□责任印制	周　颖
□出版发行	中南大学出版社
	社址：长沙市麓山南路　　　　邮编：410083
	发行科电话：0731－88876770　　传真：0731－88710482
□印　　装	长沙雅鑫印务有限公司

□开　　本	787 mm×1092 mm 1/16　□印张 14.5　□字数 368 千字
□版　　次	2020 年 8 月第 1 版　□2020 年 8 月第 1 次印刷
□书　　号	ISBN 978－7－5487－4078－0
□定　　价	40.00 元